高等院校规划教材

有机化学
实验与指导

（第二版）

主　编　罗一鸣　唐瑞仁

副主编　王微宏　陈国辉

编　委　李芬芳　钟世安　蒋金芝

　　　　蒋新宇　梁文杰　王蔚玲

　　　　彭红建　詹国平　刘丰良

　　　　江文辉　周兰嵩　刘　扬

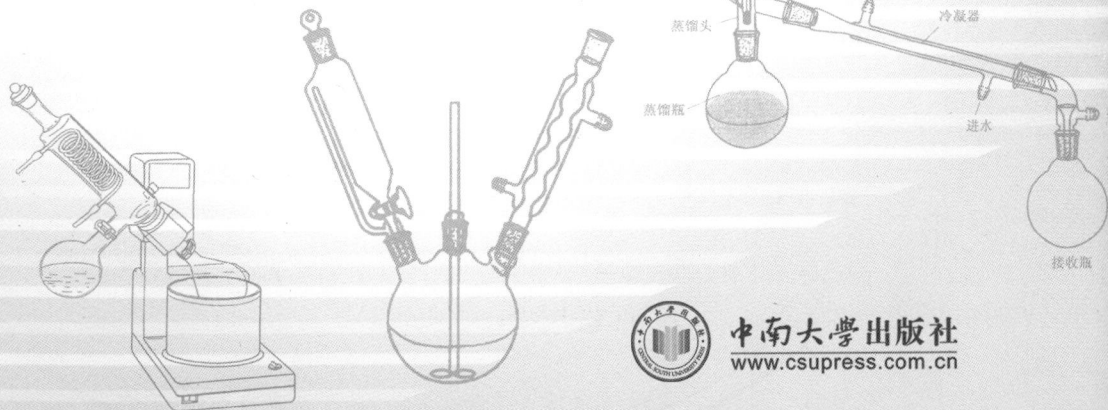

中南大学出版社
www.csupress.com.cn

图书在版编目（ＣＩＰ）数据

有机化学实验与指导／罗一鸣,唐瑞仁主编. —2 版. -- 长沙：
中南大学出版社，2012.8
ISBN 978 - 7 - 5487 - 0509 - 3

Ⅰ. 有… Ⅱ. ①罗…②唐… Ⅲ. 有机化学－化学实验－
高等学校－教学参考资料 Ⅳ. 062 - 33

中国版本图书馆 CIP 数据核字（2012）第 052051 号

有机化学实验与指导
（第二版）

主编 罗一鸣 唐瑞仁

□**责任编辑** 周芝芹
□**责任印制** 易红卫
□**出版发行** 中南大学出版社
    社址：长沙市麓山南路　　　　邮编：410083
    发行科电话：0731 - 88876770　　传真：0731 - 88710482
□**印　　装** 长沙印通印刷有限公司

□**开　　本** 730 × 960　1/16　□**印张** 19　□**字数** 341 千字　□**插页** 2
□**版　　次** 2012 年 8 月第 2 版　□2019 年 1 月第 5 次印刷
□**书　　号** ISBN 978 - 7 - 5487 - 0509 - 3
□**定　　价** 38.00 元

图书出现印装问题，请与经销商调换

第二版前言

　　《有机化学实验与指导》第一版由罗一鸣、唐瑞仁主编，中南大学有机化学课程组老师编写，中南大学出版社出版。自 2005 年该书出版以来，一直受到使用者的普遍好评。近年来，我们以国家级工科化学教学基地和国家级化学实验教学示范中心以及国家级有机化学精品课程等多项教育质量工程项目建设为依托，加大有机化学实验教学改革力度，不断探索实验教学规律，使得有机化学实验课程建设得到很大的提升，在大学生的技能和素质培养方面取得了明显的成效。根据近年来教学改革实践和该教材的使用者所反映出的意见和要求，参考近期国内外出版的同类教材，我们对原书进行了修订。大部分章节内容作了较大的变动与补充，并对原书一些欠准确之处进行了校正，修订后的教材保持了原书的体系和特色。

　　本书第 2 章"有机化学实验的基本操作"和第 3 章"有机化合物基本合成实验"是本书的核心内容，也是本次修订的重点。

　　对于基本操作、基本原理尽可能简明实用，基本概念力图科学、准确。对操作步骤均给予详尽的说明，更加注重实验方法的讨论，力图使学生的基本操作训练得到切实加强。

　　对于基本合成实验，更加注重对合成反应原理和方法、可能出现的副产物、提高转化率的措施和分离提纯的原理和操作要点的讨论，对典型的合成反应给出了反应机理，所使用的主要试剂列出了物理常数，对实验操作步骤中的问题进行了详尽的注释。此外，实验预习提示、实验注意事项或注释和思考题更具针对性，力图指导学生通过实验前的自主学习，实验中的动手操作和实验后的总结讨论，加深对实验原理和方法的理解，不仅知道怎么做，也知道为什么这样做，同时能自我评价做得怎么样，哪些地方值得改进？以期举一反三，融汇贯通，提高综合运用知识和技能的能力。

　　对于易出现的错误、实验关键点以及可能出现安全问题的操作均以黑体表示，以引起学生的特别重视。

　　对基本合成实验和综合与应用实验内容进行了部分调整和补充，使之更具代表性。如基本有机合成实验中，删去了"苯甲酸乙酯的合成"，补充了乙酸正丁酯的分水回流合成方法，并与原有的直接回流法对照编排；删去了"室温固相反应制备丁二酮肟和镍"，补充了"乙酰二茂铁的制备"。综合与应用实验中，对"安息香缩合和安息香转化"系列实验内容进行了大幅度的删改，引入了薄层色谱跟踪反应的内容，补充了抗痉挛药物"5，5－二苯基乙内酰脲的制备"实验，同时补充了局部麻醉剂"对氨基苯甲酸乙酯的制备"实验。

同一种基本操作或制备实验，有时安排了两种不同的实验方法，便于不同专业选用，也有利于学生进行对比研究。

本书由罗一鸣和唐瑞仁教授负责全面的修订和校核，王微宏副教授参与部分章节的校核。编写者均列于相应实验内容之后。中南大学阳华、李芬芳、宋相志和钟世安教授对本书部分内容进行了审阅（阳华审阅第一章；李芬芳审阅第二章；宋相志审阅第三章；钟世安审阅第四章），提出了不少宝贵意见和修改建议。本书的出版得到中南大学本科生院、化学化工学院和中南大学出版社领导和同仁的关心和支持，也得益于有机化学国家精品课程、湖南省教育厅教学改革研究项目的支持，在此一并表示衷心地感谢！

感谢多年来参加教学改革实践和教材编写的中南大学有机化学教学团队的同事们，感谢使用该书第一版的老师和学生，他们的实践和建议使本书得以不断完善。

本书参考了兄弟院校教材的一些实验内容，谨表谢意。

限于编者的水平，本次修订仍会有不足之处，恳请读者批评指正。

编　者
2012.8

第一版前言

　　有机化学实验课是化学、应用化学、化学工程与工艺、生命科学、环境科学、药学、矿冶、材料科学等多学科的学生必修课程之一，它很强的实践性和它在创新型人才培养中的地位和作用是有机化学理论课所不能替代的。

　　随着有机化学实验技术的不断发展，现代分析方法在有机化学领域的广泛应用，有机化学实验教学内容、实验方法和手段的不断更新，特别是社会对人才培养的要求越来越高，原有的有机化学实验教材已远远不能满足和适应新世纪人才培养的需要。因此，我们根据教育部关于化学、应用化学、化工、医学、药学、冶金和材料等专业"有机化学"教学大纲中对"有机化学实验"部分的要求和教育部对国家级化学实验教学示范中心建设内容中对有机化学实验课的基本要求编写了本实验指导书。在编写过程中参考了国内外出版的同类教材，吸收了我校近年来有机化学实验教学和教改的经验和成果，还充分考虑了当前我国普通高等院基础课教学现状和不同学科专业对"有机化学实验"的不同要求，对教学内容进行了"精选"、"整合"和"创新"，强调对学生的动手能力、创新思维、科学素养等综合素质的全面培养。

　　本书共有7章：

　　第1章，有机化学实验的一般知识，较为系统和详细地介绍了必需的有机化学实验和进行有机化学研究的基本知识。

　　第2章，有机化学实验基本操作，其中对近代有机化合物的分离、分析、鉴定手段做了较详细的介绍。

　　第3章，有机化合物的基本合成实验，这是本书的核心部分，在内容选择上，以典型有机反应为基础，融入一些应用及影响面广、内容较新的反应及新的合成方法。同一制备实验，有的给出了不同的制备方法。

　　第4章，天然物的提取与分离。

　　第5章，有机化合物的定性鉴定，这部分做了较大的压缩。

　　第6章，综合及应用实验，这部分在取材上突出了综合训练和应用性，兼顾医药、农药、精细化工、生命科学、材料等专业的教学需要。对多步反应的综合实验，有些是作为独立的实验给出，便于选做。

第7章，设计实验，给出了不同层次的10个题目，给出了实验要点或思路，并附上相关文献，让学生自己设计、拟定具体实验步骤，经与老师讨论后，进行实验。希望通过这些设计实验，培养学生初步的科研能力和创新能力。这些设计实验也可以作为开放性实验供学生选用。

附录部分，列出了与有机化学实验相关的必要资料、数据和常数以及常用试剂的配制与常用溶剂的纯化等。

本书在编写时注意突出以下几点：

（1）对实验基本操作的要点作了较为详尽的介绍和指导，强调基本操作的规范性，注重方法论。为了加强对基本操作的严格训练，加深学生对操作原理和操作要点的理解，本书对不同的基本操作均编写了相应实验，以便根据不同教学情况，单独进行基本操作训练或将基本训练安排在合成实验或提取实验中进行；

（2）增加了综合性实验和设计性实验以培养学生独立分析问题、解决问题和创新的能力。

（3）本书在继承本校原有实验教材的工科特色外，考虑生命科学的快速发展，在内容上加强了与生命科学有关的有机化学基本操作技能的训练；在增加红外光谱、核磁共振和色谱技术在有机化合物分离与结构测定中的应用内容的同时，仍然保留有机化合物定性鉴定的内容，因为一些化学分析方法可以在极方便的条件下，对疑难分析能迅速提供有用的信息，作为仪器分析研究的补充。因此本书具有较为广泛的适用范围，可作为化学、化工、生命科学与医学、环境科学、药学、矿冶、材料科学等专业的有机化学实验教材。也可以作为从事化学及其他相关专业工作者的参考书。

本实验教材是我校多年来实验教学改革与实践经验的总结。由罗一鸣、唐瑞仁任主编，陈国辉、王微宏任副主编。罗一鸣负责全书的统稿和审定。蒋金芝、钟世安、李芬芳、蒋新宇、梁文杰、王蔚玲、彭红建、詹国平、刘丰良、唐新村、江文辉、周兰嵩、刘扬等十多位从事有机化学实验教学的老师参加了本书编写工作，各实验的具体负责编写者均列入该实验内容之后。本书的编写得到了中南大学教务处、化学化工学院和中南大学出版社领导和同行的关心和支持，在此表示诚挚的谢意！

由于编者水平有限，恳请读者对本书的错误和不当之处批评指正。

编　者
2005.6

目　录

第1章　有机化学实验的一般知识 ……………………………………………… （1）

1.1　有机化学实验规则 ……………………………………………………… （1）

1.2　有机化学实验室的安全 ……………………………………………… （2）

1.3　实验预习、记录和实验报告 ………………………………………… （6）

1.4　有机化学实验常用的玻璃仪器和设备 …………………………… （11）

1.5　加热和冷却 …………………………………………………………… （22）

1.6　有机化合物的干燥 …………………………………………………… （25）

1.7　无水无氧操作技术 …………………………………………………… （31）

1.8　有机化学文献简介 …………………………………………………… （37）

第2章　有机化学实验的基本操作 ……………………………………………… （47）

2.1　有机化合物的分离与提纯 …………………………………………… （47）

实验1　常压蒸馏 ………………………………………………………… （47）

实验2　减压蒸馏 ………………………………………………………… （52）

实验3　水蒸气蒸馏 ……………………………………………………… （58）

实验4　分馏 ……………………………………………………………… （63）

实验5　萃取 ……………………………………………………………… （67）

实验6　重结晶 …………………………………………………………… （74）

实验7　升华 ……………………………………………………………… （84）

实验8　柱色谱 …………………………………………………………… （88）

实验9　薄层色谱 ………………………………………………………… （95）

实验10　纸色谱 ………………………………………………………… （100）

实验11　气相色谱和高效液相色谱 ………………………………… （104）

实验12　纸上电泳 ……………………………………………………… （108）

2.2　有机化合物物理常数的测定 ……………………………………… （112）

实验13　熔点测定和温度计校正 …………………………………… （112）

实验14　沸点测定 ……………………………………………………… （121）

实验 15　　折射率的测定 ……………………………………………（124）

实验 16　　旋光度的测定 ……………………………………………（130）

实验 17　　α－苯乙胺外消旋体的拆分…………………………………（133）

　2.3　　光谱法鉴定有机化合物结构 ……………………………………（136）

　　2.3.1　　红外光谱 ………………………………………………（136）

　　2.3.2　　核磁共振 ………………………………………………（143）

第 3 章　　有机化合物基本合成实验 ………………………………（148）

实验 18　　环己烯的制备 ……………………………………………（148）

实验 19　　正丁醚的制备 ……………………………………………（150）

实验 20　　正溴丁烷的制备 …………………………………………（152）

实验 21　　2－甲基－2－己醇的制备 ………………………………（155）

实验 22　　乙酰苯胺的制备 …………………………………………（158）

实验 23　　乙酰水杨酸的制备 ………………………………………（160）

实验 24　　乙酸正丁酯的制备 ………………………………………（163）

实验 25　　乙酰乙酸乙酯的制备 ……………………………………（165）

实验 26　　邻硝基苯酚和对硝基苯酚的制备 ………………………（168）

实验 27　　2－硝基－1,3－苯二酚的制备 …………………………（170）

实验 28　　苯亚甲基苯乙酮的制备 …………………………………（173）

实验 29　　苯甲醇和苯甲酸的制备 …………………………………（175）

实验 30　　甲基橙的制备 ……………………………………………（177）

实验 31　　二苯酮的制备 ……………………………………………（180）

实验 32　　乙酰二茂铁的制备 ………………………………………（182）

实验 33　　肉桂酸的制备 ……………………………………………（184）

实验 34　　对硝基苯甲酸的制备 ……………………………………（186）

实验 35　　樟脑的还原反应 …………………………………………（188）

实验 36　　环己酮肟的贝克曼重排 …………………………………（190）

实验 37　　（＋）－（S）－3－羟基丁酸乙酯的制备 …………………（192）

第 4 章　　天然有机物的提取及分离 ………………………………（194）

实验 38　　从茶叶中提取咖啡因 ……………………………………（195）

实验 39　　绿色植物色素的提取及色谱分离 ………………………（198）

实验 40　　银杏叶中黄酮类有效成分的提取 ………………………（201）

实验41　从牛乳中分离提取酪蛋白和乳糖 ··············（203）
实验42　卵磷脂的提取及其组成鉴定 ··················（206）

第5章　有机化合物的定性鉴定 ····················（209）

实验43　钠熔法鉴定氮、硫、和卤素 ··················（209）
实验44　卤代烃、醇、酚、醛、酮的鉴定 ···············（214）
实验45　胺类和羧酸衍生物的鉴定 ····················（218）
实验46　糖类、氨基酸和蛋白质的鉴定 ················（221）
实验47　分子模型操作 ·······························（226）

第6章　综合与应用实验 ··························（231）

实验48　对二叔丁基苯的制备 ························（231）
　　（一）叔丁基氯的制备 ·····························（231）
　　（二）对二叔丁基苯的制备 ·························（232）
实验49　对氨基苯磺酰胺的制备 ······················（234）
　　（一）乙酰苯胺的制备 ·····························（236）
　　（二）对氨基苯磺酰胺的制备 ·······················（236）
实验50　对氨基苯甲酸乙酯的制备 ····················（239）
　　（一）对氨基苯甲酸的制备 ·························（240）
　　（二）对氨基苯甲酸乙酯的制备 ·····················（243）
实验51　安息香缩合及安息香的转化 ··················（244）
　　（一）安息香的辅酶合成法 ·························（247）
　　（二）二苯乙二酮的制备 ···························（249）
　　（三）5,5 - 二苯基乙内酰脲的制备 ·················（251）
实验52　苯频哪醇和苯频哪酮的制备 ··················（253）
　　（一）苯频哪醇的制备 ·····························（254）
　　（二）苯频哪酮的制备 ·····························（257）
实验53　葡萄糖酸锌的制备 ···························（258）
实验54　香豆素的制备 ·······························（259）
实验55　2,4 - 二氯苯氧乙酸丁酯的制备 ···············（261）

第7章　设计性实验 ······························（266）

　　（一）吲哚 - 3 - 甲醛的制备 ·······················（266）

（二）（＋）－甘油缩丙酮的制备 ……………………………………（266）

（三）4－羟基吡啶二甲酸酯的制备 …………………………………（267）

（四）甘氨酰甘氨酸的制备 ……………………………………………（267）

（五）电化学法合成氢化肉桂酸 ………………………………………（268）

（六）微波干介质法合成茉莉醛 ………………………………………（268）

（七）苯巴比妥的制备 …………………………………………………（269）

（八）6,7－二甲氧基－3,4－二氢萘甲酸乙酯的合成 ………………（270）

（九）有机混合物的分离提纯 …………………………………………（270）

附录 …………………………………………………………………（271）

附录1　常用元素相对原子质量表 ……………………………………（271）

附录2　常用有机溶剂的沸点及相对密度表 …………………………（271）

附录3　有机化学文献和手册中常见的英文缩写 ……………………（272）

附录4　有机化学实验常用名词术语英汉对照表 ……………………（273）

附录5　常见二元及三元共沸混合物的性质 …………………………（274）

附录6　常用酸碱溶液的相对密度及质量分数表 ……………………（276）

附录7　一些特殊试剂的配制 …………………………………………（279）

附录8　常用有机溶剂和试剂的纯化 …………………………………（281）

附录9　危险化学试剂的使用知识 ……………………………………（290）

主要参考书目 ………………………………………………………（296）

第一章　有机化学实验的一般知识

1.1　有机化学实验规则

有机化学实验教学的目的是训练学生掌握有机化学实验的基本技能和基础知识，验证和加深对有机化学基本理论、有机化合物物理和化学性质的理解，培养学生正确选择有机化合物的合成、分离与鉴定的方法以及分析和解决实验中所遇到问题的思维和动手能力。同时它也是培养学生理论联系实际，实事求是、严谨的科学态度，良好的工作习惯和创新能力的一个重要环节。为了保证有机化学实验课正常、有效、安全地进行，保证实验课的教学质量，学生必须遵守下列规则：

1. 在进入实验室之前，必须认真阅读本章 1.1～1.3 节中的内容，了解进入实验室后应注意的事项及有关规定。每次做实验前，认真预习，了解实验目的、原理、操作步骤及实验过程中可能出现的问题，写出预习报告并查阅有关化合物的物理与化学性质。没有达到预习要求者，不得进行实验。实验结果不好可申请重做。

2. 常用仪器放入柜中，临时性增补仪器放在台面，各班同学轮流使用。每次实验前后要检查清点，如有缺少或破损应立即报告老师申请补发或更换，共同维护一套完整的实验仪器。

3. 熟悉实验室水、电、燃气阀门和消防器材的位置、使用方法，掌握防火、防毒、防爆急救知识。

4. 进入实验室，须穿工作服（白大褂）。不能穿拖鞋、背心、短裤等暴露过多的服装进入实验室。书包应放妥，不得放在台面上。实验过程中不得喧哗，不得擅自离开实验室。实验室内不能吸烟和吃东西。一切实验药品均不得入口。实验结束，应仔细洗手。

5. 实验中严格按操作规程进行，如要改变，必须经指导老师同意。操作前，弄清每一步操作的目的、意义和实验中的关键步骤及难点，了解所用药品的性质及应注意的安全问题。

6. 实验中要认真观察实验现象，如实做好记录，不得任意修改、伪造或抄袭他人实验结果。实验完成后，需将实验记录交指导老师审阅、签字，若是分离提纯实验或合成实验，还需将产品交老师验收，并将产品回收到指定容器中。课后，按时提交符合要求的实验报告。

7. 实验中随时保持实验台面的整洁和干燥，不是立即要用的仪器，应保存在柜内。需要放在台面上的仪器也应摆放得整齐有序。合理布局实验台面上的仪器装置(高的仪器或装置尽量置于实验台的远端，矮小仪器可放在近端)，做到有条不紊。

8. 公用仪器用完洗净后，应放回原处，并保持原样；药品或试剂取完后，及时将盖子盖好，保持药品台面清洁。液体样品一般在通风橱中量取，固体样品一般在称量台上称取。

9. 爱护仪器，节约药品，节约使用水、电、燃气。若损坏仪器、设备，应如实说明情况，并按规定酌情赔偿。实验仪器和药品不得私自带出实验室。

10. 用过的酸碱应倒入指定的废液缸内，不得倒入水槽中。固体废物(如沸石、棉花、滤纸等)也不允许丢入水槽或地面，应放在实验台一固定处，实验完后一起清除丢入废物桶中。严防水银及毒物污染实验室，如发生意外事故应及时报告，在教师指导下采取应急措施，妥善处理。

11. 实验结束后，应将个人实验台面打扫干净，将仪器洗净，挂、放好，拔掉电源插头。请指导老师检查认可后方可离开实验室。

12. 轮流值日，其职责是整理公用仪器、药品；清理桌面；扫地、拖地；清理水槽；清倒废物桶等，并协助管理人员检查水、电、气、窗是否关妥。值日生做完值日后应报告老师，经老师检查达到要求后，方可离开实验室。

1.2　有机化学实验室的安全

在实验中我们经常使用有机试剂和溶剂，这些物质大多数都易燃、易爆，而且具有一定的毒性。虽然我们在选择实验时，尽量选用低毒性的溶剂和试剂，但是当大量使用时，对人体也会造成一定伤害，因此，防火、防爆、防中毒已成为有机实验中的重要问题。此外，还应注意安全用电，防止割伤和灼伤事故的发生。

1.2.1　防　火

引起着火的原因很多，如用敞口容器加热低沸点的溶剂、加热方法不正确等，均可引起着火。为了防止着火，实验中应注意以下几点：

1. 不能用敞口容器加热和放置易燃、易挥发的化学药品。应根据实验要求和物质的特性，选择正确的加热方法。如对沸点低于 80 ℃的液体，在蒸馏时，应采用水浴，不能直接加热。

2. 尽量防止或减少易燃物气体的外逸。处理和使用易燃物时，应远离明火，注意室内通风，及时将蒸气排出。

3. 易燃、易挥发的废物，不得倒入废液缸和垃圾桶中，应专门回收处理；**特别注意与水发生猛烈反应的金属钠残渣要用乙醇销毁！**

4. 实验室不得存放大量易燃、易挥发的物质。

5. 有煤气的实验室，应经常检查管道和阀门是否漏气。

6. 一旦发生着火，应沉着镇静，及时采取正确措施，控制事故的扩大。首先，应立即切断电源，移走易燃物。然后，根据易燃物的性质和火势采取适当的方法进行扑救。有机物着火通常不用水进行扑救，因为一般有机物不溶于水或遇水可发生更强烈的反应而引起更大的事故，故小火可用湿布或石棉布盖熄，火势较大时，应用灭火器扑救。

常用灭火器有二氧化碳、四氯化碳、干粉及泡沫灭火器等。

目前实验室中常用的是干粉灭火器。主要成分是碳酸氢钠等盐类物质。适用于扑救油类、可燃性气体、电器设备、精密仪器、图书文件和遇水易燃物品的初起火灾。使用时，拔出销钉，将出口对准着火点，将上手柄压下，干粉即可喷出。

二氧化碳灭火器也是有机实验室中常用的灭火器。灭火器内存放着压缩的二氧化碳气体，适用于油脂、电器及较贵重仪器着火时使用。

虽然四氯化碳和泡沫灭火器都具有较好的灭火性能，但四氯化碳在高温下能生成剧毒的光气，而且与金属钠接触会发生爆炸；泡沫灭火器会喷出大量的泡沫而造成严重污染，给后处理带来麻烦，因此，这两种灭火器一般不用。不管采用哪一种灭火器，都是从火的周围开始向中心扑灭。

地面或桌面着火时，如火势不大，可用淋湿的抹布或沙子扑救，但容器内着火则不宜使用沙子扑救，可用石棉板盖住瓶口，火即熄灭；身上着火时，用石棉布把着火部位包起来，或就近在地上打滚（速度不要太快）将火焰扑灭，千万不要在实验室内乱跑，以免造成更大的火灾。

1.2.2　防　爆

在有机化学实验室中，发生爆炸事故一般有两种情况：

1. 某些化合物容易发生爆炸，如过氧化物、芳香族多硝基化合物等，在受

热或受到碰撞时，均会发生爆炸，含过氧化物的乙醚在蒸馏时，也有爆炸的危险。乙醇和浓硝酸混合在一起，会引起极强烈的爆炸，

2. 仪器安装不正确或操作不当时，也可能引起爆炸。如进行蒸馏或反应时实验装置被堵塞，减压蒸馏时使用不耐压的仪器等。

为防止爆炸事故的发生，应注意以下几点：

（1）使用易燃易爆物品时，要特别小心，应严格按操作规程进行。

（2）反应过于猛烈时，应适当控制加料速度和反应温度，必要时采取冷却措施。

（3）在用玻璃仪器组装实验装置之前，要先检查玻璃仪器是否有破损。

（4）常压操作时，**不能在密闭体系内进行加热或反应**，要经常检查反应装置是否被堵塞。如发现堵塞应停止加热或反应，将堵塞排除后再继续加热或反应。

（5）减压蒸馏时，不能用平底烧瓶、锥形瓶、薄壁试管等不耐压容器作为接收瓶或反应瓶。

（6）无论是常压蒸馏还是减压蒸馏，均不能将液体蒸干，以免局部过热或产生过氧化物而发生爆炸。

（7）必要时可设置防爆屏。

1.2.3　防中毒

化学药品大都具有不同程度的毒性。中毒主要是通过呼吸道和皮肤接触有毒物品而进入人体造成危害。预防中毒应做到：

1. 称量药品时应使用工具，不得直接用手接触药品。做完实验后，应洗净手后再吃食物。任何药品都不能用嘴尝。

2. 使用和处理有毒或腐蚀性物质时，应在通风柜中进行或装上气体吸收装置，并戴好防护用品。尽可能避免蒸气外逸，以防造成污染。

3. 如发生中毒现象，应让中毒者及时离开现场，到通风好的地方，严重者应及时送往医院。

1.2.4　防灼伤

皮肤接触高温物体或低温物质如固体二氧化碳（干冰）、液氮及腐蚀性物质如强酸、强碱、溴等后均可能被灼伤。因此，在接触这些物质时，最好戴上橡胶手套和防护眼镜以免发生灼伤事故。发生灼伤时应按下列要求处理：

1. 被碱灼伤时，先用大量的水冲洗，再用 1% ~2% 的乙酸或硼酸溶液冲

洗，然后再用水冲洗，最后涂上烫伤膏。

2. 被酸灼伤时，先用大量的水冲洗，然后用1%的碳酸氢钠溶液清洗，最后涂上烫伤膏。

3. 被溴灼伤时，应立即用大量的水冲洗，再用酒精擦洗或用2%的硫代硫酸钠溶液洗至灼伤处呈白色，然后涂上甘油或鱼肝油软膏加以按摩。

4. 被热水或被灼热的玻璃器皿烫伤后一般在患处涂上红花油，然后涂一些烫伤膏。

5. 以上这些物质一旦溅入眼睛中，应立即用大量的水冲洗，并及时去医院治疗。

1.2.5　防割伤

有机实验常使用玻璃仪器。使用时，最基本的原则是：**不能对玻璃仪器的任何部位施加过度的压力。**

1. 需要用玻璃管和塞子连接装置时，用力处不要离塞子太远，如图1－1中(a)和(c)所示。图1－1中(b)和(d)的操作是不正确的。尤其是插入温度计时，要特别小心。

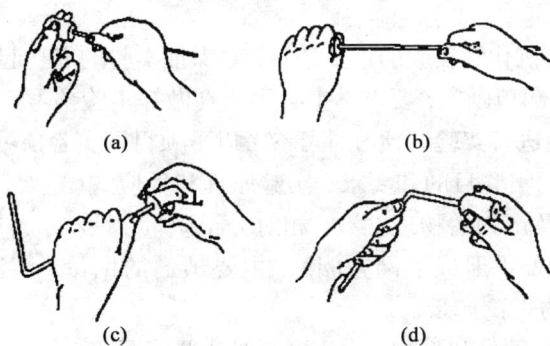

图 1－1　玻璃管的插入

2. 新割断的玻璃管断口处特别锋利，使用时，要将断口处用火烧熔以消除棱角。发生割伤后，应将伤口处的玻璃碎片取出，再用生理盐水将伤口洗净，涂上红药水，用纱布包好伤口。若割破静(动)脉血管，流血不止时，应先止血。具体方法是：在伤口上方约5～10 cm处用绷带扎紧或用双手捏住，然后再进行处理或送往医院。

1.2.6　安全用电

进入实验室后，首先应了解水、电、气的开关位置在何处，而且要正确掌握它们的使用方法，在实验中，应先将电器设备上的插头与插座连接好后，再打开电源开关，不能用湿手或手握湿物去插或拔插头。使用电器前，应检查线路连接是否正确，电器内外要保持干燥，不能有水或其他溶剂。实验完毕后，应先关掉电源，再去拔插头。

1.2.7　急救药品

实验室应备有一些急救药品，如生理盐水、医用酒精、红药水、烫伤膏、创口贴、1%～2%的乙酸或硼酸溶液、1%的碳酸氢钠溶液、2%的硫代硫酸钠溶液、甘油、止血粉、龙胆紫、凡士林等。还应准备镊子、剪刀、纱布、药棉、绷带等急救用具。

1.3　实验预习、记录和实验报告

1.3.1　实验预习

实验预习是有机化学实验的重要环节，对保证实验的成功起着关键作用。为避免照方抓药，依葫芦画瓢，要求学生必须认真做好实验预习。**教师可拒绝那些未进行预习的学生进行实验**。预习时可参考以下项目做实验预习报告。

1. 实验名称、实验目的和要求，实验原理和反应式（主要反应和副反应）。

2. 主要试剂及产物的物理常数：相对分子质量、性状、密度、熔点、沸点、溶解度及折射率（查手册或上网查阅）。主要试剂的用量、溶液浓度和配制方法。计算出产物的理论产量。

3. 所用仪器的种类和型号、大小，仪器装置草图。

4. 应根据实验内容写成简单明了的实验步骤（**不是照抄实验内容！**）步骤中的文字可用符号简化，如试剂名称用分子式代替，"克"、"加热"、"沉淀"、"气体逸出"可分别用符号 g、△、↓、↑代表。仪器可以用示意图代之。

5. 对于合成实验，应列出粗产物纯化过程及原理，明确各步操作的目的和要求。

6. 对于实验中可能出现的问题（包括安全问题和实验结果），要写出防范措施和解决办法。

在预习报告中已经涉及的内容，实验过程中会有进一步的认识和更新。可将实验记录本每页分成两部分，左边写预习内容，相应栏目的右边则写观察到的实验现象，以及实验中更新的认识和补充。

1.3.2 实验记录

实验记录是培养学生科学素养的主要途径，实验中要做到操作认真，观察仔细，如实记录，记录内容除实验名称、日期、同组者、气温、气压等基本信息外，还包括所用物料的名称、数量、规格和浓度、实验开始时间、所观察到的实验现象（如反应温度的变化，颜色变化，反应是否放热，是否有结晶或沉淀产生）、产物的性状（如色泽、晶形等）及测得的各种数据（熔点、沸点，折光率，重量）。**特别是那些与预期不一致的现象更应给予特别注意**，因为这对正确解释实验结果将会有很大帮助。

记录应简单明了，真实可靠（不得凭想象和推测），字迹要清晰（**要用永久性墨水记录，记录本的每页须注明日期、页码等**）。实验结束后，应将实验记录和产物（贴有标签）交给教师检查。

1.3.3 实验报告

实验操作完成之后，必须对实验进行总结，即讨论观察到的实验现象，分析出现的问题，整理归纳实验数据等。这是把各种实验现象提高到理性认识的必要步骤。对于合成实验，特别注意：应描述产品的性状，计算产率。在实验报告中，还应完成指定的思考题或提出改进本实验的建议等。下面介绍不同类型实验报告的一般书写格式。

I 基本操作实验报告

实验名称＿＿＿＿＿＿＿＿＿
1. 目的要求
2. 原理和意义
3. 仪器和装置图
4. 主要试剂用量及规格
5. 操作步骤及现象
6. 结果与讨论
7. 思考题解答

Ⅱ　性质实验报告

实验名称＿＿＿＿＿＿＿＿＿＿＿＿＿

1. 目的要求

2. 项目、现象和解释

项目	样品	试剂	现象	反应式或解释

3. 思考题解答或问题讨论

Ⅲ　制备实验报告

大致可分为九项，下面以正溴丁烷的制备实验为例。

实验×× 　正溴丁烷的制备

1. 目的要求

(1) 了解由正丁醇制备正溴代烷的原理和方法；

(2) 掌握回流及气体吸收装置和分液漏斗的使用方法。

2. 反应原理

反应式：　$NaBr + H_2SO_4 \longrightarrow HBr + NaHSO_4$

$$CH_3CH_2CH_2CH_2OH + HBr \xrightarrow[\triangle]{H_2SO_4} CH_3CH_2CH_2CH_2Br + H_2O$$

副反应：　
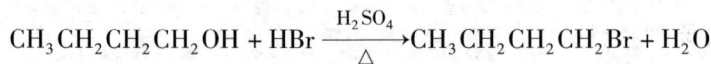
$$CH_3CH_2CH_2CH_2OH \xrightarrow[\triangle]{H_2SO_4} CH_3CH_2CH=CH_2 + H_2O$$

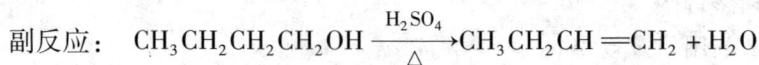
$$2CH_3CH_2CH_2CH_2OH \xrightarrow[\triangle]{H_2SO_4} (CH_3CH_2CH_2CH_2)_2O + H_2O$$

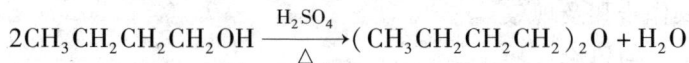
$$2NaBr + 3H_2SO_4 \longrightarrow Br_2 + SO_2\uparrow + 2H_2O + 2NaHSO_4$$

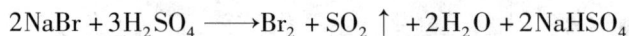

粗产物分离提纯过程及原理：

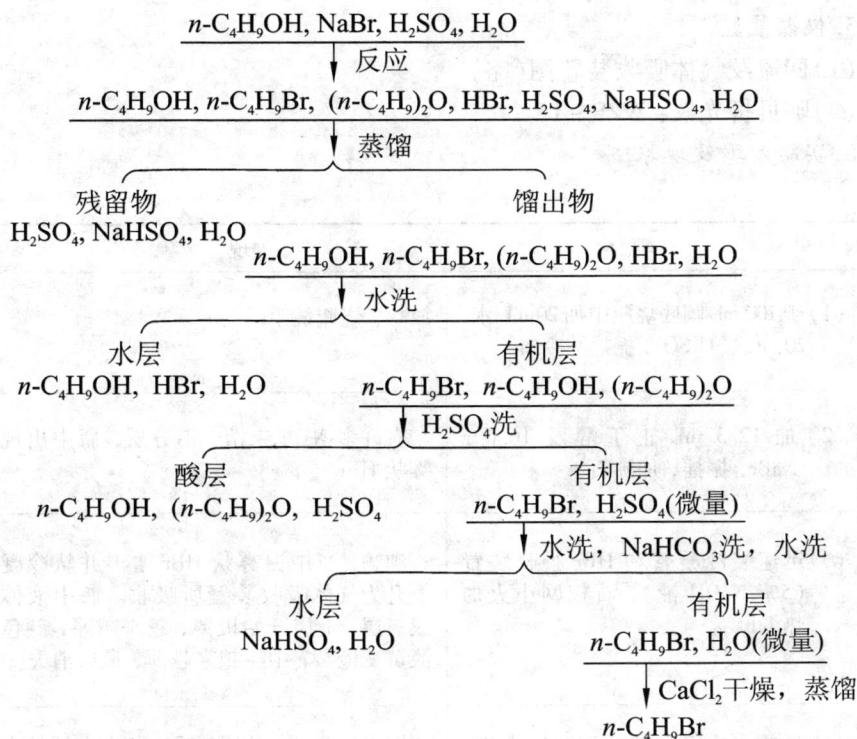

$$n\text{-}C_4H_9OH,\ NaBr,\ H_2SO_4,\ H_2O$$

↓ 反应

$$n\text{-}C_4H_9OH,\ n\text{-}C_4H_9Br,\ (n\text{-}C_4H_9)_2O,\ HBr,\ H_2SO_4,\ NaHSO_4,\ H_2O$$

↓ 蒸馏

残留物
$H_2SO_4,\ NaHSO_4,\ H_2O$

馏出物
$n\text{-}C_4H_9OH,\ n\text{-}C_4H_9Br,\ (n\text{-}C_4H_9)_2O,\ HBr,\ H_2O$

↓ 水洗

水层
$n\text{-}C_4H_9OH,\ HBr,\ H_2O$

有机层
$n\text{-}C_4H_9Br,\ n\text{-}C_4H_9OH,\ (n\text{-}C_4H_9)_2O$

↓ H_2SO_4洗

酸层
$n\text{-}C_4H_9OH,\ (n\text{-}C_4H_9)_2O,\ H_2SO_4$

有机层
$n\text{-}C_4H_9Br,\ H_2SO_4(微量)$

↓ 水洗，$NaHCO_3$洗，水洗

水层
$NaHSO_4,\ H_2O$

有机层
$n\text{-}C_4H_9Br,\ H_2O(微量)$

↓ $CaCl_2$干燥，蒸馏

$n\text{-}C_4H_9Br$

3. 主要试剂与产物的物理性质

名 称	分子量	性 状	熔点/℃	沸点/℃	相对密度	折光率 n_D^{20}	溶解度(g/100 mL 溶剂)		
							水	乙醇	乙醚
正丁醇	74.12	无色透明液体	−89.2	117.71	$d_4^{20}0.80978$	1.39931	7.920	∞	∞
正溴丁烷	137.03	无色透明液体	−112.4	101.6	$d_4^{20}1.299$	1.4399	不溶	∞	∞

4. 主要试剂用量及规格

正丁醇：化学纯，10 g(12.3 mL, 0.13 mol)

浓硫酸：化学纯，20 mL(0.35 mol)

溴化钠：化学纯，16.6 g(0.16 mol)

5. 仪器装置

(1)回流及气体吸收装置图(略)

(2)阿贝折光仪：WZS-1

6. 实验步骤及现象

	步　骤	现　象
制 备	(1)于100 mL 圆底烧瓶中加20 mL 水、20 mL 浓 H_2SO_4，振摇并冷却	放热，烧瓶烫手。
	(2)加 12.3 mL 正丁醇及 16.6 g NaBr，振摇，加沸石	有许多 NaBr 未溶，不分层，瓶中出现白雾状 HBr。
	(3)迅速装冷凝管和 HBr 吸收装置(5% NaOH 液)，石棉网小火加热 1 h	沸腾，瓶中白雾状 HBr 增多并从冷凝管上升为气体吸收装置所吸收。瓶中液体变成三层：上层开始极薄，越来越厚，颜色由淡黄变橙黄；中层越来越薄，最后消失。
分离 提纯	(4)稍冷，改用蒸馏装置，加沸石，蒸出正溴丁烷	馏出液浑浊，分层；反应瓶中上层越来越少，最后消失，停止蒸馏。蒸馏瓶冷却析出无色透明结晶($NaHSO_4$)。
	(5)粗产物用 15 mL 水洗； 于干燥分液漏斗中用 7 mL 浓硫酸洗； 10 mL 水洗； 10 mL 饱和 $NaHCO_3$ 洗； 10 mL 水洗	产物在下层； 加一滴浓硫酸沉至下层，证明产物在上层；产物在下层，略带黄色； 产物在下层，浑浊。 产生 $CO_2\uparrow$，两层交界处有少许絮状物，产物在下层； 产物在下层，浑浊。

续表

	步　骤	现　象
分离提纯	(6)粗产物置 50 mL 干燥锥形瓶中，加 2 g 氯化钙干燥 30 min	粗产物由浑浊变透明，底部氯化钙部分结块。
	(7)将产物滤入 25 mL 干燥圆底烧瓶中，加沸石，于石棉网上加热蒸馏，收集 99～103 ℃馏分	99 ℃以前无馏出物，长时间稳定于 101～102 ℃，没有升至 103 ℃，待温度开始下降，停止蒸馏，瓶中残留液体很少。
质量与纯度	产物外观，质量	无色液体，稍带浑浊。瓶重 15.5 g，共重 27.6 g，产物重 12.1 g。
	折光率测定	$n_D^{22} 1.4385$

7. 产率计算

因其他试剂过量，理论产量按正丁醇计算。

理论产量：　$0.13 \times 137 = 17.81$（g）

百分产率：　$\dfrac{12.1}{17.81} \times 100\% = 67.9\%$

8. 实验讨论

(1)醇能与浓硫酸生成𨦡盐，而卤代烷不溶于硫酸，故随着正丁醇逐渐转变成正溴丁烷，烧瓶中分成三层。上层为正溴丁烷，中层可能为硫酸氢正丁酯，中层消失即表示大部分正丁醇已转化为正溴丁烷。上、中两层液体呈橙黄色，可能由于副反应产生的溴所致。

(2)蒸出正溴丁烷后，烧瓶冷却析出的结晶是硫酸氢钠。故应趁热将残留物倒入回收瓶。

(3)产物稍显浑浊，而蒸馏前为透明液体，很可能是蒸馏装置干燥不够。

9. 思考题解答(略)

1.4　有机化学实验常用的玻璃仪器和设备

在进行有机化学实验时，所用的仪器有玻璃仪器、金属用具、电器设备及其他一些设备。了解所用仪器和设备的性能、正确的使用方法和维护保养是对每一个实验者的起码要求。现分别介绍如下：

1.4.1　玻璃仪器和规格

有机化学实验用的玻璃仪器按其口塞是否标准，分为普通玻璃仪器

（图1-2）和标准磨口玻璃仪器（图1-3）。标准磨口仪器由于可以互相连接，使用时既省时方便又严密安全，它基本上代替了同类普通仪器。

1. 常用的普通玻璃仪器

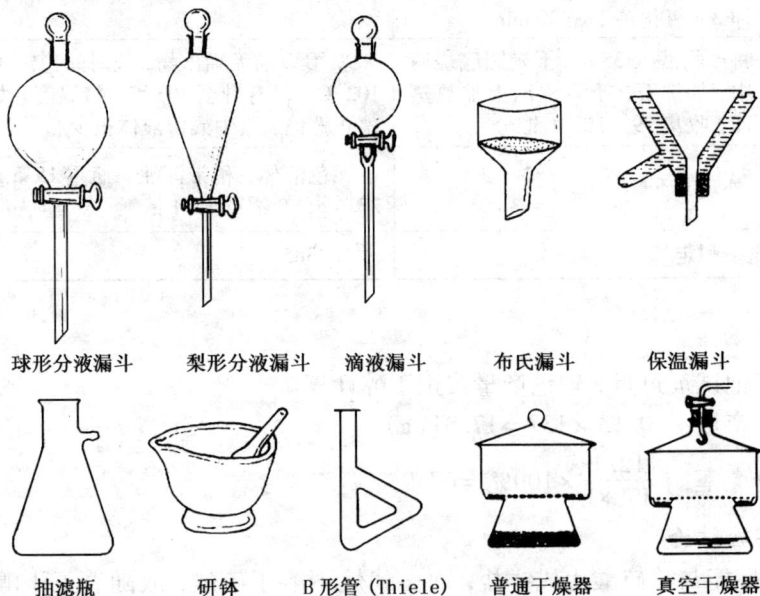

球形分液漏斗　　梨形分液漏斗　　滴液漏斗　　布氏漏斗　　保温漏斗

抽滤瓶　　研钵　　B形管（Thiele）　　普通干燥器　　真空干燥器

图1-2　常用的普通玻璃仪器

2. 标准磨口玻璃仪器

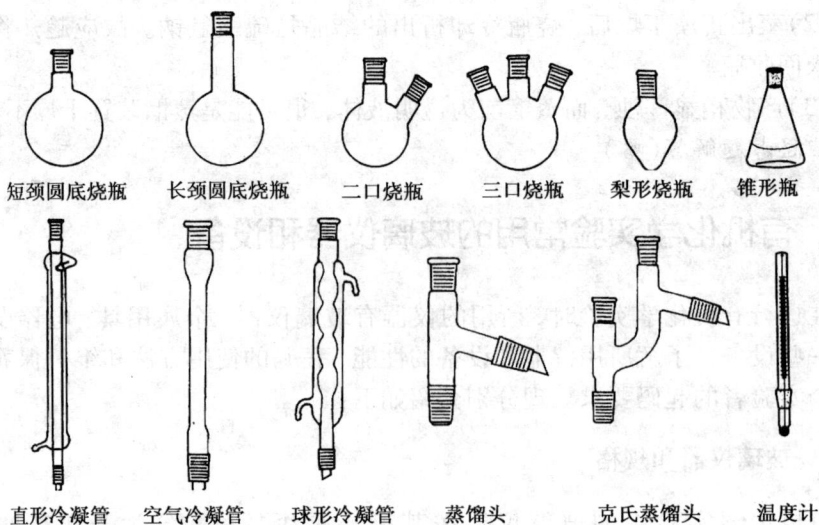

短颈圆底烧瓶　　长颈圆底烧瓶　　二口烧瓶　　三口烧瓶　　梨形烧瓶　　锥形瓶

直形冷凝管　　空气冷凝管　　球形冷凝管　　蒸馏头　　克氏蒸馏头　　温度计

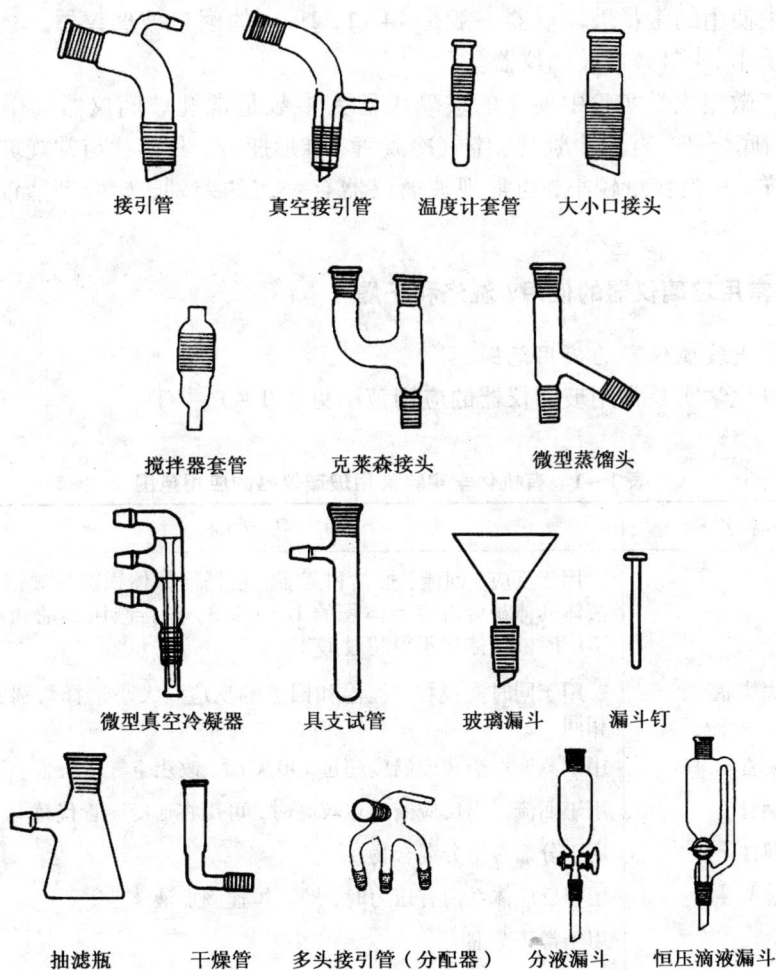

接引管　　　真空接引管　　温度计套管　　大小口接头

搅拌器套管　　　克莱森接头　　　微型蒸馏头

微型真空冷凝器　　具支试管　　玻璃漏斗　　漏斗钉

抽滤瓶　　干燥管　　多头接引管（分配器）　分液漏斗　恒压滴液漏斗

图 1 - 3　标准磨口玻璃仪器

3. 标准磨口玻璃仪器的规格

标准磨口玻璃仪器具有口塞尺寸的标准化、系列化和磨砂口塞的密合性好等特点，所以，同类规格的磨口、塞都可以紧密相连，不同规格的玻璃仪器也可借助适当的磨口接头（大小接头）使之连接。

标准磨口仪器的规格常用数字编号表示，常用标准磨口有 10 口、14 口、19 口、24 口和 29 口等，数字表示磨口最大端直径的毫米数。有的标准磨口玻璃仪器有两个数字，例如 14/30，表示磨口的直径为 14 mm，磨口长度为 30 mm。

　　学生使用的常量玻璃仪器一般是 14 口，19 口的磨口玻璃仪器，微型化学实验中采用 10 口磨口玻璃仪器。

　　国产微型化学实验中使用的玻璃仪器大多数是常规玻璃仪器的微型化产物，如圆底烧瓶、直形冷凝管、空气冷凝管、锥形瓶等，其形状与常规玻璃仪器完全一样，只是容量较小，与常规玻璃仪器有一定的差别，如微型蒸馏、抽滤装置等。

1.4.2　常用玻璃仪器的使用、洗涤和干燥

　　1.常用玻璃仪器的应用范围

　　有机化学实验常用玻璃仪器的应用范围见表 1 - 1。

表 1 - 1　有机化学实验常用玻璃仪器的应用范围

仪器名称	应用范围
圆底烧瓶	用于反应、回流、加热和蒸馏。根据液体体积选择规格，一般液体的体积应占容器体积的 1/3 ~ 2/3，进行减压蒸馏和水蒸气蒸馏时液体体积不得超过 1/2
三口圆底烧瓶	用于同时需搅拌、控温和回流的反应。大小选择与圆底烧瓶相同
直形冷凝管	用于蒸馏。当蒸馏温度超过 140 ℃时，改用空气冷凝管
球形冷凝管	用于回流。当反应液沸点较高时，可用直形冷凝管代替
刺形分馏柱	用于分馏多组分混合物
恒压滴液漏斗	用于反应体系内有压力时，顺利恒速滴加液体
蒸馏头	用于常压蒸馏
克氏蒸馏头	用于减压蒸馏
克莱森接头	用于微型化学实验中的减压蒸馏、水蒸气蒸馏
真空冷凝器	用于微型化学实验中的减压蒸馏、减压升华
布氏漏斗	用于减压过滤，瓷质，不能直接加热，滤纸要略小于漏斗的内径
玻璃漏斗及玻璃钉	用于少量化合物的过滤，由普通漏斗和玻璃钉组成
抽滤瓶	用于减压过滤，与布氏漏斗配套使用
接引管	用于常压蒸馏
真空接引管	可用于减压蒸馏，但减压蒸馏时最好用多头接引管（分配器）

续表

仪 器 名 称	应 用 范 围
温度计套管	用于蒸馏时套接温度计
大小接头	用于连接不同口径的磨口玻璃仪器
锥形瓶	用于贮存液体及小量溶液的加热，不能用于减压蒸馏
干燥管	内装干燥剂，用于无水反应装置
B形管	用于测熔点或沸点
温度计	用于测量温度

2.玻璃仪器使用时的注意事项

一般玻璃仪器使用时应注意以下几点：

（1）使用时，应轻拿轻放。

（2）加热玻璃仪器时要垫石棉网，不能用明火直接加热。

（3）抽滤瓶、量筒等厚壁玻璃仪器不耐热，不能作加热器皿使用，锥形瓶不耐压，不能用于减压操作中，**计量容器不能高温烘烤**。

（4）带有活塞的玻璃仪器（如分液漏斗）洗净之后．应在活塞与磨口之间放一纸片，以防粘连。

（5）温度计不能当作搅拌棒使用，温度计用后一般温度较高，不能立即用冷水冲洗，以免炸裂。

（6）使用完玻璃仪器后，应及时清洗、晾干。

标准磨口玻璃仪器使用时应注意的事项：

（1）磨口处必须洁净。若粘附有固体物，会使磨口对接不紧密，将导致漏气，甚至损坏磨口。

（2）一般使用时，磨口处不必涂抹润滑剂，以免粘附反应物或产物。**但对于碱性反应，则应涂抹润滑剂**，以防磨口和磨塞处因碱的腐蚀粘牢而无法拆卸。减压蒸馏时，宜涂真空脂以达到密封的效果。

（3）安装标准磨口仪器时，应正确安装，使磨口连接处不受歪斜的应力，否则玻璃仪器容易被损坏。

（4）磨口玻璃仪器用后应及时拆卸洗净，以免放置过长时间造成磨口与磨塞之间粘牢而难以拆开。如果发生此情况，可用热水煮粘结处，或用热风吹磨口处，使其膨胀而脱落，还可用木槌轻轻敲打粘结处。

3. 玻璃仪器的洗涤和干燥

（1）玻璃仪器的洗涤

使用清洁的实验仪器是实验成功的重要条件，也是化学工作者应有的良好习惯。仪器使用后应立即清洗。

1）一般方法：用毛刷蘸少许清洁剂刷洗器皿内外部，再用清水冲洗。仪器倒置，器壁不挂水珠，即表示已洗净，可供一般实验用。

洗涤时应根据不同的玻璃仪器选择使用不同形状和型号的刷子。如试管刷、烧杯刷、圆底烧瓶刷、冷凝管刷等。

2）用酸、碱或有机溶剂洗涤的方法：若用一般的方法难以洗净时，则可根据有机反应残渣的性质，用适当的溶液溶解后再洗涤。

例如，瓶内残留物为碱性物质时，可用稀盐酸或稀硫酸溶解；反之，酸性残留物则可用稀的氢氧化钠溶液清洗。不溶于酸碱的物质可选用合适的有机溶剂溶解，如回收的乙醇或丙酮等。但不要盲目使用酸、碱或各种有机溶剂清洗仪器，这不仅造成浪费，更重要的是避免加入的溶剂与性质不明的残留物发生反应造成危险，例如：硝酸与许多有机物发生激烈反应而导致意外事故。

3）用超声波清洗器：利用声波的振动和能量清洗仪器，既省时又方便，还能有效地清洗焦油状物。特别是对一些手工无法清洗的物品，以及粘有污垢的物品，其清洗效果是人工清洗无法代替的。

（2）玻璃仪器的干燥

仪器干燥程度可视实验要求而定，某些反应不需要干燥仪器；而某些反应则要求在无水条件下进行，因而必须将仪器严格干燥后再使用。干燥玻璃仪器的方法有如下几种：

1）自然风干：仪器洗净后瓶口向下放置，使其中水流尽，放置干燥架上晾干。

2）热气流烘干：倒置于气流烘干器的支管上烘干。

3）用有机溶剂干燥：急需用的仪器，可待仪器中水倒尽后加入少量95%乙醇或丙酮荡洗几次，然后再用吹风机吹干或用水泵抽去残留溶剂，即可立即使用。（**注意！洗涤仪器所用的溶剂应倒回洗涤用溶剂的回收瓶中**）。

4）烘箱烘干：备用仪器也可放入烘箱烘干，但是，计量仪器、冷凝管等切不可在烘箱内高温烘烤。

1.4.3 常用的常量反应装置

1.回流装置

在有机化学实验中,有些反应和重结晶样品的溶解往往需要煮沸一段时间,为了不使反应物和溶剂的蒸气逸出,常在烧瓶口垂直装上球形冷凝管(当回流混合液的沸点较高时,也可采用直形冷凝管),冷却水自下而上流动,这就是一般的回流装置,如图1-4所示。回流操作时要注意两点:加热前务必加沸石;蒸气上升高度控制在不超过回流冷凝管有效长度的三分之一为宜。

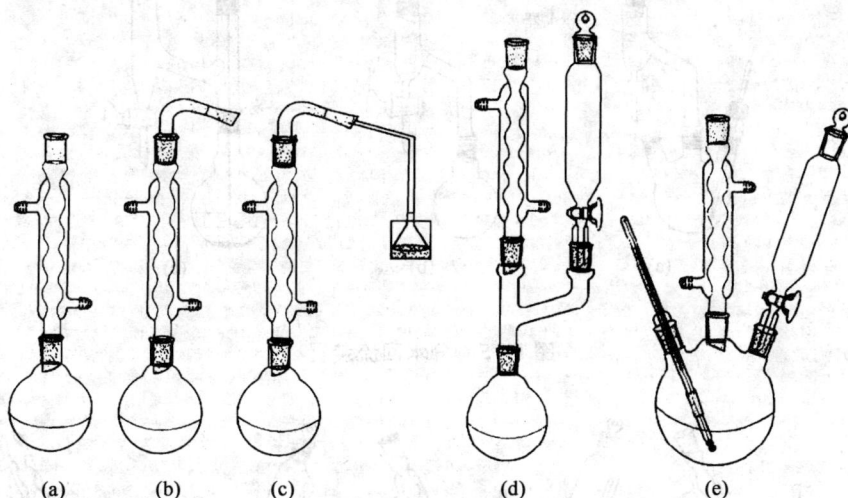

图1-4 回流装置

(a)普通回流装置;(b)防潮回流装置;(c)气体吸收回流装置
(d)滴加液体的回流装置;(e)控温-滴加-回流装置

图1-5是实验室常用的分水回流装置。它是在烧瓶与回流冷凝管之间增加了一支分水器。以便在反应过程中将生成的水分离出反应体系,达到提高转化率的目的。

2.搅拌装置

有些反应是在均相溶液中回流进行,一般不用搅拌(**注意:对于未回流的均相反应,也需搅拌**)。但有些反应是在非均相溶液中进行,或反应物之一是滴加的,这种情况需要搅拌。图1-6是三个常用的搅拌装置,其中(a)是可测量反应温度的回流搅拌装置;(b)是可以同时进行搅拌、回流和滴加液体的装置;(c)是集测温、滴加、回流、搅拌于一体的反应装置。

温度计

温度计
套管

分水器

(a)　　　　　　　　　(b)　　　　　　　　　(c)

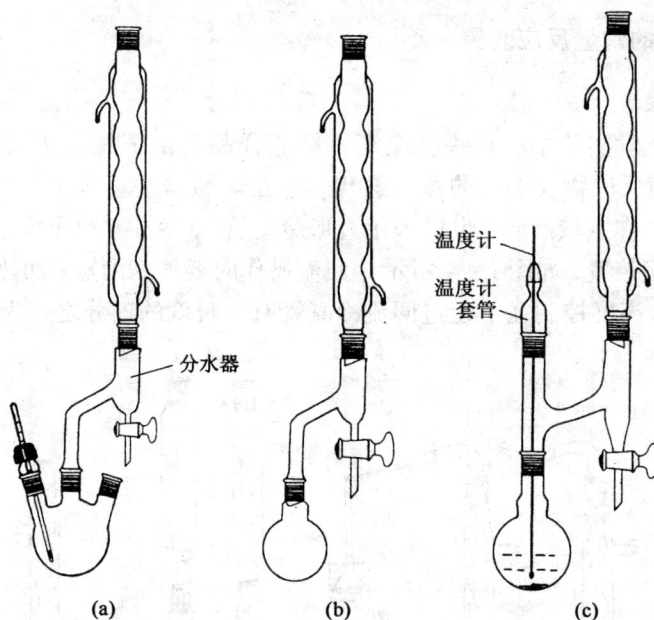

图 1-5　分水回流装置

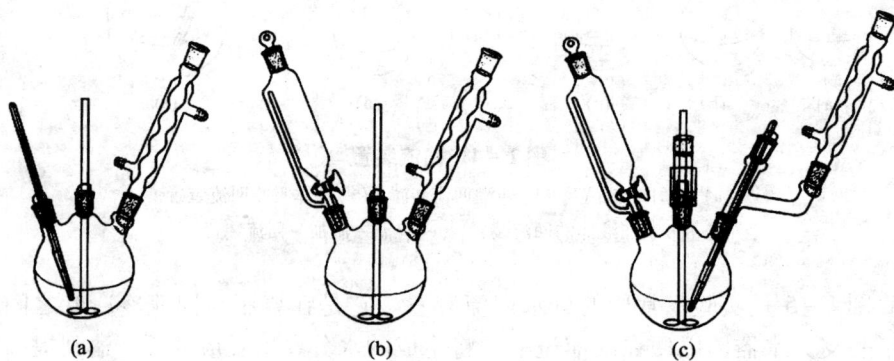

(a)　　　　　　　　　(b)　　　　　　　　　(c)

图 1-6　搅拌装置

3. 气体吸收装置

图 1-7 为气体吸收装置。此装置中都是采用水吸收的办法，因此，被吸收的气体必须具有水溶性（如氯化氢、二氧化硫等）。对于酸性物质，有的需用稀碱液吸收。图 1-7 中的（a）、（b）只能用来吸收少量气体。（a）中的三角漏

斗口不能全浸入吸收液中,否则体系闭合,一旦反应瓶冷却,会形成负压而产生倒吸。如果气体排出量较大或速度较快时,可用图1-7中的(c)装置。

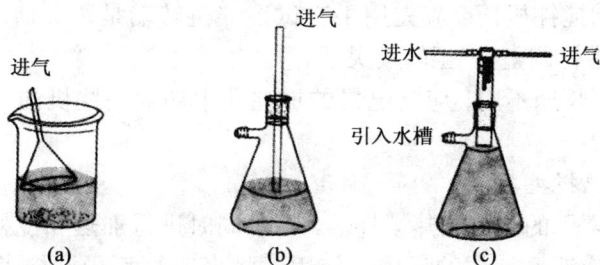

图1-7 气体吸收装置

4. 仪器的装配与拆卸

安装仪器时,应选择好仪器的位置,**先下后上,从左至右**,逐个将仪器固定组装。所有的仪器要横平竖直,所有的铁架、铁夹或烧瓶夹都要在玻璃仪器的后面。拆卸的顺序则和组装的顺序相反。拆卸前,应先停止加热,移走热源,待仪器稍冷却后,关掉冷凝水,然后再逐个拆掉,拆除冷凝管时要注意不要将水洒在电炉或电热套上。

1.4.4 常用电器设备

1. 电子天平

实验室中常使用的药物台秤最大称量为100 g,可精确到0.1 g。若要准确称量到0.001 g,需使用电子天平。电子天平是实验室常用的称量设备,在微型实验中更是必备的称量设备。它能快速准确称量,最大称量为200 g。在使用前应仔细阅读使用说明书或认真听取指导教师的讲解。

2. 电热套

有机实验中常用的间接加热设备,分可调和不可调两种。用玻璃纤维丝与电热丝编织成半圆形的内套,外边加上金属外壳,中间填上保温材料,根据内套直径的大小分为50 mL、250 mL,500 mL 等规格,最大的可达3000 mL。此设备使用较安全,用完后应放于干燥处。

3. 电动搅拌机

电动搅拌机一般用于常量的非均相反应时搅拌液体反应物。使用时要注意以下几点:

　　(1)应先将搅拌棒与电动搅拌轴连接好,搅拌棒尽可能接近反应瓶底部,但不能相碰。

　　(2)再将搅拌棒用套管或塞子与反应瓶固定好;

　　(3)在开动搅拌机前,应先用手空试搅拌机转动是否灵活,如不灵活,应找出摩擦点,进行调整,直至转动灵活;

　　(4)如电机长期不用,应向电机的加油孔中加入一些机油,以保证电机以后能正常运转。

　　4.磁力加热搅拌器

　　实验室中常用的磁力加热搅拌器,可以同时进行加热和搅拌,特别适合于微型实验和反应液不粘稠的反应。使用时将聚四氟乙烯搅拌子放入反应容器内,根据容器大小选择合适尺寸的搅拌子,通过调速器调节搅拌速度。实验室使用的磁力搅拌器的一般性能为:

　　搅拌转速: $0 \sim 1200$ r/min;

　　控温范围:室温至 $100\ ℃$;室温至 $300\ ℃$ (如集热式磁力加热搅拌器);

　　搅拌容量: $20 \sim 3000$ mL;

　　电炉功率: $300 \sim 1000$ W,可连续工作。

　　使用中严禁有机溶剂及强酸、碱等腐蚀性药品侵蚀搅拌器。使用完毕,应擦拭干净。

　　5.烘　箱

　　实验室一般使用带有自动控温系统的电热鼓风干燥箱,使用温度 $50 \sim 300\ ℃$,主要用于干燥玻璃仪器或无腐蚀性、热稳定性好的药品。刚洗好的仪器,应先将水沥干后再放入烘箱中,带旋塞或具塞的仪器,应取下塞子后再放入烘箱中。要先放上层,以免湿仪器上的水滴到热仪器上造成炸裂。取出烘干的仪器时,应用干布垫手,以免烫伤。热仪器取出后,不要马上接触冷物体,如水、金属用具等。干燥玻璃仪器一般控制在 $100 \sim 110\ ℃$ 。**干燥固体有机药品时,一般控温应比其熔点低 $20\ ℃$ 以上,以免熔化。**

　　6.循环水真空泵

　　循环水真空泵是以循环水作为流体,利用射流产生负压的原理而设计的一种减压设备。广泛应用于蒸发、蒸馏和过滤等操作中。由于水可循环使用,节水效果明显,且避免了使用普通水泵时因高楼水压低或停水无法使用的烦恼,因此,是实验室理想的减压设备,一般用于对真空度要求不高的减压体系中。使用时应注意以下几点:

　　(1)真空泵抽气口最好接一缓冲瓶,以免停泵时倒吸。

（2）开泵前检查是否与体系接好，然后打开缓冲瓶上的旋塞。开泵后，用旋塞调至所需真空度。关泵时要先打开缓冲瓶上的旋塞，拆掉与体系的接口，再关泵。切忌相反操作。

（3）有机溶剂对水泵的塑料外壳有溶解作用，应经常更换水泵中的水。以保持水泵的清洁完好和真空度。

7. 油　泵

油泵是实验室中常用的减压设备，它多用于对真空度要求较高的反应中。其效能取决于泵的结构及油的好坏（油的蒸气压越低越好），好的油泵能抽到 $10\sim100$ Pa（1 mmHg柱以下）以上的真空度。为了保护泵和油，使用时应注意做到：定期换油；当干燥塔中的氢氧化钠、无水氯化钙已结块状时应及时更换。

8. 旋转蒸发仪

旋转蒸发仪是由马达带动可旋转的蒸发器（圆底烧瓶）、冷凝器和接收器组成，如图 1-8。可在常压或减压下操作，可一次进料，也可分批加入蒸发液。由于蒸发器不断旋转，可免加沸石而不会暴沸。蒸发器旋转时，液体附于壁上形成一层薄膜，加大蒸发面积，使蒸发速率加大。因此，它是浓缩溶液、回收溶剂的快速、方便装置。

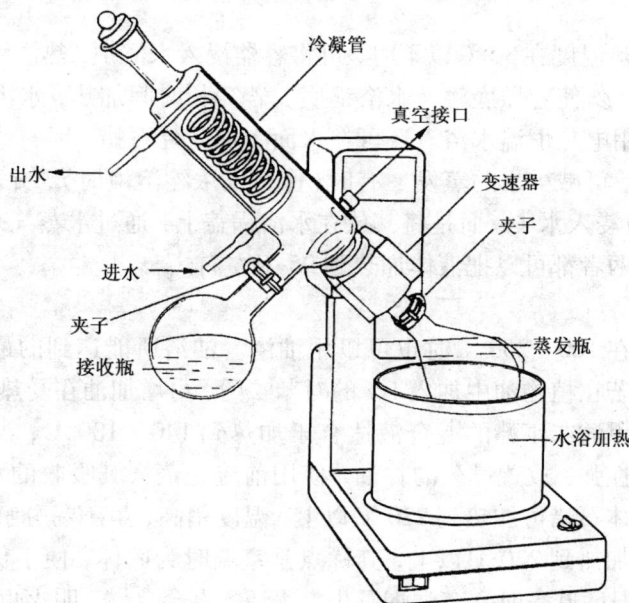

图 1-8　旋转蒸发仪

1.5　加热和冷却

1.5.1　加热方法

　　化学实验中常用的热源有煤气灯、酒精灯、电热器和可调电炉等。必须注意，玻璃仪器一般不能直接加热。因为剧烈的温度变化和不均匀的加热会造成玻璃仪器破损，引起燃烧甚至爆炸事故的发生。同时由于局部过热，还可能引起部分有机化合物的分解。为了避免直接加热可能带来的问题，加热时可根据液体的沸点、有机化合物的特性和反应要求选用适当的加热方法。下面介绍几种间接加热的方法。

　　1. 空气浴

　　空气浴就是让热源把局部空气加热，空气再把热能传导给反应容器。可调电炉、电热套加热是较简便的空气浴加热，能从室温加热到 300 ℃ 左右，是有机实验中最常用的加热方法。安装时，要使反应瓶的外壁与加热器的内壁保持 1 cm 左右的距离，以便利用热空气传热和防止局部过热等。

　　2. 水　浴

　　当所需加热温度在 80 ℃ 以下时，可将容器浸入水浴中，热浴液面应略高于容器中的液面，勿使容器底触及水浴锅底。若需长时间加热，水浴中的水会汽化蒸发，可采用电热恒温水浴。还可在水面上加几片石蜡，因石蜡受热熔化后覆盖在水面上，可减少水的蒸发。有时(像蒸发浓缩溶液时)，并不将器皿(烧杯、蒸发皿等)浸入水中，而是将其放在水浴锅盖上，通过水蒸气来加热，这就是水蒸气浴。两者都可以把液体加热到 95 ℃ 左右。

　　3. 油　浴

　　加热温度在 100～250 ℃ 时也可以用油浴。油浴所能达到的最高温度取决于油的种类。若在植物油中加入 1% 的对苯二酚，可增加油在受热时的稳定性。甘油和邻苯二甲酸二丁酯的混合液适合于加热到 140～180 ℃，温度过高则分解。甘油吸水性强，放置过久的甘油，使用前应先蒸去其吸收的水分，然后再用于油浴。液体石蜡可加热到 220 ℃ 以上，温度稍高，虽不易分解，但易燃烧。固体石蜡也可加热到 220 ℃ 以上，其优点是室温时为固体，便于保存。普通油浴的缺点是：温度升高时会有油烟冒出；达到燃点会自燃，明火也可引起着火，长时间使用后易于老化、变粘、变黑。为了克服上述缺点，可使用硅油。硅油又称有机硅油，是由有机硅单体经水解缩聚而得的一类线性结构的油状物，一般是无色、无味、无毒、不易挥发的液体，但价格较贵。

用油浴加热时，要在油浴中装上温度计（温度计的水银球不要放到油浴锅底），以便随时观察和调节温度。

油浴所用的油不能有水溅入，否则加热时会产生泡沫或爆溅。使用油浴时，要特别注意防止油蒸气污染环境和引起火灾。为此可用一块中间有圆孔的石棉板盖住油浴锅。

热浴中除空气浴、水浴、油浴外还有沙浴和金属浴（合金浴）等，现将常用的热浴方法列于表 1 - 2 中。无论用何种方法加热，都要求加热均匀、稳定，尽量减少热损失，以满足实验的要求。

表 1 - 2　常用加热浴一览表

类　别	内容物	容　器	使用温度范围	注意事项
水浴蒸气浴	水	铜锅及其他锅	~95 ℃	若使用各种无机盐，使水溶液达饱和，则沸点可以提高
油浴	石蜡油 甘油，邻苯二甲酸二正丁酯 硅油	铜锅及其他锅	~220 ℃ 140~150 ℃ ~250 ℃	加热到250 ℃以上时，冒烟及燃烧，油中切勿溅水，氧化后会慢慢凝固
沙浴	沙	铁盘	高温	
盐浴	如硝酸钾和硝酸钠的等量混合物	铁锅	220~680 ℃	浴中切勿溅水，将盐保存于干燥器中
金属浴	各种低熔点金属、合金等	铁锅	因使用金属不同，温度各异	加热至350 ℃以上时渐渐氧化
其他	甘油、液体石蜡、硬脂酸	铜锅、烧杯等	温度因物质不同而异	

1.5.2　冷却方法

有机合成反应中，有时会产生大量的热，使得反应温度迅速升高，如果控制不当，可能引起副反应，或使反应物蒸发，甚至会发生冲料和爆炸事故。有的反应,如碳负离子反应或一些有机金属化合物的反应必须进行深度冷却,才能使反应顺利进行。在普通有机实验中,也常采用低温操作,如重氮化反应、亚硝化反应。有些反应虽不要求低温,但需用制冷方法转移多余的热量,使反应正常进行,因此制冷技术在有机化学实验中起着重要的作用。要把温度控制在一定范围内,就要进行适当的冷却。根据反应的要求,可使用不同的制冷剂,表1-3列举了常见的冷却剂组成及冷却温度。

表1-3 常用冷却剂的组成及冷却温度

冷却剂组成	冷却温度/℃	冷却剂组成	冷却温度/℃
碎冰(或冰-水)	0	干冰+乙腈	-75
氯化钠(1份)+碎冰(3份)	-20	干冰+乙醇	-72
6个结晶水的氯化钙(10份)	-50(-20~-40)	干冰+丙酮	-78
+碎冰(8份)		干冰+乙醚	-100
液氨	-33	液氨+乙醚	-116
干冰+四氯化碳	~-55	液氮	-195.8

1. 冰水冷却

可用冷水在容器的外壁流动,或把容器浸在冷水中,用冷水带走热量。也可用水和碎冰的混合物作冷却剂,其冷却效果比单用冰块好。如果水不影响反应进行时,也可把碎冰直接投入反应器中,以便更有效地保持低温。

2. 冰盐冷却

若反应要在0℃以下进行操作时,常用按不同比例混合的碎冰和无机盐作为冷却剂。可把盐研细,把冰砸成小碎块,使盐均匀包在冰块上。在使用过程中应随时搅动冰块。

3. 干冰或干冰与有机溶剂混合冷却

干冰(固体的二氧化碳)与四氯化碳、乙醇、丙酮和乙醚混合,可冷却到-50~-100℃。使用时应将这种冷却剂放在杜瓦瓶(广口保温瓶)中或其他绝热效果好的容器中,以保持其冷却效果。

4. 低温浴槽

低温浴槽是一个小冰箱,冰室口向上,蒸发面用筒状不锈钢槽代替,内装酒精,外设压缩机用循环氟里昂制冷。压缩机产生的热量可用水冷或风冷散去。可装外循环泵,使冷酒精与冷凝器连接循环。还可装温度计等指示器。反应瓶浸在酒精液体中。该浴槽适于-30~30℃范围反应使用。

若反应产物需要在低温下较长时间保存，可把盛产物的瓶子贴好标签，塞紧瓶塞，放入低温冰箱或制冷机中保存。

在使用低温制冷剂时，应注意不要用手直接接触，以免发生冻伤事故。温度低于 −38 ℃时，由于水银会凝固，因此不能用水银温度计，可应用添加少许颜料的有机溶剂(乙醇、甲苯、正戊烷等)的低温温度计。

1.6　有机化合物的干燥

干燥是常用的除去固体、液体或气体中少量水分或少量有机溶剂的方法。如要对有机物进行波谱分析、定性或定量分析以及物理常数测定时，往往要求预先干燥，否则测定的结果不准确。**液体有机物在蒸馏前也要干燥，否则前馏分较多，产物损失较大，甚至沸点也不准**。此外，有些有机反应需要在绝对无水条件下进行，所用溶剂、原料和仪器等均要绝对干燥，反应过程中也要通过干燥管以防止潮气进入容器。可见，干燥在有机实验中是极其普遍而又重要的操作。

1.6.1　基本原理

干燥方法从原理上分可分为物理方法和化学方法两大类。

1. 物理方法

物理方法中有烘干、晾干、吸附、分馏、共沸蒸馏和冷冻等。近年来，还常用离子交换树脂和分子筛等方法来进行干燥。离子交换树脂是一种不溶于水、酸、碱和有机溶剂的高分子聚合物。分子筛是含水硅铝酸盐的晶体。它们都能可逆地吸附水分，加热解吸除水活化后可重复使用。

2. 化学方法

化学方法是采用干燥剂来除水。根据除水原理又可分为两类：

(1)能与水可逆地结合，生成水合物，例如：氯化钙、硫酸钠、硫酸镁和硫酸钙等物质；

(2)与水发生不可逆的化学反应，生成新的化合物，例如：金属钠、五氧化二磷等。

1.6.2　液体有机化合物的干燥

1. 干燥剂的选择

干燥剂应与被干燥的液体有机化合物不发生化学反应，包括溶解、络合、缔合和催化等，例如酸性化合物不能用碱性干燥剂等，并且易与干燥后的有机物完全分离。

2. 干燥剂的吸水容量和干燥效能

干燥剂的吸水容量是指单位重量干燥剂所吸收水的量。干燥效能是指达到平衡时液体被干燥的程度，对于形成水合物的无机盐干燥剂，常用吸水后结晶水的蒸气压来表示其干燥效能。如硫酸钠形成 10 个结晶水的水合物，其吸水容量为 1.25，在 25 ℃时结晶水的蒸气压为 256 Pa(1.92 mmHg)；氯化钙最多能形成 6 个结晶水的水合物，其吸水容量为 0.97，在 25 ℃时结晶水蒸气压为 27 Pa(0.20 mmHg)。两者相比较，硫酸钠的吸水容量较大，但干燥效能弱；而氯化钙吸水容量较小，但干燥效能强。在干燥含水量较大而又不易干燥的化合物时，常先用吸水量较大的干燥剂除去大部分水分，再用干燥效能强的干燥剂进一步干燥。

3. 干燥剂的用量

根据水在液体中的溶解度和干燥剂的吸水量，可算出干燥剂的最低用量。但是，干燥剂的实际用量要大大超过计算量，一般每 10 mL 样品约需 0.5 ~ 1.0 g 干燥剂。但由于液体产品中水分含量不同，干燥剂质量不同，颗粒大小不同，不能一概而论。实际操作中，一般是分批加入干燥剂，通过现场观察判断干燥的效果。

(1)观察被干燥液体。不溶于水的有机溶液在含水时常处于浑浊状态，加入适当的干燥剂进行干燥，当干燥剂吸水后，浑浊液会**呈清澈透明状**。这时即表明干燥合格。否则，应补加适量干燥剂继续干燥。

(2)观察干燥剂。有些有机溶剂溶于水，因此含水的溶液也呈清澈、透明状(如乙醚)，这种情况下要判断干燥剂用量是否合适，则应看干燥剂的状态。加入干燥剂后，因其吸水后会粘在器壁上，摇动容器也不易旋转，表明干燥剂用量不够，应适量补加，直到**新的干燥剂不结块、不粘壁，且棱角分明，摇动时旋转并悬浮**(尤其是 $MgSO_4$ 等小晶粒干燥剂)，表示所加干燥剂用量合适。

由于干燥剂还能吸收一部分有机液体，影响产品收率，故干燥剂用量要适中。应先加入少量干燥剂后**静置一段时间**，观察用量不足时再补加。

4. 干燥时的温度

对于生成水合物的干燥剂，加热虽可加快干燥速度，但远远不如水合物放出水的速度快，因此，干燥通常在室温下进行。

5. 操作步骤与要点

(1)首先要把被干燥液中的水分尽可能除净，不应有任何可见的水层或悬浮水珠。因干燥剂只适用于干燥少量水分。若水的含量大，则干燥效果不好。为此，萃取分液时应尽量将水层分净，这样干燥效果好，且产物损失少。

（2）把待干燥的液体放入干燥的锥形瓶中，取颗粒大小合适（如无水氯化钙，应为黄豆粒大小且不夹带粉末）的干燥剂放入液体中，**用塞子盖住瓶口**，轻轻振摇（干燥易挥发液体如乙醚时，注意轻摇，以免塞子冲出而损坏），观察判断干燥剂是否足量，静置一段时间（0.5 h 以上，最好过夜）。

（3）把干燥好的液体滤入适当的容器中密封保存或者过滤后进行蒸馏。**干燥剂与水的反应为不可逆反应时，蒸馏前不必滤除**。

（4）有些溶剂的干燥不必加干燥剂，而借其和水可形成共沸混合物的特点，直接进行蒸馏把水除去，如苯、甲苯和四氯化碳等。工业上制备无水乙醇，就是利用乙醇、水和苯三者形成共沸物的特点，在95%的乙醇中加入适量的苯进行共沸蒸馏。前馏分为三元共沸混合物（bp 64.9 ℃）；当把水蒸完后，即为乙醇和苯的二元共沸混合物（bp 69.3 ℃），无苯后，沸点升高即为无水乙醇。但该乙醇中含有微量苯，不宜作光谱分析的溶剂。

6. 常用干燥剂的种类及其性能

各类有机物常用的干燥剂及其性能分别见表 1 - 4 和表 1 - 5。

表 1 - 4　各类有机物常用的干燥剂

化合物类型	干 燥 剂
烃	$CaCl_2$，Na，P_2O_5
卤代烃	$CaCl_2$，$MgSO_4$，Na_2SO_4，P_2O_5
醇	K_2CO_3，$MgSO_4$，CaO，Na_2SO_4
醚	$CaCl_2$，Na，P_2O_5
醛	$MgSO_4$，Na_2SO_4
酮	K_2CO_3，$CaCl_2$，$MgSO_4$，Na_2SO_4
酸、酚	$MgSO_4$，Na_2SO_4
酯	$MgSO_4$，Na_2SO_4，K_2CO_3
胺	KOH，$NaOH$，K_2CO_3，CaO
硝基化合物	$CaCl_2$，$MgSO_4$，Na_2SO_4

表1-5　常用干燥剂的性能与应用范围

干燥剂	吸水作用	性质及适用范围	不适用范围	说　　明
氯化钙	$CaCl_2 \cdot nH_2O$ $n=1,2,4,6$ （30 ℃以上易失水）	中性。烃、卤代烃、烯烃、丙酮、醚和中性气体	与醇、氨、酚、氨基酸、酰胺、酮及某些醛和酯结合，不能用	吸水量大，作用快，效率中等，是良好的初步干燥剂，廉价，含有碱性杂质氢氧化钙
硫酸钠	$Na_2SO_4 \cdot 10H_2O$ （38 ℃以上失水）	中性。可代替 $CaCl_2$ 并可用于干燥醇、酯、醛、腈、酰胺等不能用 $CaCl_2$ 干燥的化合物		吸水量大，作用慢，效率低，一般用于有机液体的初步干燥
硫酸镁	$MgSO_4 \cdot nH_2O$ $n=1,2,4,5,6,7$ （48 ℃以上失水）	中性。应用范围广，干燥范围同硫酸钠		较硫酸钠作用快，效率高
硫酸钙	$2CaSO_4 \cdot H_2O$ （80 ℃以上失水）	中性。烷、芳烃、醚、醇、醛、酮等		吸水量小，作用快，效力高，可经初步干燥后再用
氢氧化钠(钾)	溶于水（吸湿性强）	强碱性。胺、杂环等碱性化合物（氨、胺、醚、烃）	醇、酯、醛、酮、酚、酸性化合物	快速有效
碳酸钾	$2K_2CO_3 \cdot H_2O$ （有吸湿性）	弱碱性。醇、酮、酯、胺及杂环等碱性化合物	酸、酚及其他酸性化合物	作用慢
金属钠	$H_2 + NaOH$ （忌水，遇水会燃烧并爆炸）	（强）碱性。限于干燥醚、烃、叔胺中痕量水分	碱土金属及对碱敏感物、氯代烃(有爆炸危险)、醇及其他有反应之物	效率高，作用慢，需经初步干燥后才可用。干燥后需蒸馏。不能用于干燥器中

续表

干燥剂	吸水作用	性质及适用范围	不适用范围	说　明
氧化钙氧化钡	$Ca(OH)_2$，$Ba(OH)_2$（热稳定、不挥发）	碱性。低级醇类，胺	酸类和酯类	效力高，作用慢，干燥后可直接蒸馏
五氧化二磷	H_3PO_4（吸湿性很强）	酸性。烃、卤代烃、醚、腈中的痕量水分，中性或酸性气体，如乙炔、二硫化碳	醇、醚、酸、胺、酮，HCl，HF	吸水效率高，干燥后需蒸馏。因吸水后表面被粘浆物覆盖，操作不便
硫酸	$H_3^+OHSO_4^-$	强酸性。中性及酸性气体（用于干燥器和洗气瓶中）	烯、醚、醇、酮、弱碱性物质，H_2S、HI	脱水效率高
硅胶		用于干燥器中	HF	吸收残余溶剂
分子筛（3Å,4Å）	物理吸附仅允许水或其他小分子（如氨）进入	流动气体（温度可高于100 ℃）、有机溶剂（用于干燥器中）、各类有机化合物	不饱和烃	快速高效，经初步干燥后再用。可在常压或减压下300～320 ℃加热脱水活化

1.6.3　固体有机化合物的干燥

干燥固体有机化合物，主要是为了除去残留在固体中的少量低沸点溶剂，如水、乙醚、乙醇、丙酮和苯等。由于固体有机物的挥发性比溶剂小，所以可采取蒸发和吸附的方法来达到干燥的目的。常用干燥法如下：晾干；冻干；用恒温烘箱烘干，用恒温真空干燥箱烘干，或用红外灯烘干；用普通干燥器或真空干燥器干燥。

1. 自然干燥

自然干燥是最经济、方便的方法。应注意，被干燥的固体有机物应是在空气中稳定、不易分解、不吸潮。**干燥时应将待干燥的固体放在表面皿或其他敞口瓶中，薄薄摊开**。须防灰尘落入。

2. 加热干燥

对于熔点较高遇热不分解的固体，可使用红外灯（放置温度计以便控制温度)或放置恒温烘箱中烘干。加热温度应低于固体的熔点(至少10 ℃),并加以翻动,避免结块现象。

　　3.干燥器干燥

　　对于不能用上述方法干燥的易分解或升华的有机固体有机物,应放在干燥器内干燥。干燥器有普通干燥器、真空干燥器、真空恒温干燥器等(如图1-9)。

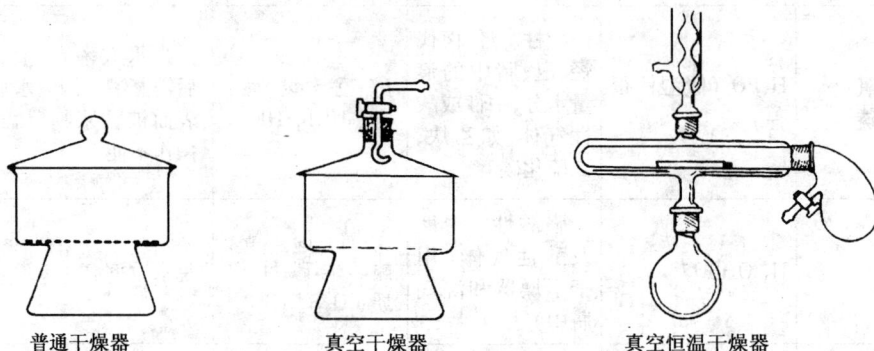

普通干燥器　　　　　　　真空干燥器　　　　　　真空恒温干燥器

图1-9　干燥器

　　(1)普通干燥器:干燥样品所费时间较长,效率不高,一般适用于保存易吸潮药品。

　　(2)真空干燥器:可提高干燥效率。使用时真空度不宜过高,以防干燥器炸裂,一般用水泵抽气,抽真空时,外面套以铁丝网或以布包裹,以防玻璃炸裂伤人。新的干燥器应先试抽检验是否耐压。抽气时**应有防止倒吸的安全装置**。取样放气时不宜太快,以防空气流入太快将样品冲散。

　　干燥器中干燥剂的选择,依除去溶剂的性质而定,同时不与被干燥的固体有机物质发生作用。干燥剂放在干燥器内的隔板下面,被干燥的样品用表玻璃、培养皿等盛装放在隔板上面。干燥器内常用的干燥剂见表1-6。

　　(3)真空恒温干燥器(干燥枪):干燥效率高,尤其要除去结晶水或结晶醇,此法更好。但这种方法只能适用于小量样品的干燥(如被干燥化合物量多,可采用真空恒温干燥箱)。使用时将装有样品的小舟放入夹层内,连接盛有干燥剂(一般常用五氧化二磷)的曲颈瓶,然后用水泵减压,抽到一定真空度时,先将旋塞关闭,即停止抽气。若不关闭旋塞再连续抽真空,则干燥枪内的气体不能再流入水泵,反而有可能使水气扩散到干燥枪内得到相反的结果。每隔一定的时间再抽一次气。根据被干燥有机物的性质,选用适当的溶剂进行加热(溶剂的沸点不能超过样品的熔点），溶剂蒸气充满夹层外面，而使夹层内样品在减压和恒定的温度下进行干燥。

表1-6　干燥器内常用的干燥剂

干燥剂	吸去的溶剂或其他杂质	干燥剂	吸去的溶剂或其他杂质
氧化钙	水，醋酸，氯化氢	五氧化二磷	水，醇
氯化钙	水，醇	石蜡片	醇、醚、石油醚、苯，甲苯，氯仿，四氯化碳
氢氧化钠	水，醋酸，氯化氢，酚，醇		
硫酸*	水，醋酸，醇	硅胶	水

＊为了判断硫酸是否失效，通常在100 mL硫酸中溶解1.8 g硫酸钡，因硫酸吸水后浓度降到84%以下时，有细小的硫酸钡析出，就应更换。

1.6.4　气体的干燥

有机实验中常用的气体有 N_2，O_2，H_2，Cl_2，NH_3，CO_2，有时要求气体中含很少或基本不含 CO_2，H_2O 等，因此就需要对上述气体进行干燥。

干燥气体时常用的仪器有干燥管、干燥塔、U形管、各种洗气瓶（用来盛液体干燥剂）等。气体干燥常用的干燥剂见表1-7。

表1-7　干燥气体时常用的干燥剂

干燥剂	可干燥的气体
CaO，碱石灰、NaOH、KOH	NH_3 及胺类
无水 $CaCl_2$	H_2，HCl，CO_2，CO，SO_2，N_2，O_2，低级烷烃、醚、烯烃、卤代烃
P_2O_5	H_2，O_2，CO_2，SO_2，N_2，烷烃、乙烯
浓 H_2SO_4	H_2，N_2，CO_2，Cl_2，HCl，烷烃
$CaBr_2$，$ZnBr_2$	HBr

1.7　无水无氧操作技术

许多金属或过渡金属有机化合物具有很高的反应活性，遇水或氧能发生剧烈反应，甚至燃烧或爆炸。然而它们往往又具有特殊的使用价值，如用作特殊的反应试剂或选择性催化剂。对这类化合物的制备和处理必须采取无水无氧操作技术。这种操作技术在合成工业尤其是在科学研究领域已显得越来越重要。

1.7.1　试剂和溶剂的处理

在空气中能与氧或水气作用迅速发生明显变化的物质，称为敏感化合物。在有敏感化合物参与的反应中，所使用的试剂或溶剂必须事先经过脱水和脱氧处理。根据化合物的敏感性不同，脱水和脱氧的方法及严格程度应有所不同。

为了保证试剂有充分的干燥度，可在使用前 $1\sim2$ d 向其中加入活性分子筛。分子筛的活化程序为：先于 320 ℃加热 3 h，然后再置于真空干燥器内冷却，再向干燥器内通入氮气，使干燥器内压力达大气压。分子筛的再生方法比较简单，将它放在烧瓶中加热，同时用水泵抽气，以除尽残余溶剂，然后再放入烘箱中于 320 ℃加热干燥 12 h。

要除去溶剂中的氧气，方法是可在盖在瓶口上的橡胶隔膜上，插入一支长注射针头，向溶剂中鼓入纯净的氮气或氩气，另插入一支短注射针头至液面上使驱赶的气体放出。已驱赶净氧气之后，即可拔出针头待用。在需要使用溶剂时，可通过瓶口上的橡胶隔膜，一边注入氮气，一边即可用注射器抽取溶剂使用。对于用粉状干燥剂干燥的溶剂，可在氮气气氛下将其从干燥剂中蒸馏出来，并在氮气气氛保护下贮存备用。

对于那些会受极微量的氧和水影响的反应，可采用如下方法来处理溶剂：处理装置为特制的溶剂蒸馏系统（见图 1 – 10），将仪器洗净烘干并装配好后，使纯净的氮气由旋塞 A 进入，经旋塞 B，D 和 E 放出，彻底冲洗出空气后，关闭旋塞 A，改由 F 处通入细微量氮气，经鼓泡器放出，使整个系统保持在常规的静态氮气压力下。暂时移

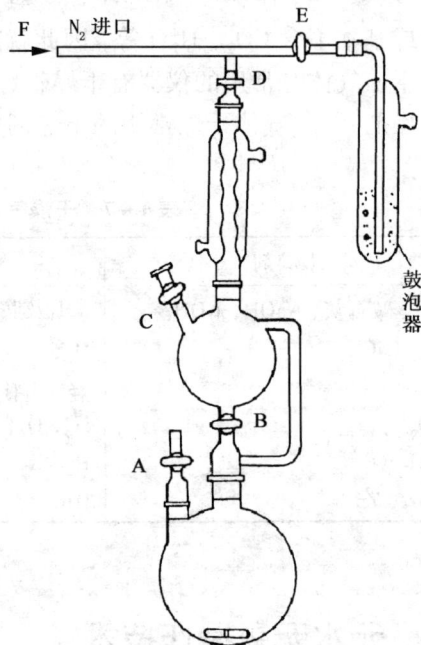

图 1 – 10　固定使用的溶剂蒸馏系统

开旋塞 A,将经预先初步干燥过的溶剂加入蒸馏瓶中,再加入适量的干燥剂。如在 1 L 四氢呋喃中,加入约 25 g 二苯酮和 6 g 金属钠丝(或片,以增大接触面)。装上旋塞 A 后,将溶剂加热回流。当溶剂中的水分和氧气被除尽后,金属钠便将二苯酮还原成四苯基频哪醇钠,从而出现持久的蓝紫色。继续回流片刻,以除去从接收器和冷凝器表面所带下的痕量水气。关闭旋塞 B,让接收器慢慢积聚溶剂至一定量,用注射器从旋塞 C 抽出溶剂。最好用一根细的不锈钢空心针管(两端有针头)穿过旋塞 C 上的胶塞和旋塞孔插入接收器底,另一端插入贮存器,贮存器的胶塞上插一根放空针头,关闭旋塞 E 后,随着系统内氮气压力的增加,溶剂即被压入贮存器中。如继续加入上述溶剂处理,应检查蒸馏瓶中是否有足够的活性干燥剂。若回流后不出现蓝紫色,应酌情补加二苯酮和金属钠丝。蒸馏结束后,关掉热源和冷水,关闭系统中各旋塞及氮气,使该系统在无水无氧状态下封闭供下次实验使用。如蒸馏烧瓶中高沸点物过多难以蒸馏,可将其取下,重新换一个烘干的烧瓶即可。由于溶剂的种类较多,且性能不同,处理方法也不尽相同,处理前应仔细查阅有关资料。

1.7.2 惰性气体的脱水和脱氧处理

常用的惰性气体有氮气、氩气和氦气。由于氮气价廉易得,且绝大多数试剂在其中能保持稳定,是最常用的。氩气和氦气的纯度高,且化学稳定性好,它们对敏感化合物的保护作用比氮气更强。对于特别敏感的化合物,使用前还需进一步脱除其中的极少量的水分和氧。

1. 惰性气体的脱水

从气体中除去水分的方法有:①将气体低温冷却,使水的分压降低而冷凝;②将气体压缩,使水的分压升高而凝结;③利用干燥剂。实验室常用的是第三种方法。将气流通过装有适当干燥剂的柱子就可将气体中的水分脱除。

实验室中常用的干燥剂有五氧化二磷、高氯酸镁、4A 或 5A 分子筛及细孔硅胶等。五氧化二磷的干燥效果很好,但它迅速吸水后在表面形成一层磷酸粘膜,从而使吸水速度急剧下降。高氯酸镁在多数情况下是一种优良的干燥剂,它能与水形成一定的水合物,吸水容量大,并可在真空和 250 ℃下再生。分子筛是实验室中最常用的干燥剂,它脱水快,容量大,并可做成适当的形状。分子筛的再生只要在真空下或干燥气流中加热即可。细孔硅胶用于干燥气体,其干燥效能及吸水量也较好,可于 300 ℃再生。

2. 惰性气体的脱氧

脱氧方法有干法和湿法两种。湿法虽然脱氧的速度较快,但气流中夹带水汽较多，干法脱氧更简便些。干法脱氧一般是使惰性气体通过装有活性金属或金属氧化物的柱子。铜是最常用的金属。在脱氧柱中装入 BTS 触媒———一种活性很高的小丸状载体铜，使用前将其置于氮气流中加热至 120～140 ℃，再逐渐以氢取代氮，从而将其还原。还原时的最高柱温不应超过 200 ℃，否则还原性的铜将会发生熔结。每千克 BTS 触媒在室温下能除去 4 L 氧，在 150 ℃时，其脱氧能力增至 6 倍，因此常将该触媒在加热情况下使用。

　　按下述方法将铜制备在载体上也能获得明显的脱氧效果。将 250 g 二水合氯化铜溶于 2 L 水中，加入 250 g 高岭土，激烈搅拌，再于 60 ℃下加入 200 g 氢氧化钠溶在 500 mL 水中制得溶液，让混合物沉降 10 min，倾去上层液体，用 10 L 水洗涤所得固体，经 150～180 ℃干燥后装入柱内，在大约 200 ℃下以氢气流还原，得到的产物可直接用于脱氧反应，其操作温度亦为 200 ℃。脱氧柱下端除连有进气管外，还应装一旋塞，以便排除脱氧剂再生时所产生的水。同时在脱氧柱之后，应连接干燥柱装置，以除去气流中的水分。

　　氧化锰或载体氧化锰在实验室中使用也较多，这种脱氧剂的使用和再生都比较方便。

1.7.3　反应装置及操作

　　敏感化合物的化学反应和普通化合物的化学反应并无本质的区别，不同之处在于敏感化合物在空气中受氧和水气作用会迅速发生明显变化，导致反应产物复杂化，甚至得不到预期的产物。因此其反应装置的特点是尽可能完全除去反应系统中的氧和水气。反应可以在普通的磨口仪器中进行，但要增加一些附件，如惰性气源、一只或数只罩有隔膜的进出口、水银鼓泡器或油鼓泡器、注射针头等。

　　玻璃仪器要预先干燥，也可在装配后于氮气流下干燥。使用惰性气源时可取一根橡皮管，一端接上一支注射针头，另一端通过减压阀与氮气钢瓶相连，必要时可在氮气源间加接除水除氧系统。鼓泡器连接在普通仪器与大气相通的一端。鼓泡器的作用是在系统与大气之间形成密封，同时又作为一个释放压力的安全阀，使装置维持在静态时的氮气正压力下工作，防止倒吸。

　　仪器装配好后，将通氮气的针头穿入进口隔膜，使氮气经过装置再从鼓泡器放出。待彻底驱除空气后，将针头拔出，再插入鼓泡器上端的氮气进口处隔膜，使系统保持在氮气正压力下进行加料操作和反应。

　　另一类常用的简便反应装置为施兰克管（Schlenck tube，图 1－11）及提供真空和惰性气源的系统（图 1－12）。

施兰克管带有一支有旋塞的侧管，通过侧管可以抽真空或充氮气，上端为标准磨口，可罩上隔膜，也可与普通磨口仪器组合，这样就可以进行多种涉及敏感化合物的操作。图 1-12 为抽真空和通氮气两个系统的组合。它们通过三通旋塞和橡皮管连接到反应装置中。真空系统与冷阱和真空泵相连，氮气管经纯化系统与鼓泡器和氮气钢瓶相连。若要排除装置中的空气，先抽真空，再将三通旋塞转向充氮气，反复抽气和充氮气，经过三个循环，即可得到满意的效果。在维

图 1-11 施兰克管

持反应期间，只需将支管旋塞转向氮气一方即可使反应在氮气正压力保护下进行。如果反应不互相干扰，根据三通旋塞设置的多少，可以同时进行几套反应。

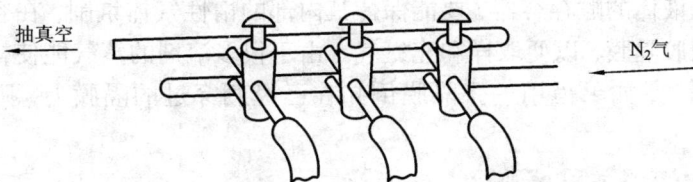

图 1-12 提供真空和氮气的系统

1.7.4 产物处理

反应完成后，如果反应不是敏感化合物，按常规方法离析产物，如果是敏感化合物，且为中间体，可在惰性气体保护下进行下一步反应。对于需要离析的敏感化合物，它们的离析原理和普通化合物并无多大区别，只是在操作过程中避免与空气和水气接触，为此就需要一些特殊的仪器配件和设备。下面仅举几例说明设备的改进及操作要点。

1. 简单蒸馏

整套装置类似于减压蒸馏装置，只是在克氏蒸馏头上端插入一带旋塞的接头供加料用。采用磁力搅拌，尾接管的支管与图 1-12 的橡皮管相连，通过反复抽真空充氮气，使氮气充满整个系统。在维持氮气正压力下，打开克氏蒸馏头上端旋塞，用注射器注入待蒸馏液体后关闭旋塞，即可进行正常的蒸馏操作。蒸馏结束后，迅速取下接收系统，罩上橡胶隔膜，用长针头的注射器将各个组分逐一吸出，以供贮存、使用或分析。

2. 重结晶

敏感化合物的重结晶可以利用普通装置，为了便于在氮气保护下进行化合物转移，常以二口瓶代替圆底烧瓶，回流冷凝管上端罩以橡胶隔膜，磁力搅拌代替沸石。将注射针头插入隔膜并与图 1 – 12 的系统相连，反复抽真空和充氮气，然后迅速打开另一瓶口的隔膜，加入待重结晶试样，再罩上隔膜，用注射器加入溶剂，即可进行正常的重结晶操作。

结晶产品的过滤也需要在氮气保护下进行，如图 1 – 13 所示，装置的上口可接其他仪器组合。它由浸入液体内的干燥的粗孔气体分布管组成，分布管又通过软管与接收瓶相连，借助氮气的压力将滤液压入接收瓶中，加入溶剂洗涤固体，再压滤。若要使固体干燥，在适当温度下加热烧瓶并抽除溶剂即可。这种过滤系统的优点是可以在加热的情况下过滤，特别适用于滤液冷却时容易析出固体的情况，而且处理量较大。

固体和液体的贮存容器，要能保持其内部的惰性气体氛围，在容器口要罩上适当的橡胶隔膜，以便取样和充氮气。由于很多溶剂的蒸气能使橡胶隔膜变性而导致漏气，如果另用一张隔膜倒扣在已经刺穿过的隔膜上，则更加安全可靠。

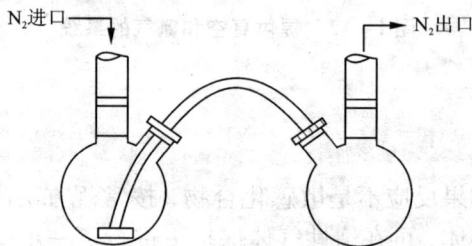

图 1 – 13　利用气体分布管进行过滤

3. 产品的检测

（1）熔点的测定　测定敏感化合物的熔点，可在充满惰气的密封的毛细管中进行。自制一支两端带翻口的小玻璃管，并在两端分别扣上隔膜。先将未装样品的毛细管的开口端通过预先穿孔的隔膜插入玻璃管，将玻璃管的另一端通过插入到隔膜中的注射针头连接到抽真空和充氮气的系统上。以便交替进行抽真空充氮气，使玻璃管和毛细管充满氮气。拔去针头，将玻璃管和毛细管移入氮气操作箱中，取出毛细管，装好试样后再插入隔膜。从操作箱中取出，再连接到前系统上将毛细管抽真空，在接近试样的部位用小火将毛细管密封，再按常法测定熔点。

（2）核磁共振谱的测定　　由于核磁共振管的开口端可用小隔膜加以密封，要测定敏感化合物的核磁共振谱，可用长针管将已经密封的试样管用惰性气体彻底冲洗，再移入氮气操作箱中注入配制的试样溶液，罩上隔膜，即可以进行图谱测试。

尽管检测方法种类较多，所用的仪器也各不相同，但只要严格把握氮气保护这一关键，实验者可根据不同需要灵活掌握，在常规检验的基础上，自行设计或改进测试条件，其他的检测方法同样可以方便地应用于敏感化合物的检测。

1.8　有机化学文献简介

化学文献是化学领域中科学研究、发明发现、生产实践等的记录和总结，是人类科学和文明的宝贵财富。通过文献的查阅可以了解某个课题的历史情况以及目前国内外水平和发展动向，借以丰富思路，作出正确判断，少走弯路。基础有机化学实验课要求学生在每个实验前，对所用试剂、溶剂、反应物和产物等进行手册查阅，这有助于学生对实验内容的了解起始于较高水平，同时能培养良好的科学素养并初步学会查阅和应用文献的能力。

文献一般按内容区分为原始文献，例如期刊、杂志、专利等作者直接报道的科研论文；检索原始文献的工具书，例如美国化学文摘及其相关索引；将原始文献数据归纳整理而成的综合资料，例如综述、图书、百科全书、手册等。

现对常用的有关有机化学文献简介如下：

1.8.1　工具书

1. 化工辞典

王箴主编，化工辞典. 第四版. 化学工业出版社出版，2000.

这是一本综合性化工工具书，共收集化学化工名词 16000 余条，列出了无机和有机化合物的分子式、结构式、基本物理化学性质(如密度、熔点、沸点、冰点等)及有关数据，并附有简要的制法及主要用途。

2. Handbook of Chemistry and Physics. (CRC 化学物理手册)

简称 CRC，由美国化学橡胶公司(Chemical Rubber Company)出版的一部理化工具书。初版于 1913 年，每隔一两年更新增补，再版一次。该手册不仅提供了元素和化合物的化学和物理方面最新的重要数据，而且还提供了大量的科学研究和实验室工作所需要的知识。正文由十六部分组成，第三部分收录了 1.5 万多条有机化合物的物理常数，同时给出了在 Beilstein 中的相关数据。编排是按照有机化合物的英文名字母顺序排列，其分子式索引（Formula Index of Organic Compounds）按碳、氢、氧的数目排列。

3. The Merck lndex(默克索引)

本书是由美国 Merck 公司出版的一部化学制品、药物和生物制品的百科全书。初版于 1889 年，2008 年出至第 14 版。共收集了 1 万余种化合物的性质、制法和用途，还有 4500 多个结构式和 4.4 万条化学产品信息。化合物按字母的顺序排列，附有简明的摘要、别名、结构式、物理和生物性质、用途、毒性、制备方法以及参考文献。卷末有分子式和主题索引。索引中还包括交叉索引和一些化学文摘登录号的索引。在 Organic Name Reactions 部分中，介绍了 400 多个人名反应，列出了反应条件及最初发表论文的作者和出处，并同时列出了有关反应的综述性文献资料的出处，便于进一步查阅。Merck Index 已成为介绍有机化合物数据的经典手册，CRC，Aldrich 等手册都引用该化合物在默克索引中的编号。

4. Dictionary Of Organic Compounds(有机化学词典)

简称 DOC，1934 年首版，隔几年出一修订版，是有机化学、生物化学、药物化学家重要的参考书。内容和排版与 Merck lndex 相似，但数目多了近十倍，包含 10 多万种化合物的资料。如第 6 版一共有 9 卷，1~6 卷是有机化合物的数据，包括有机化合物的组成、分子式、结构式、来源、性状、物理常数、用途、化学性质及衍生物等，并列出了制备该化合物的主要文献。各化合物按英文字母排列。第 7 卷为交叉参考的物质名称索引，第 8 卷和第 9 卷分别是分子式索引和化学文摘(CAS)登录号索引。该辞典有中文译本，名为海氏有机化合物词典。

5. Beilstein's Handbuch der Organischen Chemie(贝尔斯坦有机化学大全)

本书最早由俄国化学家 Beilstein 编写，1882 年出版，之后由德国化学会组织编辑，计有一个正编和五个补编。正编（H）和一至四补编（EⅠ~EⅣ）以德文出版。1960 年起第五补编（EV）以英文出版。Beilstein 第 4 版各编出版情况如下：

编　号	代　号	卷　数	收录年限	文　种
正编	H	1～27	1779～1910	德
第一补编	EⅠ	1～27	1910～1919	德
第二补编	EⅡ	1～27	1920～1929	德
第三补编	EⅢ	1～16	1930～1949	德
第三、四补编	EⅢ/Ⅳ	17～27	1930～1959	德
第四补编	EⅣ	1～16	1950～1959	德
第五补编	EⅤ	17～27	1960～1979	英

Beilstein 收录了原始文献中已报道的有机化合物的结构、理化性质、衍生物的性质、鉴定分析方法、提取纯化或制备方法以及原始参考文献等数据和信息；内容准确，引文全面，信息量大，是有机化学十分权威的工具书。目前，已收录了 100 多万个有机化合物，均按化合物官能团的种类排列，一个化合物在各编中卷号位置不变，利于检索。1991 年出版了英文的百年累积索引，对所有化合物提供了物质名称和分子式索引。

6. Atlas of Spectral Data and Physical Constants for Organic Compounds（有机化合物光谱数据与物理常数图表集）

本书由美国化学橡胶公司（CRC）1973 年出版第 1 版，收录了 8000 个有机化合物的物理常数和红外、紫外、核磁共振及质谱的数据。1975 年出版的第二版，共 6 卷，给出了 2.1 万种有机化合物的有关数据。

7. Aldrich Catalog Handbook of Fine Chemicals（精细化学品手册）

本目录由美国 Aldrich 化学公司组织编写出版，每年出一新版。2003～2004 版收集了 2 万余种化合物。一种化合物作为一个条目，内容包括相对分子质量、分子式、沸点、折射率、熔点等数据。较复杂的化合物给出了结构式，并给出了化合物的核磁共振和红外光谱图的出处。每种化合物还给出了不同等级、不同包装的价格，可以据此订购试剂。目录后附有化合物的分子式索引，查找方便。读者若需要，可向该公司免费索取。

8. "Lange's Handbook of Chemistry"（兰氏化学手册）

本书于 1934 年出第 1 版，2005 年出至第 16 版。本书为综合性化学手册，内容和 CRC 类似，分 11 章分别报道有机、无机、分析、电化学、热力学等理化数据。其中第 7 章报道有机化学，刊载 7600 多种有机化合物的名称、分子式、分子量、沸点、闪点、折射率、熔点、在水中和常见溶剂中的溶解性等数据。较复杂的化合物给出了结构式，并注明化合物的核磁共振和红外光谱图的出处。本手册有中文译本出版。

9. The Sadtler Standard Spectra（Sadtler 标准光谱）

本书由美国宾夕法尼亚州 Sadtler 研究实验室编辑的一套光谱资料，收集了大量的光谱图。至 1996 年已经收入了标准棱镜红外光谱 9.1 万张（V.1～123）、光栅红外光谱图 9.1 万张（V.1～123）、紫外光谱 4.814 万张（V.1～170）、^{1}HNMR6.4 万张（V.1～118）、300 Hz 高分辨^{1}HNMR 1.2 万张（V.1～24）、^{13}CNMR 4.2 万张及荧光光谱等数据，其中的^{1}HNMR 和^{13}CNMR 谱图集对共振信号给予归属指认，是一部相当完备的光谱文献。

10. The Aldrich Library of lnfrared Spectra（红外光谱图集）

由 Aldrich 化学公司 1981 年出版的 Aldrich 红外光谱图集第 3 版共 2 卷，收集了约 1.2 万张红外光谱图。1997 年出版的傅里叶红外光谱谱图集第 2 版分三册，收录谱图 1.8 万余幅。

11. 溶剂手册

该手册由程能林主编．化工出版社出版 2002 年已出至第三版。

溶剂手册分总论与各论两大部分。总论共五章，概要地介绍了溶剂的概念、分类、各种性质、纯度与精制、安全使用、处理以及溶剂的综合利用。各论分十二章，按官能团分类介绍 760 种溶剂，包括烃类（84 种）、卤代烃（100 种）、醇类（70 种）、酚类（7 种）、醚类（57 种）、酮类（33 种）、酸及酸酐类（17 种）、酯类（137 种）、含氮溶剂（98 种）、含硫溶剂（11 种）、多官能团溶剂（130 种）以及无机溶剂（16 种）。重点介绍每种溶剂的理化性质、溶剂性能、精制方法、用途及使用注意事项等，并附有可供参考的数据来源的文献资料、索引及溶剂的国家标准。

12. 试剂手册

试剂手册自 1965 年由上海科学技术出版社出版发行后，已经出了两版，四次印刷，发行 5 万余册。经全面修订后的第三版（2003 年），增补了 4090 余种新品，入书的化学品达 11560 余种。书中收集了无机试剂、有机试剂、生化试剂、临床试剂、仪器分析用试剂、标准品、精细化学品等资料。每个化学品列有中英文正名、别名、化学结构式、分子式、相对分子量、性状、理化常数、毒性数据、危险性质、用途、质量标准、安全注意事项、危险品国家编号及中国医药集团上海化学试剂公司的商品编号等详尽资料。按英文字母顺序编排，后附中、英文索引，使用方便，查找快捷。

13. 英汉精细化学品辞典

该辞典樊能廷等主编．北京：理工大学出版社，1994。全书约 357 万字，它刊载的精细化学品包括 20 世纪 90 年代初已商品化的有机、无机、生物、矿产和天然化合物等，共 1.8 万余种，每个产品列有中(英)文名称、别名、化学文摘登录号、结构式、分子式、分子量、理化性质、功能与用途、制备方法、参考文献等内容。书后附有分子式索引，便于检索。

14. 英汉、汉英化学化工大词典

编辑简洁明了，是查阅化学名词英译中或中译英方便省时的工具书。阅读英文化学书籍或期刊论文，有些单词在一般字典中查不到，需要用英汉化学词典。汉英化学词典在写作英文论文时特别需要。以下介绍几本著名的版本。

(1)英汉、汉英化学化工大词典(学菀出版社)：分别收集了 12 万和 14 万条目。

(2)英汉、汉英化学化工词汇(化学工业出版社)：分为英汉和汉英两个单行本，各收集 9 万多个条目，携带方便。

(3)英汉化学化工词汇(科学出版社)：列出 17 万个条目，内容详尽。

1.8.2 参考书

在有机化学实验中常要设计和选定适合某一有机化合物的合成路线和方法，其中包括试剂的处理方法、反应条件和后处理步骤，因而查阅一些有机合成参考书和制备手册是必需的。常见的有机合成参考书如下：

1. Organic Reactions(有机反应)

该书由 John Wiley & Sons 出版。1942 年出版至今，至 2003 年已出版了 62 卷，每卷有 5 ~ 12 章不等，是一本介绍著名有机反应的综述丛书。内容描述极为详尽，包括前言、历史介绍、反应机理、各种反应类型、应用范围和限制、反应条件和操作程序、总结等。每章有各种表格刊载各种研究过的反应实例，并附有大量参考文献。此外还有作者索引和主题索引。

2. Organic Synthesis(有机合成)

该书由 John Wiley & Sons 出版，1932 年至 2003 年已出版了 80 卷。1 ~ 59 卷，每 10 卷汇编成册(Ⅰ ~ Ⅶ)，从第Ⅷ卷起每 5 年汇编成 1 册，已汇编了 60 ~ 74 卷。详细描述了总数超过 1000 种化合物的有机反应。在出版前，所有反应的实验步骤都要被复核至彻底无误。因而书中的许多方法都有普遍性，可供合成类似物时参考。每册累积汇编中都有分子式、化学物质名称、作者名称和反应类型等索引。书中还有反应试剂和溶剂的纯化步骤，特殊的反应装置。第Ⅰ卷至第Ⅷ卷的累积索引已于 1995 年出版。此外在第Ⅰ卷至第Ⅶ卷中所提供的所有反应的反应索引指南也已出版。Organic Syntheses Website and Database 提供至 79 卷的数据库，通过站点：http://www.orgsyn.org/可以多种方式(包括结构式)检索查询。

3. Synthetic Methods of Organic Chemistry(有机化学合成方法)

由 W. Theilheimer 和 A. F. Finch 主编，Interscience 出版。从 1948 年出版至 1999 年，已出版 54 卷，本书着重描述用于构造碳碳键和碳杂原子键的化学反应和一般反应功能基之间的相互转化。反应按照系统排列的符号进行分类。书中还附有累积索引。

4. Reagent for Organic Synthesis(有机合成试剂)

Fieser 主编，是 1967 年出版的系列丛书，每 1～2 年出版一期。其前身是 Experiments in Organic Chemistry(有机化学实验)。每期介绍 1～2 年间一些较特殊的化学试剂所涉及的化学反应，例如 Butyllithium, Trifuloroacetic acid, Ferric cholride 或最新发明的试剂。可以从索引查阅试剂名字，转而查找其反应应用，每个反应都有详细的参考书目。

5. Vogel's"Textbook of Practical Organic Chemistry"(实用有机化学参考书)

简称 Vogel。1948 年首版，是一本十分实用的反应设计参考书，国外每个研究组都有一本置于书架上。可以归纳书中介绍的许多类似反应来设计未知的反应条件。内容主要按照官能团刊载反应。如同本科生的实验教材一样，本书对于反应条件和操作程序描述得十分清楚，报道了许多反应实例和其参考文献。书末刊有化合物的理化常数，与 CRC 等其他化学手册不同的是本书按照官能团排序，因此能同时列出该化合物的衍生物的熔点或沸点数据。书的前面几章介绍实验操作技术。附录有各种官能团的光谱介绍，例如红外吸收位置、核磁氢谱和碳谱的化学位移等。

6. Purification of Laboratory Chemicals(实验室化学品的纯化)

Perrin 主编。这是实验室中经常使用到的参考书籍。内容报道各种常用化合物的纯化方法，例如重结晶的溶剂选择，常压和减压蒸馏的沸点，以及纯化以前的处理手续等。从粗略纯化到高度纯化都有详细记载，并附参考文献。前几章介绍提纯相关技术(重结晶，干燥，色谱，蒸馏，萃取等)，还有许多实用的表格，例如介绍干燥剂的性质和使用范围、不同温度浴槽的制备、常用溶剂的沸点及互溶性等资料。

7. Chemical Review(化学综述)

美国化学会主办，1924 年创刊，一年出版 8 期，为特邀稿。影响因子为 17.1，比一般期刊高近 10 倍，可见其受欢迎和重视的程度。综述文献的优点在于可以从各个角度充分了解报道的专题，文献后面附有大量的参考文献，有利于原始资料的查阅。报道的专题很广例如：Chromatography(1989), Reactive Intermediate(1991)，Photochemistry(1993)，Heterogeneous Catalysis(1995)，Combinatorial Chemistry(1997)。文章内容包括前言历史介绍，各种反应类型及应用、结论和未来前景。

8.有机制备化学手册

韩广甸等编译，石油化学工业出版社(1977)，全书分总论和专论等43章，分上、中、下三册。书中包括有机化合物制备的基本操作及理论基础、安全技术及有机合成的典型反应等。

1.8.3　化学文摘

文摘提供了发表在杂志、期刊、综述、专利和著作中原始论文的简明摘要。虽然文摘是检索化学信息的快速工具，但它们终究是不完全的，有时还容易引起误导，因此，不能将化学文摘的信息作为最终的结论，全面的文献检索一定要参考原始文献。以下主要介绍 Chemical Abstracts(美国化学文摘，简称 CA)。

CA 是检索原始论文最重要的参考来源。美国化学会主办，它创刊于1907年，是目前报道化学文摘最悠久最齐全的刊物。报道范围涵盖世界160多个国家60多种文字，17000多种化学及与化学相关的期刊的文摘。每年发表70多万条引自各种期刊、综述，专利、会议和著作中原始论文的摘要，占全球化学文摘的98%。每周出版一期，每6个月的月末汇集成一卷。1940年以来，其索引分为作者索引、一般主题索引、化学物质索引、专利号索引、环系索引和分子式索引。1956年以前，每10年还出版一套10年累积索引；目前，每5年出版一套5年累积索引。

为了有效地使用CA，特别是其化学物质索引，需要了解化学物质的系统命名法。如今的CA命名方法已总结在1987年、1991年和2003年出版的索引指南中，该指南也介绍了索引规律和目前CA的使用方法。例如在CA中对每一条文献中提到的物质都给予一个唯一的登录号，这些登录号已在各类化学文献中广泛使用。描述一种特定化合物的制备和反应的文献可以方便地通过查阅该化合物的登录号来找到原始文献的出处。当然，也可以通过分子式索引搞清楚某化合物在CA中的命名，然后通过化学物质索引查到该物质中所需要的条目，从而找到关于该物质的文摘。

在CA的文摘中一般包括以下几个内容：①文题；②作者姓名；③作者单位和通讯地址；④原始文献的来源(期刊、杂志、著作、专利和会议等)；⑤文摘内容；⑥文摘摘录人姓名。

还可以利用光盘来检索CA，只要键入作者姓名、关键词、文章题目、登录号、特定物质的分子式或化学结构式，就能迅速检索到包含上述项目的文摘。在 CA 的光盘版文摘中，除了包含有文摘的卷号、顺序号和与印刷版相同的内容外，还包括一些与所查项目相关的文摘。可见，计算机信息检索的逐步应用将有可能更迅速、更广泛、更全面地了解国际上化学学科的发展状况。

1.8.4　原始文献

发表在专业学术期刊上的原始研究论文是最重要的第一手信息来源，一般以全文、研究简报、短文和研究快报形式发表。全文一般刊登重要发现的进展和历史概况、合成新化合物的实验细节和结论。研究简报和研究快报一般刊登一些新颖简要的阶段性结果。下面列出一些主要的有机化学领域的期刊。

1. 美国出版的化学期刊

（1）Journal of the American Chemical Society（美国化学会志）

本刊 1879 年创刊，由美国化学会主办，缩写为 J. Am. Chem. Soc. 发表所有化学学科领域高水平的研究论文和简报，目前每年刊登化学各方面的研究论文2000 多篇，是世界上最有影响的综合性化学期刊之一。

（2）Journal of Organic Chemistry（有机化学杂志）

本刊 1936 年创刊，由美国化学会主办，缩写为 J. Org. Chem. 初期为月刊，1971 年起改为双周刊。主要刊登涉及整个有机化学学科领域高水平的研究论文的全文、短文和简报。全文中有比较详细的合成步骤和实验结果。

（3）Synthetic Communications（合成通讯）

本刊由美国 Dekker 出版，为一本国际有机合成快报刊物，缩写为Syn. Commun. 1971 年创刊，原名为 Organic Preparations and Procedures，双月刊。1972 年起改为现名，每年出版 18 期。主要刊登有关合成有机化学的新方法、新试剂制备与使用方面的研究简报。

2. 英国出版的化学期刊

（1）Journal of the Chemical Society（英国化学会志）

本刊 1848 年创刊，由英国皇家化学会主办，缩写为 J. Chem. Soc. 为综合性化学期刊。1976 年起分 6 辑出版，其中 Perkin Transactions 的 I 和 II 分别刊登有机化学、生物有机化学和物理有机化学方面的全文。研究简报则发表在另一辑上，刊名为 Chemical Communications（化学通讯），缩写为 Chem. Commun.

（2）Tetrahedron（四面体）

本刊由英国牛津 Pergamon 出版，1957 年创刊，初期不定期出版，1968 年改为半月刊。是迅速发表有机化学方面权威评论与原始研究通讯的国际性杂志，主要刊登有机化学各方面的最新实验与研究论文，多数以英文发表，也有部分文章以德文或法文刊出。

（3）Tetrahedron Letters（四面体快报）

本刊由英国牛津 Pergamon 出版，是迅速发表有机化学领域研究通讯的国际性刊物，1959 年创刊，初期不定期出版，1964 年起改为周刊。文章主要以英文、德文或法文发表。一般每篇仅 2～4 页篇幅。主要刊登有机化学家感兴趣的通讯报道，包括新概念、新技术、新结构、新试剂和新方法的简要快报。

3. 德国出版的化学期刊

（1）Angewandte Chemie, International Edition（应用化学国际版）

该刊 1888 年创刊（德文），由德国化学会主办，缩写为 Angew. Chem. 从 1962 年起出版英文国际版。主要刊登覆盖整个化学学科研究领域的高水平研究论文和综述文章。是目前化学学科期刊中影响因子最高的期刊之一。

（2）Synthesis（合成）

本刊由德国斯图加特 Thieme 出版社出版，为有机合成方法学研究方面的国际性刊物，1969 年创刊，月刊。主要刊登有机合成化学方面的评述文章、通讯和文摘。

4. 综合科技方面的期刊

以下两种期刊影响因子在 20 以上。虽然只有薄薄几页报道，但因属于科技的创新（发明或发现），特别受到重视，许多作者成为当地很有影响力的学术带头人。

（1）Science（科学）：美国出版。

（2）Nature（自然）：英国出版，1869 年出版，周刊。

5. 国内化学期刊

与国外化学期刊相比，中国的化学期刊栏目较多。比较有名的多由中国化学会、中科院、教育部或几所重点院校主办。目前被 SCI 收录的有化学学报、中国化学、高等学校化学学报等。以英文出版的有中国化学快报（Chinese Chemical Letter），专门发表有机化学领域的论文有合成化学、有机化学等。

（1）中国科学（Chinese Journal of Chemistry）（化学专辑）

本刊由中国科学院主办，1950 年创刊，最初为季刊，1974 年改为双月刊，1979 年改为月刊，有中、英文版。1982 年起中、英文版同时分 A 和 B 两辑出版，化学在 B 辑中刊出。从 1997 年起，《中国科学》分成 6 个专辑，化学专辑主要反映中国化学学科各领域重要的基础理论方面的和创造性的研究成果。目前为 SCI（Science Citation Index）收录刊物。

（2）化学学报（Acta Chimica Sinica）

本刊由中国化学会主办，1933 年创刊，原名为 Journal of the Chinese Society，1952 年改为现名，编辑部设在中国科学院上海有机化学研究所。主要刊登化学学科基础和应用基础研究方面的创造性研究论文的全文、研究简报和研究快报。本期刊为 SCI 收录刊物。

（3）高等学校化学学报（Chemical Journal of Chinese University）

本刊是中国教育部主办的化学学科综合学术性刊物，1964 年创刊，两年后停刊，1980 年复刊。有机化学方面的论文由南开大学编辑部负责审理，其他学科的论文由吉林大学负责审理。该刊物主要刊登中国高校化学学科各领域创造性的研究论文的全文、研究简报和研究快报。本期刊为 SCI 收录刊物。

（4）有机化学（Chinese Journal of Organic Chemistry）

本刊由"中国化学会主办，1981 年创刊。编辑部设在中国科学院上海有机化学研究所。主要刊登中国有机化学领域的创造性的研究综述、论文、研究简报和研究快报。

（5）化学通报（Huaxue Tongbao Chemistry）

中科院化学所和中国化学会主办，1934 年创刊，月刊，其中发表有机化学领域的论文，栏目有科研与探索，科研与进展，实验与教学，研究快报，进展评述，知识介绍。

（6）中国化学快报（Chinese Chemical Letters）：以英文书写出版，月刊，内容简短生动，2~4 页。

（7）大学化学（University Chemistry）

中国化学会和高等学校教育研究中心合办。栏目有今日化学、教学研究与改革、知识介绍、计算机与化学、化学实验、师生笔谈、自学之友、化学史、书评。

（8）合成化学（Chinese Journal of Synthetic Chemistry）

中科院成都有机所和四川省化工学会主办，双月刊，收录有机化学领域论文，栏目有研究快报、综述、研究论文、研究简报。

（9）应用化学（Chinese Journal of Applied Chemistry）

中国化学会和中科院长春应用化学研究所合办，1983 年创刊，双月刊，内容有研究论文和研究简报，文章后面附有英文摘要。

（10）化学试剂（Chemical Reagents）

化工部化学试剂信息站主办，1979 年创刊。栏目有研究报告与简报、专论与综述、试剂介绍、分析园地、经验交流、生产与提纯技术、消息。

（11）化学世界，化学进展，化工进展，精细化工等。

（编写：罗一鸣　校核：唐瑞仁）

第二章　有机化学实验的基本操作

2.1　有机化合物的分离与提纯

实验 1　常压蒸馏
Atmospheric Distillation

【目的要求】

1. 了解常压蒸馏的原理及应用。
2. 学习常压蒸馏的操作方法。

【基本原理】

液体的蒸气压随着温度的升高而增大，将液体加热，当液体的蒸气压增大到与外界施于液面的压力相等时，就有大量气泡从液体内部逸出，这种现象叫做沸腾，这时的温度称为液体的沸点。显然沸点与所受外界压力的大小有关。外界压力增大，液体沸腾时的蒸气压加大，沸点升高；相反，减小外界的压力，沸腾时的蒸气压下降，沸点就降低。由于物质的沸点随外界大气压的改变而变化，因此，表示一个化合物的沸点时，应说明测定沸点时外界的气压，以便与文献值相比较。通常所说的沸点是在 101.3 kPa（760 mmHg）压力下液体的沸腾温度。例如，水的沸点为 100℃，即是指在 101.3 kPa 压力下，水在 100℃ 时沸腾。在其他压力下的沸点应注明压力。如在 12.3 kPa（92.5 mmHg）压力下，水在 50℃ 沸腾，这时，水的沸点可表示为 50℃/12.3 kPa。

蒸馏是将液体加热至沸腾，使液体气化，然后将蒸气冷凝为液体的过程。蒸馏是提纯液体物质的常用方法，其基本原理是利用液体混合物中各组分的沸点不同来进行分离的。蒸馏纯液体时，蒸气从烧瓶中升起，触及温度计，再经过冷凝管，冷凝成为液体，进入接受瓶。只要气液两相共存，温度将保持不变，见图 2-1(a)。如蒸馏沸点相差较大的二组分液体，第一馏分蒸出时，温度保持不变。温度不变，馏出液纯度较高。第一馏分蒸完，由于第二组分的蒸气没有立即上来，一般来讲，温度计的温度会有一个突然下降的过程，但当两组分的沸点相差不大时，观察不到这一现象，见图2-1(b)。继续加热，温度上升，然后第二馏分蒸出，温度又保持不变，见图2-1(c)。

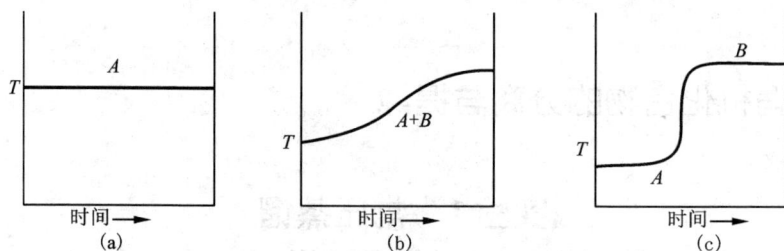

图2-1　蒸馏时三种典型的温度曲线

常压蒸馏可分离沸点相差30℃以上的混合液体。当二组分沸点相差不大，或需高纯度，可用分馏法提纯(见实验4)。

纯净的液体有机化合物在一定压力下具有一定的沸点。且开始馏出液的温度和最后一滴馏出液的温度差(即沸程)，一般不超过1~2℃(对于合成产品，因大部分是从混合物中采用蒸馏法提纯，通常收集的沸程较宽)。**但具有恒定沸点的液体不一定是纯净物**，因为有机化合物常和其他组分形成二元或三元共沸混合物或称恒沸混合物。这些恒沸物也有一定的沸点，高于或低于其中的每一组分，常见的共沸混合物见附录5。

【操作方法】

1. 常压蒸馏装置

常压蒸馏装置如图2-2所示，由待蒸馏液体受热气化、冷凝和接收三个部分组成。主要仪器有圆底烧瓶、蒸馏头、温度计套管、温度计、直形冷凝管、接引管和接收瓶。

(1)仪器的选择　根据蒸馏物的量，选择大小合适的蒸馏烧瓶，蒸馏液体的体积一般不超过蒸馏瓶容积的2/3，也不要少于1/3。根据蒸馏液体的沸点高低，选择热浴和冷凝管。一般80℃以下，选择水浴，80℃以上的液体均可采用空气浴或油浴。蒸馏液体沸点在140℃以下，用直形冷凝管；140℃以上时，由于水作冷凝剂温差大，冷凝管容易爆裂，故应选用空气冷凝管。最好选用水银温度计，一般量程至少应超过待测温度10℃。

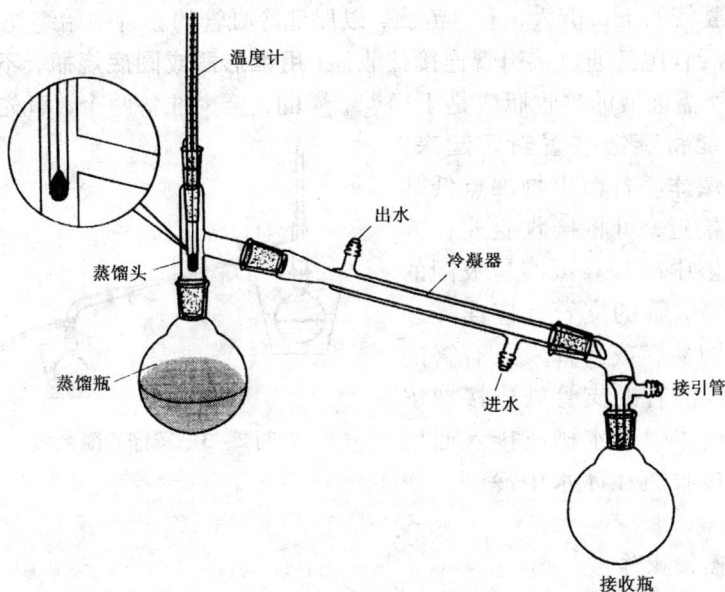

图 2-2　常压蒸馏装置

（2）仪器的安装　仪器安装的基本原则是：从左到右，自下而上。铁架台要整齐的置于仪器的背面，所有的固定器或十字夹应靠左固定，烧瓶夹或自由夹的旋钮应朝右或朝上。安装好的仪器要做到：**横平竖直，准确端正**，无论从正面或侧面观察，全套仪器装置的轴线都要在同一平面内。仪器安装的步骤如下：

1）先平行放置好两个铁架台，尽可能地靠里边放置，以留出更多的空间方便实验操作和记录。放好加热器，再根据加热器的高低安装蒸馏烧瓶、蒸馏头和带温度计套管的温度计。烧瓶应垂直夹好。为了保证所测温度的准确性，**应使温度计水银球的上限和蒸馏头支管的下限处在同一水平线上**。当直接用酒精灯或煤气灯加热时，应垫石棉网，且烧瓶距石棉网 2 mm 左右，以免造成局部过热。用水浴或油浴时，烧瓶应距离锅底 1~2 cm。油浴中应悬挂温度计，以便及时调节热源强度，防止温度过高。

2）将冷凝管倾斜夹置另一铁架台上（预先用直径合适的橡皮管连接好冷凝管的进、出水口）。调整其高度和倾斜度以与蒸馏头的侧管同轴，然后稍稍松开冷凝管夹，使冷凝管沿此轴移动与蒸馏头支管连接。冷凝管夹最好夹于冷凝管中部稍偏下的位置，且松紧应合适。冷凝管的进水口朝下，出水口朝上。冷凝水应从冷凝管的下口流入，上口流出，以保证冷凝管的套管中始终充满水。

3）在冷凝管尾部通过接引管连接接收瓶（**用锥形瓶或圆底烧瓶，不可用烧杯!**），收集所需馏液的接收瓶应是干净、干燥的，至少准备两个，事先称重并作记录。**不能将蒸馏装置封闭起来，否则会引起爆炸。**若馏出物沸点低甚至与室温很接近，可将接收瓶放在冷水浴或冰水浴中冷却。蒸馏易吸潮的液体时，在接引管的支管处应连接一干燥管。蒸馏易燃或易挥发且有害的液体时，在接液管的支管处连接橡皮管，将这些气体引入水槽或排入通风通道，并将接收瓶在冰水中冷却。如图2-3所示。

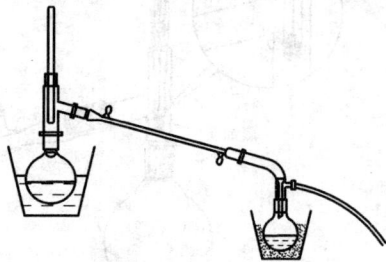

图 2-3　蒸馏乙醚装置

2. 常压蒸馏操作

（1）加料　安装好蒸馏装置后，将待蒸馏液经长颈漏斗加入蒸馏瓶中，漏斗的下端须伸到蒸馏头支管的下面。**再加几粒沸石以防暴沸**（磁力搅拌可代替沸石的作用），插好温度计（位置如图2-2所示），接通冷凝水。

（2）加热　在加热前，应检查仪器装配是否正确，原料、助沸物等是否加好，冷凝水是否通入，一切无误后方可加热。开始加热时升温速度可稍快些，当沸腾时应密切注意蒸馏瓶中发生的现象。当蒸气由瓶颈逐渐上升到温度计水银球的周围、温度计水银球部位出现液滴时，温度计的水银柱迅速上升，适当调节热源强度，使温度计水银球上常附有被冷凝的液滴。控制蒸馏速度以每秒1~2滴为宜。

（3）收集　在达到所需物质的沸点前，常有沸点较低的液体先蒸出，这部分馏出液称为前馏分。前馏分蒸完，温度趋向稳定后，**换一个事先称重的清洁干燥的锥形瓶**，收集一定温度范围的馏分，记下这部分馏分开始馏出时和最后一滴时温度计的读数，即是该馏分的沸程（沸点范围），称重。

如果混合物中只有一种组分需要收集，此时，蒸馏瓶内剩余的液体应作为残留物弃掉。如果是多组分蒸馏，第一组分蒸馏完毕后，继续加热，温度上升，当温度稳定在第二组分沸程时，即可接收第二组分。如果蒸馏瓶内液体很少时，温度会自然下降，此时应停止蒸馏。**无论进行何种蒸馏操作，蒸馏瓶内的液体都不能蒸干**，以防止蒸馏瓶过热或有过氧化物存在而发生爆炸。

（4）停止蒸馏　蒸馏完毕，应先关掉热源停止加热，然后停止通水，待稍冷后，拆下仪器。拆除仪器的顺序和安装的顺序相反，先取下接受瓶，然后依次拆下接引管、温度计、冷凝管、蒸馏头和蒸馏瓶等。

【仪器与试剂】

仪器：蒸馏装置。

试剂：工业乙醇，溴苯。

【实验内容】

1. 工业乙醇的蒸馏

用蒸馏的方法把混有其他不挥发性或低挥发性杂质的工业乙醇提纯为95%的乙醇。

在 50 mL 干燥的烧瓶中，加入工业乙醇 20 mL 和几粒沸石，按前述的"操作方法"进行蒸馏，蒸馏速度不宜过快，以每秒蒸出 1~2 滴为宜。前馏分蒸完，温度趋向稳定后，收集两度范围内的馏分，记下这部分馏分开始馏出时和最后一滴时温度计的读数（一般为 79~81℃的馏分），测量馏分的体积（最好称重）。收集的馏分倒入指定的回收瓶中。

2. 溴苯的蒸馏

在 50 mL 干燥的圆底烧瓶中，加入 20 mL 溴苯，几粒沸石，用空气冷凝管代替直形冷凝管，装置类似图 2-2，操作同工业乙醇蒸馏。收集 156~158℃的馏分。收集的馏分和残留的液体分别倒入指定的回收瓶中。

本实验约需 4 h。

实验指导

【预习要求】

1. 了解常压蒸馏的原理及应用范围。

2. 了解常压蒸馏装置的仪器选择依据、安装及拆卸顺序和操作方法。

3. 了解沸程和液体纯度的关系。

4. 查阅待蒸馏试样乙醇和溴苯的沸点，比较两种蒸馏仪器和操作的异同点。

【注意事项】

1. 安装玻璃仪器前，通常要检查有无裂缝和其他缺陷，特别是检查圆底烧瓶有无星状裂缝，因为有裂缝的烧瓶加热时可能破损。蒸馏装置的玻璃仪器应预先干燥。

2. 正确安装玻璃仪器可以避免仪器破损，液体溢出，蒸气泄漏。蒸馏前要确认接点紧密，装好仪器后，让指导教师检查。

3. 如果加热后发现忘记加沸石，**应使液体冷却到沸点以下后才能加入**。因为如果这时加入助沸物，将会引起猛烈的暴沸，液体易冲出瓶口，甚至发生火灾。如**蒸馏中途停止，也应在重新加热前补加沸石**，以免出现暴沸现象，因为起初加入的沸石逐出了部分空气，冷却时吸附了液体而失效。

4. 接收管尾部应与大气相通，内外压平衡。如内外压不平衡，系统内物质膨胀，压力上升，可能导致爆炸。在实验室，**任何时候都不能加热密闭体系！**

5. 确认导水管安全接在冷凝管上，以防滑落而造成"水灾"。如使用加热板或油浴，水管松脱，水可能飞溅在电插头上或进入加热源，这存在潜在危险。

6. 通常不能将烧瓶中的液体完全蒸干。因为若没有蒸发吸热，瓶温会迅速升高，许多液体，特别是烯、醚可能含过氧化物，浓缩后极具爆炸性。

【思考题】

1. 为什么蒸馏瓶所盛液体的量一般不超过容积的2/3，也不少于1/3？

2. 温度计水银球应处于怎样的位置才能准确测定液体的沸点，画出示意图；水银球位置的高低对温度读数有什么影响？

3. 为什么蒸馏时最好控制馏出液的速度为1～2滴/秒？

4. 如果加热后发现未加沸石，应如何处理？如果因故中途停止蒸馏，重新蒸馏时，应注意什么？

5. 如果某液体具有恒定的沸点，能否认为该液体一定是纯净的物质？你提纯得到的乙醇是纯净物吗？

（编写：彭红建　校核：罗一鸣）

实验 2　减压蒸馏
Vacuum Distillation

【目的要求】

1. 了解用减压蒸馏纯化液体有机化合物的原理。

2. 学习减压蒸馏的仪器安装和操作方法。

【基本原理】

常压蒸馏非常简便，然而，由于许多待蒸馏化合物在接近正常沸点的温度时，会发生分解、氧化或重排等反应。有时，杂质在高温下也能催化这些反应。如果用真空泵把蒸馏系统中的空气抽走，使液体表面上的压力降低，就可降低液体的沸点。这种在较低压力下进行的蒸馏，叫做减压蒸馏。减压蒸馏是分离和提纯有机化合物的一种重要方法，适合高沸点有机化合物或在常压下蒸馏易发生分解、氧化或聚合的有机化合物。

给定压力下的沸点可近似地从下列公式求出：

$$\lg p = A + \frac{B}{T}$$

式中 p 为蒸气压，T 为沸点（热力学温度），A、B 为常数。如以 $\lg p$ 为纵坐标，$1/T$ 为横坐标作图，可以近似地得到一条直线。因此可以从两组已知的压力和温度算出 A 和 B 的数值。再将所选择的压力代入上式算出液体的沸点。但实际上许多物质沸点的变化不完全如此，这是由物质的物理性质（主要是分子在液体中缔合程度）所决定的。因此在实际减压蒸馏中，可以参考图 2-4 来估计一个化合物的沸点和压力的关系，即从某一已知常压下的沸点推算出某一压力下的沸点。

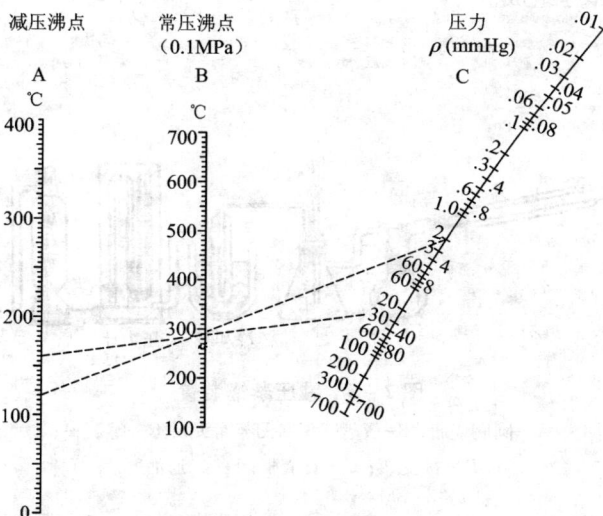

图 2-4 液体在常压下的沸点与减压下的沸点的近似关系图

例如，某液体化合物在常压下的沸点为290℃，减压蒸馏时，体系压力为20 mmHg(2.67 kPa)。该压力下，这一液体化合物的沸点是多少呢？用直尺连接 C 上的20 mmHg(2.67 kPa)与 B 上的290℃两点，延伸至 A 上的160℃，便是该液体化合物在20 mmHg 下的大致沸点(约为160℃)，表示为160℃/2.67 kPa。同理，当已知某一液体化合物文献沸点为120℃/2 mmHg(0.266 kPa)，也可以用图2 -4 估计出常压下的沸点约为295℃。

在一些有机化学手册中可以查到某些有机化合物的 A、B 常数值，这样即可直接计算出任一压力下的近似沸点。下面是两种估计减压对沸点影响的方法：

(1)当从一个大气压降到25 mmHg 时，高沸点化合物的沸点可由250 ~ 300℃降至100 ~ 125℃左右。

(2)25 mmHg 以下，压力每下降一半，沸点降低10℃左右。要更详尽地了解不同压力下化合物的沸点，可从文献中查阅压力 - 温度关系图或计算表，也可用物理化学介绍的 Clausius-Clapegrou 方程式的积分计算求得。

【操作方法】

1. 减压蒸馏装置

典型的减压蒸馏装置如图2 -5。整个系统由蒸馏、抽气(减压)、保护装置及测压装置四部分组成。

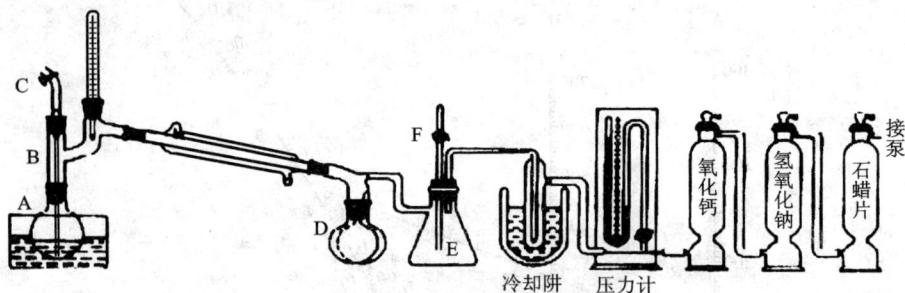

图2 -5　减压蒸馏装置

A—圆底烧瓶；B—Y 型管(克氏蒸馏头)；C—螺旋夹；

D—接受瓶；E—安全瓶；F—二通活塞

(1)蒸馏部分　与普通蒸馏装置相比，减压蒸馏所选用的玻璃仪器更应注意质量，一般应选用玻璃壁均匀厚实、无裂缝的磨口玻璃仪器，绝不能用有裂痕或薄壁的玻璃仪器，特别是平底瓶，如锥形瓶等。蒸馏液不能超过蒸馏瓶容积的二分之一，用油浴或其他合适的方式加热。蒸馏液液面应低于油浴液面，这样有助于防止暴沸。不能直火加热，因局部过热，易引起暴沸。

为了避免减压蒸馏时瓶内液体由于沸腾而冲入冷凝管中，选用克氏蒸馏头，它有两个上口，一口插入温度计，另一口则插一根毛细管，毛细管的下端要伸到离瓶底约 1~2 mm 处，毛细管上端连有一段带螺旋夹的橡胶管。减压蒸馏时，**传统的沸石不起作用**，螺旋夹用以调节进入空气的量，少量空气进入液体冒出小气泡，成为液体沸腾的气化中心，这样可以防止液体暴沸，使沸腾保持平稳。如果设备允许，也可在蒸馏瓶中放一磁子，用磁力搅拌代替毛细管以防止暴沸。为了在一定真空度下收集不同的馏分，选用多头接液管并与安全瓶相连，安全瓶上装有真空解压阀（活塞）。当用水泵减压，水压降低时，安全瓶可防止水倒吸进入蒸馏装置。

（2）抽气部分 实验室常用水循环真空泵进行减压，水泵所能达到的最低压力为当时室温下的水蒸气压。如水温为 20℃ 时，水蒸汽压为 2.394 kPa（17.5 mmHg）。但水泵常因其结构、水压和水温等因素，不易得到较高的真空度。油泵可以把压力顺利降低到 2~4 mmHg，可获得较高真空度，但油泵结构较为精密。所以使用油泵时，需要注意防护保养，不能使有机物质、水、酸等蒸气侵入泵内而降低油泵效率。

（3）保护及测压装置部分 用油泵进行减压蒸馏时，必须注意以下几点：第一，蒸馏系统和油泵之间必须装有吸收装置，通常用冷却阱和几个吸收塔来保护油泵。冰－水，冰－盐和干冰－丙酮是常用的冷阱冷却剂。无水氯化钙，固体氢氧化钠，石蜡片是常用的吸收剂。分别吸收可能产生的水、酸性气体和烃类气体。第二，**如果蒸馏物质中含有易挥发性物质，应先用普通蒸馏或水泵减压蒸馏，然后再改用油泵**。第三，减压系统必须保持密闭，橡胶塞的大小和孔道要合适，橡胶管要用真空用的橡胶管，磨口玻璃接口须涂上真空脂。减压蒸馏装置内的压力，可用水银压力计来测定。若是开口式汞压力计，两臂汞柱高度之差，即为大气压力与系统中压力之差，因此蒸馏系统内的实际压力（真空度）应是大气压力减去压力差。若是封闭式汞压力计，两臂液面高度差即为蒸馏系统中的真空度。

2. 减压蒸馏操作

减压蒸馏操作的主要步骤如下（**记住戴上防护镜！**）：

（1）检查抽气泵的效率，真空度应满足要求。方法是：按图 2-5 安装好仪器；开动油泵，拧紧螺旋夹，直至橡皮管几乎封闭；缓慢关闭安全瓶上的活塞。

几分钟后，记录压力。缓慢打开活塞，让内外压力逐渐平衡，关闭油泵，解除真空。如压力不符合要求应检查所有接点是否严密。获得良好的真空度后，才能继续下面操作。

（2）选用合适的热浴，烧瓶的球形部分至少应有 2/3 浸入热浴液体中，但注意不要使瓶底和浴底接触。在蒸馏瓶中放入约占其容量 1/3～1/2 的蒸馏物质。所有接受瓶编号并称重。所有接点均匀地涂上真空脂或凡士林，防止漏气。

（3）旋紧毛细管上的橡胶管，打开安全瓶上活塞，然后开启真空泵。逐渐关闭活塞，观察装置所能达到的真空度。调节螺旋夹，使得有连续平稳的小气泡通过液体。如果仪器装置完全合乎要求，可以开始蒸馏。

（4）开启冷凝水，逐渐升温，热浴液体温度一般要比被蒸馏液体的沸点约高 20～30℃。当蒸气环上升至温度计水银球部位且温度已恒定后，控制蒸馏速度保持 1～2 滴/秒。记录压力、馏液的沸点（沸程）、热浴液体温度和馏出液流出的速度等数据。注意：**记录沸点时一定要记录相应的压力。当新馏分（相同压力，沸点较高）蒸出时，转动多头接引管，更换接收瓶收集相应馏分。**

（5）蒸馏完毕，**先停止加热，撤去热浴，关上冷凝水，调节内压与大气压平衡**：待蒸馏瓶稍冷后，先旋松一点毛细管上的橡胶管，调节进气量，再慢慢地打开安全瓶上活塞，使仪器装置与大气相通（**这一操作须特别小心，一定要慢慢地旋开活塞**，使压力计中汞柱慢慢地回复到原状，如果引入空气太快，汞柱会出现断裂，若在封闭式汞压力计中会很快地上升，有冲破 U 型管压力计的可能），**最后关闭真空泵**。待仪器装置内的压力与大气压力平衡后，方可拆卸仪器。移去接收瓶，称重。所有玻璃仪器拆下后应立即清洗，以免接头粘连。

【仪器与试剂】

仪器：真空泵、减压蒸馏装置。

试剂：苯甲醛。

【实验内容】

取 20 mL 苯甲醛，按上述操作进行减压蒸馏，收集 101～103℃/12 mmHg 馏分。（文献：178℃/760 mmHg；126℃/40 mmHg；115℃/20 mmHg；105℃/14 mmHg；101℃/12 mmHg；95℃/10 mmHg）。

本实验约需 3 h。

实验指导

【预习要求】

1. 了解减压蒸馏的原理及应用范围。

2. 指出减压蒸馏仪器装置中各部分仪器设备的名称及正确的连接顺序。

3. 了解减压蒸馏所用仪器及其安装的要求。

4. 明确操作过程中的注意事项。

【注意事项】

1. 绝不能用有裂痕或薄壁的玻璃仪器，特别是平底瓶，如锥形瓶等。即使用水泵减压，中等真空度的系统，都有几百磅的压力加在装置的外表面，薄弱点可能爆裂，急速冲进的空气将粉碎玻璃，类似于爆炸。

2. 系统真空度达到所需要求并且稳定后才能加热。

3. 减压蒸馏时，因传统的沸石在减压下不起作用，要有其他产生小气泡的方法，防止液体过热或防止爆沸。减压蒸馏常用毛细管，毛细管可用一节内径 6 mm 的软质玻璃管拉制而成，毛细管应相当细，通过它向含丙酮的试管中吹气时，只有细小、缓慢的气泡产生。

4. 减压蒸馏时，压力计所测压力很重要，记录沸点时要有压力。例如苯甲醛在一个大气压下，178℃沸腾；35 mmHg，87℃沸腾；因此其沸点表示为：b. p. 178℃(760 mmHg)和 87℃(35 mmHg)。

5. 在用油泵减压蒸馏前，因蒸馏液常含有少量低沸点溶剂。需先用水泵、水浴蒸馏，以除去低沸点溶剂，以保护减压蒸馏装置。

【思考题】

1. 什么情况下需要减压蒸馏？

2. 已知苯甲醇常压下的沸点为 212℃，试估计在 10 mmHg 时的沸点大约是多少？多大压力下，80℃时可沸腾？

3. 使用油泵减压时，要有哪些吸收和保护装置？其作用是什么？

4. 在进行减压蒸馏时，为什么必须用热浴加热，而不能用直火加热？

5. 为什么进行减压蒸馏时须先抽气达到所需稳定压力后才能加热？

6. 简述停止减压蒸馏的操作步骤。

（编写：彭红建 校核：罗一鸣）

实验3 水蒸气蒸馏
Steam Distillation

【目的要求】

1. 了解水蒸气蒸馏的原理、条件及其适用性。
2. 学习水蒸气蒸馏的仪器装置及其操作方法。

【实验原理】

水蒸气蒸馏是分离提纯液态或固态有机化合物的常用方法之一。可用水蒸气蒸馏提纯的有机化合物须具备下列条件：不溶（或几乎不溶）于水；在100℃左右与水长时间共存不会发生化学变化；在100℃左右具有一定的蒸汽压，一般不小于1.33 kPa，即10 mmHg柱。

当与水不相混溶的物质和水一起存在时，根据道尔顿分压定律，混合物的蒸汽压力P，应该为水的蒸汽压P_A和该物质的蒸汽压P_B之和，即：

$$P = P_A + P_B$$

P随温度升高而增大，当温度升高到P等于外界大气压时，该混合物开始沸腾。这时的温度为该混合物的沸点，此沸点必定较混合物中任一组分的沸点都低。因此，在不溶于水的有机物之中，通入水蒸气进行水蒸气蒸馏时，在比该物质低得多的温度，而且比100℃还要低的温度下就可以使该物质同水一起蒸馏出来。蒸出的是水和与水不相混溶的物质，很容易进一步分离，从而达到纯化的目的。

已知水（b. p. 100℃）和溴苯（b. p. 156℃）互不相溶，通过讨论溴苯的水蒸气蒸馏，可说明水蒸气蒸馏的基本原理。纯物质及混合物的蒸气压－温度图见2－6。

由图2－6可知，95℃时，混合物的蒸气压等于外压，混合物应在95℃左右沸腾。这与理论预测一致，该温度低于水的沸点。由于水蒸气蒸馏的温度低于100℃，因而具有广泛用途，特别适用于以下三种情况：①对热敏感，高温会分解、氧化或聚合的高沸点的有机化合物；②含有大量的树脂状或焦油状物质，采用蒸馏、萃取等方法难于分离的混合物；③从较多的固体反应物中分离出被吸附的液体。

水蒸气蒸馏液的组成与化合物的分子量及蒸馏温度下各蒸气压有关。

对于二组分混合物A和B，如果A和B蒸气近似理想气体，可应用理想气体方程，得下面表达式：

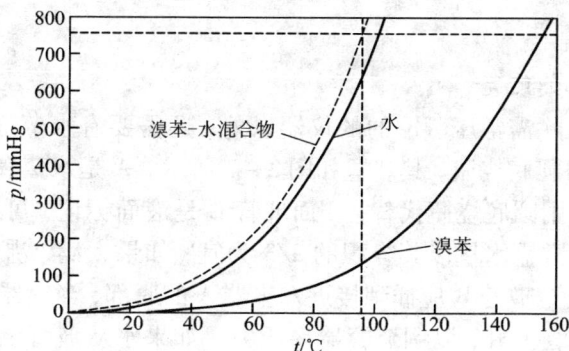

图 2 - 6　蒸气压 - 温度图

$$P^0_A V_A = (g_A/M_A)(RT) \qquad P^0_B V_B = (g_B/M_B)(RT)$$

式中，P^0 为纯液体蒸气压，V 为气体体积，g 为气相组分重量，M 为分子量，R 为气体常数，T 为绝对温度(K)。第一个等式除以第二个等式得：

$$\frac{P^0_A V_A}{P^0_B V_B} = \frac{g_A M_B(RT)}{g_B M_A(RT)}$$

因为分子、分母中的 RT 是相同的，气体体积相同($V_A = V_B$)，上式可变换为：

$$\frac{g_A}{g_B} = \frac{P^0_A M_A}{P^0_B M_B}$$

已知混合物溴苯和水在 95℃ 时，蒸气压分别是 120 mmHg 和 640 mmHg(见图 2 -6)，可用上式计算蒸馏液组成为：

$$\frac{g_{溴苯}}{g_水} = \frac{120 \times 157}{640 \times 18} = \frac{1.64}{1}$$

即蒸出 1 g 水可带出 1.64 g 溴苯。馏出液中溴苯的含量占 62%，但实际上所得的比例比较低，因为有相当一部分水蒸气来不及与被蒸馏物质充分接触便离开蒸馏烧瓶。从计算结果还可以看出：以重量计算，尽管在蒸馏温度下，溴苯的蒸气压比水低很多，但蒸馏液中溴苯的含量却比水高。这是因为有机物分子量通常比水大得多，甚至只要在 100℃ 时有 5 mmHg 左右的蒸气压，就可以用水蒸气蒸馏得到良好提纯的效果。但当某化合物的分子量虽很大，而其蒸汽压过低，在 0.13 ~ 0.67 kPa，则其在馏出液中的含量仅占 1%，甚至更低，就要想办法提高此物质的蒸气压，也就是说要提高温度，使蒸气的温度超过 100℃，即要用过热水蒸气来蒸馏，从而提高馏出液中该物质的含量。

【操作方法】

1. 水蒸气蒸馏装置

水蒸气蒸馏除需常压蒸馏的的仪器以外，还需要有水蒸气发生器和导管，另外需一长颈的圆底烧瓶，其装置如图 2 – 7 所示。A 是水蒸气发生器，铁质或铜质的，也可以用圆底烧瓶代替，侧面玻管 C 是液面标记，可以观察发生器内液面的高度，通常盛水量以其容积的 2/3 为宜，如果太满，沸腾时水蒸气会把水冲至烧瓶。安全玻管 B 应插到接近发生器 A 的底部，当容器内的水蒸气压大时，水可沿着玻管上升，以调节容器内压力。如果水从玻管上口喷出，此时应检查整个系统是否有阻塞（通常是圆底烧瓶内的蒸气导管 E 的下口被树脂状或焦油状物质堵塞）。

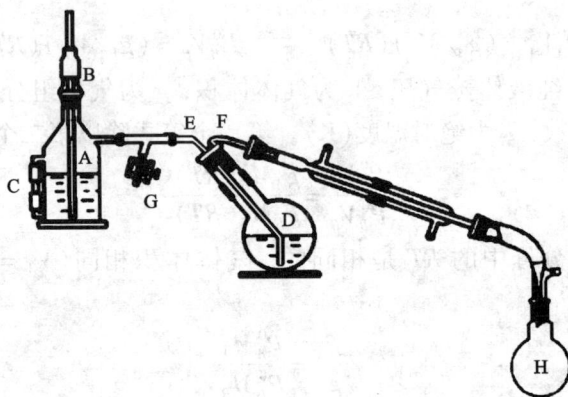

图 2 – 7　水蒸气蒸馏装置

蒸馏部分通常是长颈的圆底烧瓶 D，瓶内的液体不宜超过其容积的 1/3。为防止瓶中液体因跳溅而冲入冷凝管内，故将烧瓶的位置向发生器的方向倾斜约 45°。蒸气倒入管 E 的末端应弯曲，使其垂直正对烧瓶中央，并接近瓶底。蒸气导出管 F（弯角约 30°），孔径最好比管 E 大一些，一端插入双孔木塞，露出约 5 mm，另一端和冷凝管连接。馏出液通过弯接管进入接收器 H（根据情况，接收器外围可用冰水浴冷却）。

水蒸气发生器与长颈圆底烧瓶之间应装上一个 T 形管。在 T 形管下端连一个螺旋夹 G 或止水夹以便及时除去冷凝下来的水滴，通常在下放一烧杯。应尽量缩短水蒸气发生器与长颈瓶之间的距离，以减少水蒸气的冷凝。

2. 水蒸气蒸馏操作

加热水蒸气发生器，当有水蒸气从 T 形管冲出时，**先通冷凝水，再将螺旋**

夹 G 夹紧，使水蒸气通入 D。为了使水蒸气不致在 D 中因冷凝而积聚过多，必要时可在 D 下放一石棉网，用小火加热。注意调节加热水蒸气发生器的热源，使产生水蒸气不致太快，以免把 D 中混合物冲至冷凝管中。

如果随水蒸气蒸出的物质具有较高的熔点，在冷凝管中易于析出固体时，则应调小冷凝水的流速，使它冷凝后仍然保持液体状态。如已有固体析出，并且接近阻塞时，可暂时停止冷凝水的流通，甚至需要将冷凝水暂时放去，以使物质融熔后随水流入接收器中。当蒸馏液澄清透明时，一般即可停止蒸馏。

在蒸馏需要中断或蒸馏完毕后，**一定要先打开螺旋夹 G 使体系和大气相通，方可停止加热**，否则 D 中的液体会倒吸到 A 中。在蒸馏过程中，如发现安全管 B 中的水位迅速上升，也应立即打开螺旋夹 G，然后关掉热源，待排除了堵塞后再继续进行水蒸气蒸馏。

有时也可直接利用反应的三颈瓶来代替圆底烧瓶进行水蒸气蒸馏，装置如图 2－8 所示。对于少量物质的水蒸气蒸馏，也可用克氏蒸馏瓶代替圆底烧瓶，装置如图 2－9 所示。

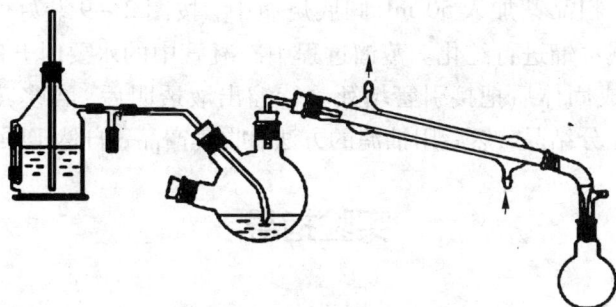

图 2－8　用三颈瓶代替圆底烧瓶的水蒸气蒸馏装置

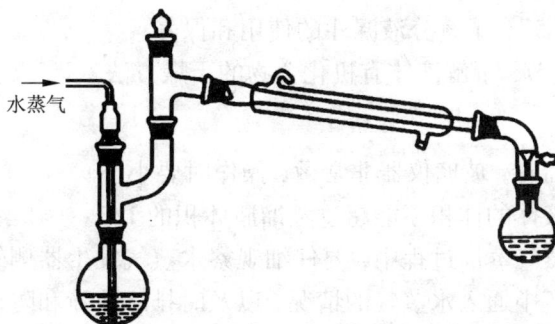

图 2－9　用克氏蒸馏瓶(头)的水蒸气蒸馏装置

【仪器与试剂】

仪器：水蒸气蒸馏装置。

试剂：苯甲醛、萘。

【实验内容】

1. 苯甲醛的水蒸气蒸馏

在长颈圆底烧瓶中，放入 10 mL 苯甲醛和 10 mL 水，参照图 2−7 或图 2−8 装好水蒸气蒸馏装置，通过水蒸气蒸馏进行纯化。

将全部馏出液倒入分液漏斗中，先分出苯甲醛，剩余的水层加入 10 mL 乙醚，振荡，静置分层后，将醚层与前边分出的苯甲醛合并于一干燥的小锥形瓶中，加入少量无水氯化钙，塞好瓶口，干燥，其间应振荡几次（参看 1.6.2）。然后改用常压蒸馏装置，在热水浴中将乙醚蒸出，即可得苯甲醛。也可用旋转蒸发仪去除溶剂乙醚。

2. 萘的水蒸气蒸馏

称取 2.0 g 粗品萘加入 50 mL 圆底烧瓶中，按图 2−9 装好水蒸气蒸馏装置，通过水蒸气蒸馏进行纯化。蒸馏过程中冷凝管中的水要时开时停，防止蒸馏出的萘冷凝成固体后把接引管堵死。待馏出液透明后，再多蒸出 10 mL 清液。冷却，使充分结晶，然后用抽滤的方法，收集产品，自然干燥后，测熔点。

实验指导

【预习要求】

1. 了解水蒸气蒸馏法纯化有机化合物的原理及操作过程中的注意事项。

2. 参看"实验 5"，了解分液漏斗的使用和保养。

3. 参看"1.6"节，了解液体有机化合物的干燥方法。

【注意事项】

1. 水蒸气蒸馏时，玻璃仪器非常烫，操作时要小心。

2. 蒸馏瓶内液体的体积不能超过蒸馏瓶体积的 1/3。

3. 在整个水蒸气蒸馏过程中，要仔细观察水蒸气发生器侧管和安全管中的水位以及圆底烧瓶中通入水蒸气的情况，以及时排除故障和防止倒吸等现象。

4. 水蒸气蒸馏结束，应先打开 T 形管的螺旋夹，然后再停止加热。否则，蒸馏瓶中热液体会倒流进入水蒸气发生器。

【思考题】

1. 应用水蒸气蒸馏的化合物必须具有哪些条件？水蒸气蒸馏适用哪些情况？

2. 指出下列各组混合物能否采用水蒸气蒸馏法进行分离。为什么？

(1) 乙二醇和水；

(2) 对二氯苯和水

3. 为什么水蒸气蒸馏温度总是低于100℃？

4. 简述水蒸气蒸馏操作程序。

5. 如何判断水蒸气蒸馏可以结束？

6. 若安全管中水位不断上升，说明什么问题，如何处理？

（编写：彭红建　校核：罗一鸣）

实验4 分 馏
Fractional Distillation

【目的要求】

1. 了解分馏的原理及其应用。

2. 学习常用的简单分馏操作。

【实验原理】

蒸馏作为分离液态有机化合物的常用方法，要求其组分的沸点相差较大。但对沸点相近的混合物，仅用一次蒸馏不可能把它们分开。若要获得良好的分离效果，就要采用分馏的方法，分馏的方法在工业和实验室中被广泛应用。最精密的分馏设备已能将沸点相差仅1～2℃的混合物分开。

分馏的基本原理与蒸馏类似，不同处是在装置上多一分馏柱，使气化、冷凝的过程由一次改进为多次进行，简单地说，分馏就是多次蒸馏。当混合物蒸气进入分馏柱时，因为沸点较高的组分易被冷凝，所以冷凝液中就含有较多高沸点的物质，而蒸气中低沸点的成分就相对地增多。冷凝液向下流动时又与上升的蒸气接触，二者之间进行热量交换，亦即上升的蒸气中高沸点的物质被冷凝下来，低沸点的物质仍呈蒸气状上升；而在冷凝液中低沸点的物质则受热气化，高沸点的仍呈液态。如此经多次的液相与气相的热交换，使得低沸点的物质不断上升，最后被蒸馏出来，高沸点的物质则不断流回加热的容器中，从而将沸点不同的物质分离。

了解分馏原理最好应用恒压下的沸点－组成曲线图，如图 2-10。它是二元理想溶液的气液相组成与温度的关系图。通常是通过实验测定在各温度时气液平衡状况下的气相和液相的组成，以横坐标表示组成 x（摩尔分数），纵坐标表示温度 t。从大气压下苯－甲苯体系的沸点－组成图（图 2-10）可以看出，由

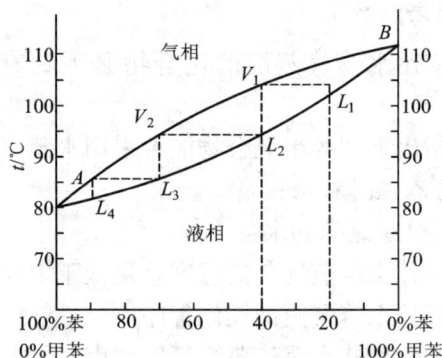

图 2-10　苯－甲苯体系的沸点－组成曲线图

20% 的苯和 80% 的甲苯组成的液体（L_1）在 102℃时沸腾，和此液相平衡的蒸气（V_1）组成约为苯 40% 和甲苯 60%。若将此组成的蒸气冷凝成同组成的液体（L_2），则与此溶液成平衡的蒸气（V_2）组成约为苯 60% 和甲苯 40%。显然，如此重复，即可获得接近纯苯的气相。

若通过分别收集大量的最初蒸出液和残留液，并反复多次进行常压蒸馏，能够分离出一定量的纯物质。但这样显得太烦琐了，而分馏柱就可以把这种反复蒸馏的操作一次性地在柱内完成。所以**分馏是效率高的反复多次的常压蒸馏**。

【操作方法】

1. 简单分馏装置

实验室中简单的分馏装置包括热源、蒸馏器、分馏柱、冷凝管和接收器五个部分。图 2-11 和图 2-12 为一般的分馏柱和简单分馏装置。

分馏柱长度及类型取决于各组分的沸点，如沸点相差 15~20℃ 可以用刺形分馏柱（韦氏分馏柱），见图 2-11（a），一种带凹陷以增加壁面积的柱子。如沸点相近，可以用填充柱，如图 2-11（b）或旋带精馏塔，填料应细碎且必须化学惰性。填料有玻璃珠、玻璃管、陶瓷或各种形状的金属片或金属丝，其效率较高，适合于分离一些沸点差距较小的化合物。

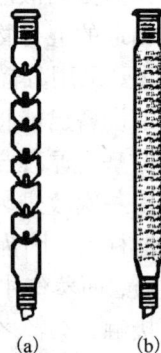

图 2-11　分馏柱
（a）刺形分馏柱；
（b）填料式分馏柱

2. 简单分馏操作

简单分馏操作和常压蒸馏大致相同。

将待分馏的混合物放入圆底烧瓶中，加入沸石，安装好装置。安装时要注意使分馏柱保持垂直。因整个装置重心较高，一定要保证各部分的稳定，最好在接收瓶底垫上用铁圈支持的石棉网，而且接液管和接收瓶也要用专用卡环或橡皮筋固定好。

先通冷凝水，再加热。液体沸腾后要注意调节温度，使蒸气慢慢升入分馏柱。当蒸气上升至柱顶时，温度计汞球即出现液滴。**调节浴温使得蒸出液体的速度控制在每 2～3s 1 滴**，这样可以得到比较好的分馏效果，待低沸点组分蒸完后，再逐渐升高热源温度，收集第二个馏分。这样，按各组分的沸点依次分馏出各组分的液体有机化合物。

【仪器试剂】

仪器：分馏装置。

试剂：丙酮和 1，2 - 二氯乙烷混合物（体积比为 6∶4）、石蜡油。

【实验内容】

在 100 mL 圆底烧瓶中，加入 40 mL 丙酮 - 1，2 - 二氯乙烷混合物（6∶4）和几粒沸石，按图 2 - 12 装好分馏装置。应松紧适当地固定分馏柱。

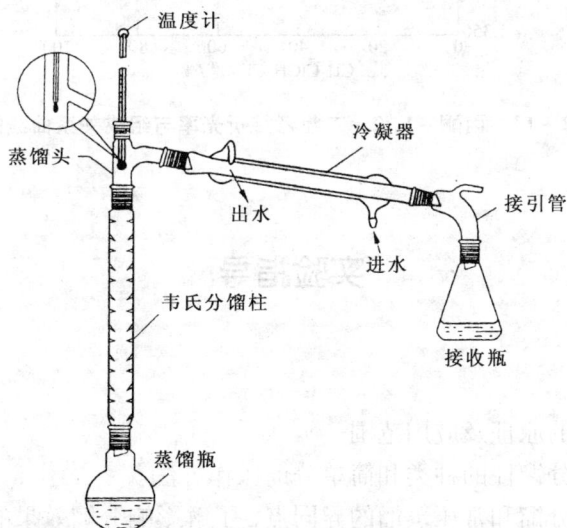

温度计

蒸馏头

出水

韦氏分馏柱

蒸馏瓶

冷凝器

进水

接引管

接收瓶

图 2 - 12　分馏装置

　　用水浴缓慢加热，当混合物沸腾时，仔细调节加热速度以控制蒸馏速度。当冷凝管中有蒸馏液流出时，记录温度计所示温度。

　　分别收集 56～60℃、60～70℃、70～80℃、80～83℃ 的馏分。收集最后的馏分时要改用油浴加热。

　　测量所收集的各馏分的体积，并用下列方法测出各馏分中丙酮（或 1，2－二氯乙烷）的含量：用折光仪分别测定以上各馏分的相应的折光率（参照"实验 15 折光率的测定"），并与事先绘制的丙酮、1，2－二氯乙烷组成与折光率关系曲线（图 2－13）对照，得到各馏分中所含丙酮（或 1，2－二氯乙烷）的含量。

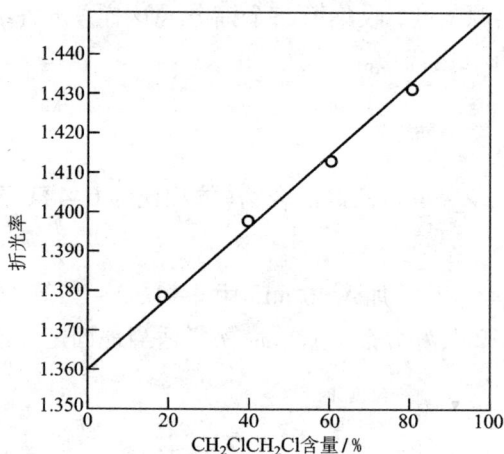

图 2－13　丙酮－1，2－二氯乙烷折光率与组成关系曲线图

实验指导

【预习要求】

1. 了解分馏的原理及应用范围。

2. 了解常用分馏柱的种类和简单分馏操作方法。

3. 比较简单分馏和常压蒸馏的异同点，了解影响分馏效果的因素。

4. 参看"实验 15"，了解折光率测定的基本原理和操作方法。

【注意事项】

1. 尽量减少分馏柱的热量丧失和波动,可在分馏柱外包一定厚度的保温材料,如石棉布或石棉绳。

2. 分馏要缓慢进行,要控制好恒定的分馏速度。一般情况下,保持分馏柱内温度梯度是通过调节馏出液速度来实现的,若加热速度快,蒸出速度也快,柱内温度梯度变小,影响分离效果;若加热速度太慢,会使柱身被冷凝液阻塞,产生液泛现象,即上升蒸气把液体冲出冷凝管中。

3. 应选择合适的回流比,所谓回流比,是指冷凝液流回蒸馏瓶的速度与柱顶蒸气通过冷凝管流出的速度的比值。回流比越大,分离效果越好,一般回流比控制在4:1。

4. 由于温度计误差,温度计读数不一定在56℃恒定,因此温度计读数急剧上升时要仔细观察趋向稳定的温度。热浴中要挂温度计,以便控制温度。

5. 收集馏分的多少与分馏柱的效率和加热速度等因素有关。

【思考题】

1. 除分馏柱的效率外,还有哪些因素影响分离效果?

2. 为什么分馏柱内装填料不能装得太紧?

3. 为什么要有相当量的液体自分馏柱流回烧瓶中?

(编写:彭红建 校核:罗一鸣)

实验5 萃 取
Extraction

【目的要求】

1. 学习萃取法提取和纯化化合物的原理和方法。

2. 掌握分液漏斗的使用和保养方法。

3. 了解选择萃取溶剂的原则。

【基本原理】

萃取是分离和提纯有机化合物常用的操作之一。应用萃取可从固体或液体混合物中提取所需要的物质,如天然产物中各种生物碱、脂肪、蛋白质、芳香油和中草药的有效成分等都可用萃取的方法从动植物中获得;也可以用于除去产物中的少量杂质。通常称前者为"萃取"或"提取"、"抽取",后者为"洗涤"。根据被萃取物质形态的不同,萃取又可分为从溶液中萃取(液-液萃取)和从固体中萃取(固 – 液萃取)两种萃取方法。

　　液 – 液萃取的基本原理是利用化合物在两种互不相溶(或微溶)的溶剂中的溶解度不同，使化合物从一种溶剂中转移到另一种溶剂中。经过反复多次萃取，可以将绝大部分的化合物提取出来或将杂质除去。

　　分配定律是液 – 液萃取的主要理论依据。物质在不同的溶剂中有着不同的溶解度，同时，在两种互不相溶的溶剂中，加入某种可溶性物质时，它能分别溶解在这两种溶剂中。实验证明，在一定温度下，某化合物与这两种溶剂不发生分解、电解、缔合和溶剂化等作用时，该化合物在两液层中的浓度之比是一个常数。可用公式表示：

$$\frac{c_A}{c_B} = K$$

　　式中 c_A、c_B 分别表示该化合物在两种互不相溶的溶剂中的浓度(g/ mL)，K 是一个常数，称为"分配系数"。K 值与温度有关。

　　有机化合物在有机溶剂中的溶解度一般比在水中的溶解度大，因此可以用有机溶剂将有机物从水溶液中萃取出来。但除非分配系数极大，否则萃取一次是不可能把所需要的化合物从溶液中完全萃取出来。

　　当用一定量的溶剂萃取时，是一次萃取好，还是多次萃取好呢？可以利用下列推导来说明。

　　设：V_0 为水溶液的毫升数；V 为每次所用萃取剂的毫升数；m_0 为溶解于水中的有机物的克数；m_1，…，m_n 分别为萃取一次至 n 次后留在水中的有机物克数；K 为分配系数。根据分配系数的定义，进行以下推导：

　　一次萃取

$$K = \frac{c_0}{c_1} = \frac{m_1/V_0}{(m_0 - m_1)/V} \qquad m_1 = m_0 \frac{KV_0}{KV_0 + V}$$

　　二次萃取

$$K = \frac{m_2/V_0}{(m_1 - m_2)/V} \qquad m_2 = m_1 \frac{KV_0}{KV_0 + V} = m_0 \left(\frac{KV_0}{KV_0 + V}\right)^2$$

　　同理，经 n 次萃取后，则有：

$$m_n = m_0 \left(\frac{KV_0}{KV_0 + V}\right)^n$$

　　式 $\dfrac{KV_0}{KV_0 + V} < 1$，所以，当用一定量的溶剂萃取时，$n$ 值愈大，即当萃取的次

数越多时，在水中的有机物的剩余量越少，说明效果越好。这表明，当所用的溶剂的量一定时，把溶剂分成数次作**多次萃取比用全部溶剂作一次萃取的效果好**。这一点十分重要，它是提高分离效率的有效途径。上面的公式只是近似的，但可以定性的指出预期的结果。

例如：在 100 mL 水中含有 5 g 溶质，在 25℃时用 150 mL 乙醚萃取。设已知分配系数 K 为 10（即溶质在乙醚中的溶解度为在水中溶解度的 10 倍），一种方法是用 150 mL 乙醚一次萃取；另一种方法是每次用 50 mL 乙醚分三次萃取，比较萃取效果。

设 x 为提取后在水中溶质的剩余量。

（1）用 150 mL 乙醚一次萃取：

$$K = 10 = \frac{(5.0 - x)/150}{x/100}$$

$x = 0.31$ g（水中的剩余量），$5.0 - x = 4.69$ g（提取出的溶质）

（2）150 mL 乙醚每次用 50 mL 分三次萃取：

第一次：

$$K = 10 = \frac{(5.0 - x_1)/50}{x_1/100}$$

$x_1 = 0.83$ g（水中的剩余量），$5.0 - x_1 = 4.17$ g（第一次醚中萃取出的溶质）

第二次：

$$K = 10 = \frac{(0.83 - x_2)/50}{x_2/100}$$

$x_2 = 0.14$ g（水中的剩余量），$0.83 - x_2 = 0.69$ g（第二次醚萃取出的溶质）

第三次：

$$K = 10 = \frac{(0.14 - x_3)/150}{x_3/100}$$

$x_3 = 0.02$ g（水中的剩余量），$0.14 - x_3 = 0.12$ g（第三次醚萃取出的溶质）

三次共萃取出的溶质为：$4.17 + 0.69 + 0.12 = 4.98$ g

可见，同是用 150 mL 乙醚，分三次萃取比一次萃取可多萃取出 0.29 g 溶质，占总量的 5.8%，萃取效果要好。因此实验中一般都要求进行多次萃取。但是，连续萃取的次数不是无限度的，当溶剂总量保持不变时，萃取次数（n）增加，V 就要减小，$n > 5$ 时，n 和 V 这两个因素的影响就几乎相互抵消了，再增加 n，m_n/m_{n+1} 的变化不大。因此，**一般以萃取三次为宜**。

　　另一类萃取剂的萃取原理是利用它能与被萃取物质起化学反应。这种萃取常用于从化合物中除去少量杂质或分离混合物，这类萃取剂一般用5%氢氧化钠、5%或10%的碳酸钠、碳酸氢钠溶液、稀盐酸、稀硫酸等。碱性萃取剂可以从有机相中移出有机酸，或从有机溶剂（其中溶有有机物）中除去酸性杂质（成钠盐溶于水中），这被称为"洗涤"；反之，酸性萃取剂可从混合物中萃取碱性物质或除去碱性杂质。

　　选择萃取剂的原则：一般从水中萃取有机物，要求溶剂在水中溶解度很小或几乎不溶；被萃取物在溶剂中要比在水中溶解度大；对杂质溶解度要小；溶剂与水和被萃取物都不反应；萃取后溶剂应易于回收。此外，价格便宜、操作方便、毒性小、溶剂沸点不高，化学稳定性好、密度适当也是应考虑的条件。一般来说，难溶于水的有机物用石油醚提取；较易溶于水的有机物，用乙醚或苯萃取；易溶于水的有机物则用乙酸乙酯萃取效果较好。

　　常用的萃取剂：有乙醚、苯、四氯化碳、氯仿、石油醚、二氯甲烷、二氯乙烷、正丁醇、乙酸乙酯等。其中乙醚效果较好。使用乙醚的最大缺点是容易着火，在实验室中可以小量使用，但在工业生产中不宜使用。

【操作方法】

1. 液 – 液萃取

（1）分液漏斗的准备　　选择容积较液体体积大一倍以上的分液漏斗，在漏斗活塞上均匀涂抹凡士林（**不要把凡士林涂在活塞孔上，以免堵塞**），塞好后再旋转数圈，使凡士林均匀分布。用橡皮筋或胶圈固定活塞，上口不要涂凡士林。然后，于漏斗中放入水摇荡，检查两个塞子处是否漏水（确保不漏时才能使用）。如果是聚四氟乙烯的塞子则不必涂凡士林，拧紧不漏水即可。漏斗应放置在合适的并固定在铁架台上的铁圈中，关好活塞，漏斗下放一烧杯或锥形瓶。

（2）萃取操作　　将萃取液和萃取剂依次从上口倒入分液漏斗中，塞紧塞子。取下分液漏斗，正确地握好分液漏斗，如图2–14（a）：用右手掌顶住空心塞并握住漏斗颈，左手握住漏斗活塞处，用大拇指、食指和中指压紧漏斗塞。把漏斗下部支管向上倾斜，振荡，**开始缓慢振荡**（看看是否分层较快），**然后稍快振荡**。振荡后，仍保持原倾斜状态，下部支管指向斜上方无人处，左手仍握在活塞支管处，食拇两指开动活塞放气，如图2–14（b）。若不注意放气，分液漏斗振摇后，由于漏斗中的压力超过了大气压，塞子可能被顶开出现漏液危险。经几次摇荡、放气后，把漏斗放在铁圈上静置，静置时，最好在上口处插一纸片，与大气相通。

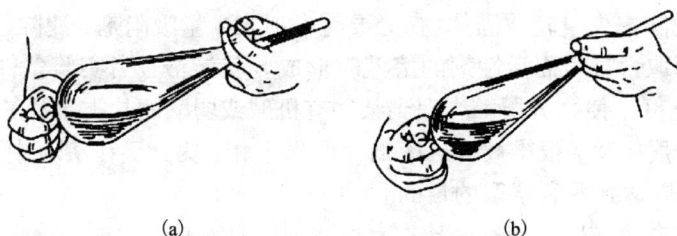

图 2 – 14 手握分液漏斗的方法

(a)振荡时的握姿;(b)放气的正确方法

待液体完全分层后,打开上口塞,再将活塞缓缓旋开,**下层液体由下部支管放出,上层液体应由上口倒出**,上层液体不可从下面旋塞放出,以免被残留的被萃取液污染。**弄清哪层为有机层**,将它存放在干燥的锥形瓶中,水溶液倒回分液漏斗中,再用新的萃取剂萃取。将所有萃取液合并,加入适当的干燥剂进行干燥(参见 1.6.2),再蒸去溶剂,萃取后所得化合物视其性质确定进一步纯化方法。若分不清哪一层是有机相,可取少量任何一层液体,于其中加少量水试,如加水后分层,即为有机相;不分层,说明是水相。在实验结束前,**不要把萃取后的溶液倒掉,以免一旦弄错无法挽救!** 有时溶液中溶有有机物后,密度会改变,**不要以为密度小的溶剂在萃取时一定在上层**。

用乙醚萃取时,应特别注意周围不要有明火。刚开始摇荡时,用力要小,时间短。应多放气,否则,漏斗中蒸气压力过大,液体会冲出造成事故。

(3)萃取过程中乳化现象的预防与处理 在萃取某些含有碱性或表面活性较强的物质时(如蛋白质、长链脂肪酸等),经摇振后易出现乳化、不能分层或不能很快分层的现象。乳化现象可能由于两相分界之间存在少量轻质的不溶物;也可能两液相交界处的表面张力小;或由于两液相密度相差太小。碱性溶液(例如氢氧化钠等)能稳定乳状质的絮状物而使分层更困难。**为预防乳化现象的产生,开始振摇时,动作幅度要小,并不时观察分层情况,若振摇后分层很快,可加大振摇力度,否则应继续轻摇或来回晃动,尽可能避免乳化**。若产生乳化,采取如下措施可一定程度缓解:

1)采取长时间静置;

2)利用盐析效应,在水溶液中先加入一定量电解质(如氯化钠)或**加饱和食盐水溶液,以提高水相的密度,同时又减少有机物在水相中的溶解度**;

3)滴加数滴醇类化合物,改变表面张力;

4）加热，破坏乳状液（注意防止易燃溶剂着火）；

5）过滤除去少量轻质固体物（必要时可加入少量吸附剂，滤除絮状固体）。

若在萃取含有表面活性剂的溶液时形成乳状溶液，当实验条件允许时.可小心地改变 pH，使之分层。当遇到某些有机碱或弱酸的盐类，因在水溶液中能发生一定程度解离，很难被有机溶剂萃取出水相，为此，在溶液中要加入过量的酸或碱，以达到顺利萃取的目的。

有些化合物在原有溶剂中比在萃取溶剂中更容易溶解时，就必须使用大量溶剂进行多次萃取才行。用间断多次萃取法效率差，且操作烦琐，损失也大。为了提高萃取效率，减少溶剂用量和纯化物的损失，宜采用连续萃取装置。使溶剂在进行萃取后能自动流入加热器，受热气化，冷凝变成液体再进行萃取，如此循环即可萃取出大部分物质。此法萃取效率高，溶剂用量少，操作简便，损失较小。唯一的缺点是萃取时间长。使用连续萃取方法时，根据所用溶剂的相对密度小于或大于被萃取溶液相对密度的条件，应采取不同的实验装置，见图 2 - 15（a）和图 2 - 15（b），其原理相似。

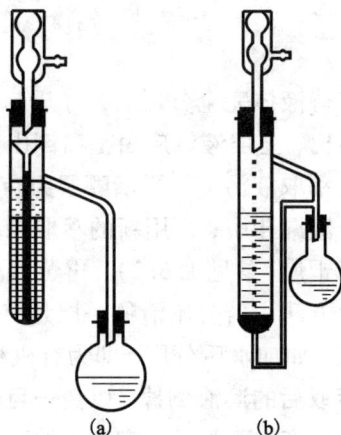

(a)   (b)

图 2 - 15　连续萃取装置

2.液 - 固萃取

从固体中萃取化合物，多以浸出法来进行，但此法效率不高，时间长，溶剂用量大，实验室不常采用。实验室常采用索氏提取器又称脂肪提取器（如图 2 - 16）来提取物质。索氏提取器由三部分组成：提取瓶、提取管、冷凝器，提取管两侧分别有虹吸管和连接管。该法是通过对溶剂加热回流及虹吸现象，**使固体物质每次均被新的溶剂所萃取，效率高**，可以节约溶剂。但该法对受热易分解或变色的物质不宜采用；高沸点溶剂也不宜作为此法的萃取剂。

图 2 - 16　索氏提取器

提取前应先将固体物质研细,以增加固－液接触面积,然后将固体物质放入滤纸筒内,将滤纸卷成圆柱状,直径略小于提取筒的内径,下端用线扎紧。轻轻压实,上盖一小圆滤纸。加入溶剂于烧瓶内,装上冷凝管,通水,加热回流,溶剂蒸气通过玻璃侧管上升至冷凝管,蒸气冷凝成液体,滴入提取管中,当萃取液液面超过虹吸管顶端时,萃取液自动流入烧瓶中,萃取出部分物质。提取瓶内的溶剂继续被加热气化、上升、冷凝,滴入提取管内,如此循环往复,直到被萃取物质大部分被萃取出为止。这样,固体中的可溶性物质富集于烧瓶中,然后用适当方法将萃取物质从溶液中分离出来。

【仪器与试剂】

仪器:分液漏斗、锥形瓶、烧杯、点滴板、蒸馏装置

试剂:5% 苯酚水溶液、乙酸乙酯、2% $FeCl_3$ 溶液

【实验内容】

1. 乙酸乙酯从苯酚水溶液中萃取苯酚

取 5% 苯酚水溶液 20 mL 加入到分液漏斗中,再加入 10 mL 乙酸乙酯,充分振摇,静置分层后,将下层水溶液流入一烧杯中,当下层液体接近流完时,逐渐关闭活塞。上层乙酸乙酯从上口倒入一个干燥锥形瓶中。将下层水溶液倒回分液漏斗中,再用 8 mL 乙酸乙酯萃取一次。合并两次乙酸乙酯萃取液,用无水硫酸镁干燥,水浴蒸馏除去乙酸乙酯,减压抽去残留的溶剂(最好用旋转蒸发仪去除溶剂),称重。回收苯酚和溶剂。

2. 三氯化铁溶液检查萃取效果

取萃取后的下层水溶液和未萃取的苯酚水溶液各 2 滴滴于点滴板或小试管中。分别加入 2% $FeCl_3$ 溶液 2 滴,比较颜色深浅,根据颜色的不同说明萃取的效果。

实验指导

【预习要求】

1. 了解液－液萃取和固液萃取的原理。

2. 萃取作为分离、纯化物质的手段对萃取剂的要求。

3. 液－液萃取的操作要点。

4. 参看"1.6"节，了解液体有机化合物干燥方法。

【注意事项】

1. 分液漏斗使用前必须检查是否漏水并作好准备工作。使用后应洗净并在活塞处放一纸片以防粘结。

2. 摇动漏斗时要注意放气，并注意不要对准他人。

3. 分层后应打开玻塞或把上口塞子上的小槽对准漏斗口颈上的通气孔后方可放出下层液体。

【思考题】

1. 使用分液漏斗的目的是什么？使用时要注意什么？

2. 用乙醚萃取水中的有机物时，要注意哪些事项？

3. 实验室现有一混合物的乙醚溶液待分离提纯。已知其中含有甲苯、苯胺和苯甲酸。请查阅相关物理常数，选择合适的试剂或溶剂，设计合理方案从混合物中经萃取分离等手段纯化得到纯净的甲苯、苯胺和苯甲酸。

（编写：梁文杰　校核：罗一鸣）

实验 6　重结晶
Recrystallization

【目的要求】

1. 了解重结晶法提纯固体物质的原理和方法。

2. 了解重结晶选择溶剂的原则。

3. 掌握重结晶操作技术。

【基本原理】

重结晶是提纯固体有机化合物常用的方法之一。固体有机物在溶剂中的溶解度与温度有密切关系。一般随温度的升高溶解度增大。重结晶就是利用固体有机物的这一特性。若把固体有机物溶解在热的溶剂中使之饱和，冷却时由于溶解度降低，溶液变成过饱和而又重新析出晶体。利用溶剂对被提纯物质及杂质的溶解度不同，使被提纯物质从过饱和溶液中析出，让杂质全部或大部分留在溶液中，从而达到提纯的目的。

如果固体有机物中所含杂质较多或要求更高的纯度，可多次重复此操作，使产品达到所要求的纯度,此法称之为多次重结晶。

　　一般重结晶只能纯化杂质在 5% 以下的固体有机物,如果杂质含量过高,往往需先经过其他方法初步提纯,如萃取、水蒸汽蒸馏、减压蒸馏、柱层析等,然后再用重结晶方法提纯。

　　(1)重结晶的一般步骤

　　1)选择合适的溶剂。

　　2)在溶剂的沸点温度下溶解被提纯物质,制成近饱和的浓溶液。

　　3)若溶液含有色杂质,可加适量活性炭煮沸脱色。

　　4)将沸腾溶液趁热过滤,以除去活性炭及不溶性杂质。

　　5)充分冷却滤液,析出结晶,可溶性杂质留在母液中。

　　6)减压过滤(即抽滤),使结晶与母液分离。

　　7)用少量冷溶剂洗涤晶体,以除去附着的母液。

　　8)干燥晶体。

　　(2)溶剂的选择　　选择适当的溶剂对于重结晶操作的成功具有重大意义。有机化合物在溶剂中的溶解性往往与其结构有关。在选择溶剂时应根据"相似相溶"的一般原理,溶质往往易溶于结构与其相似的溶剂中。对于已知化合物可先从手册中查出在各种不同溶剂中的溶解度,了解化合物在各种不同溶剂中不同温度的溶解度;也可通过实验来确定化合物的溶解度,即可取少量待重结晶物质在试管中,加入不同种类的溶剂进行预试等。选择合适的溶剂时应注意下列几个条件:

　　1)不与被提纯化合物发生化学反应。

　　2)在降低和升高温度时,被提纯化合物的溶解度应有显著差别。冷溶剂对被提纯化合物溶解度越小,回收率越高。

　　3)溶剂对杂质的溶解度非常大或非常小。前一种情况杂质留于母液中,后一种情况趁热过滤时杂质被滤除。

　　4)能生成较好的结晶。

　　5)溶剂的沸点不宜太低,也不宜过高。溶剂沸点过低时制成热饱和溶液和冷却结晶两步操作温差小,固体物质溶解度改变不大,影响收率,而且低沸点溶剂操作也不方便;溶剂沸点过高,附着于晶体表面的溶剂不易除去。

　　若有几种溶剂都合适时,则应根据结晶的回收率、操作的难易、溶剂的毒性大小及是否易燃、价格高低等择优选用。重结晶常用溶剂见表 2-1。

表 2 - 1　重结晶常用溶剂的物理常数

溶剂	沸点/℃	凝固点/℃	水溶性	易燃性	相对密度
水	100	0	-	不易燃	1.00
95%乙醇	78		溶	易燃	0.804
甲醇	65		溶	易燃	0.79
四氢呋喃	65		溶	易燃	0.89
1,4-二氧六环	107	11	溶	易燃	1.034
丙酮	56		溶	易燃	0.784
乙酸	118	17	溶	易燃	1.049
乙醚	35		微溶	易燃	0.71
乙酸乙酯	77		微溶	易燃	0.90
环己烷	81	6	不	易燃	0.78
苯	80	5	不	易燃	0.88
甲苯	111		不	易燃	0.87
氯仿	61		不	不易燃	1.48
四氯化碳	77		不	不易燃	1.59
石油醚	30~60		不	易燃	约0.64

　　注1：未列出的溶剂凝固点低于0℃。

　　注2：苯有毒性，常用环己烷代替。另外当使用含氯的有机溶剂时，要小心，避免吸入过量含氯有机溶剂的蒸气。

　　对于一些已知的化合物，可从化学文献中查找到有关溶解度的资料，从中选择合适的溶剂。但很多情况下还是通过试验方法进行选择。其方法是：取少量（约0.1 g）被提纯的化合物研细后放入一小试管中，加入1 mL溶剂，加热并振荡，观察加热和冷却时试样的溶解情况。若冷却或温热时被提纯的化合物能全部溶解，则溶解度太大，此溶剂不适用。若加热到沸腾后，被提纯的化合物没有全部溶解，继续加热，慢慢滴加溶剂，每次加入量约0.5 mL，并加热至沸，若加入溶剂已达4 mL，该化合物仍不能溶解，则溶解度太小，此溶剂也不适用。若0.1 g被提纯的化合物能溶在1~4 mL沸腾的溶剂中，将溶液冷却，观察结晶的析出情况。如结晶不能自行析出，可用玻棒摩擦液面下的试管壁，或加入晶种促使结晶析出，若此时结晶仍不析出，则此溶剂仍不适用。在这种条件下可改用其他溶剂或混合溶剂。

所谓**混合溶剂，就是将对该化合物溶解度特别大的和溶解度特别小的而又能相互溶解的两种溶剂按一定比例混合起来，并具有良好溶解性能的溶剂**。将适量样品首先溶于其中易溶的沸腾的溶剂中，若有不溶杂质，趁热滤去；若杂质有色，用适量活性炭煮沸脱色后趁热过滤。然后趁热加入另一难溶溶剂，至溶液变浑浊，再加热或逐滴滴入易溶溶剂至溶液刚好澄清透明。最后冷却溶液至室温，使结晶析出。由此也可得到两种溶剂混合比例。若已知两种溶剂混合比例，也可将其先行混合，再进行重结晶。常用的混合溶剂有：乙醇－水、乙醚－甲醇、乙酸－水、乙醚－丙酮、丙酮－水、乙醚－石油醚、吡啶－水、苯－石油醚、乙酸乙酯－己烷等

【操作方法】

1. 热饱和溶液的制备

（1）水做溶剂　将待重结晶的固体放入烧杯中，加入比需要量（根据查得的溶解度数据或溶解度实验方法所得结果估计得到）稍少的水，加热至微沸，如未完全溶解，可分次逐渐添加水至刚好完全溶解，记下所用溶剂的量。

（2）有机溶剂　使用有机溶剂重结晶时，**必须用锥形瓶或圆底烧瓶，加上冷凝管，安装成回流装置**。使用沸点在80℃以下的溶剂，加热时须用水浴。把固体放入瓶内，加入适量溶剂，加热至微沸，如未完全溶解，再从冷凝管上口逐渐滴加溶剂至刚好溶解，记下所用溶剂的量。**但要注意判断是否有不溶或难溶性杂质存在，以免误加过多溶剂**。若难以判断，宁可先进行热过滤，然后将滤渣再以溶剂处理，并将两次滤液分别进行处理。

在重结晶中，若要得到比较纯的产品和比较好的收率，必须十分注意溶剂的用量。为减少溶解损失，应避免溶剂过量，但溶剂少了，又会给热过滤带来很多麻烦，可能造成更大的损失，所以**要全面衡量以确定溶剂的适当用量，一般比需要量多加20％～30％左右的溶剂即可**。

在溶解过程中，由于条件掌握不好，被提纯的化合物有时会成油状物，这样往往混入杂质和少量溶剂，对纯化产品不利。遇到这种情况，应注意两点：首先，所选溶剂的沸点要低于溶质的熔点；其次，若不能选择出沸点比较低的溶剂，则应在比熔点低的温度下进行热溶解。例如，乙酰苯胺的熔点为114℃，用水重结晶时，加热至83℃就熔化成油状物，这时，在水层中含有已溶解的乙酰苯胺，而在熔化成油状的乙酰苯胺中含有水。所以对待类似于乙酰苯胺的物

质，当用水重结晶时，就应该遵循以下原则：

第一，所配制的热溶液要稀释一些，但这会使重结晶的产率降低。第二，乙酰苯胺在低于83℃下加热溶解，过滤后让母液慢慢冷却。

2. 活性炭脱色

当重结晶产品含有有色杂质时，可加入适量的活性炭脱色。活性炭脱色效果和溶液的极性、杂质的多少有关。活性炭在水溶液及极性有机溶剂中脱色效果较好，而在非极性溶剂中效果不甚显著。使用活性炭脱色时要注意以下几点：

(1)加活性炭以前，首先将待结晶化合物加热溶解在溶剂中，待溶液稍冷后再加入活性炭。**活性炭不能加到沸腾的溶剂中，否则会引起溶液暴沸**，严重时甚至会有溶液被冲出的危险。

(2)加入活性炭的量，可以根据杂质的多少而定，一般为固体化合物的1%~5%。加入量过多，活性炭将吸附一部分纯产品。除活性炭脱色外，也可以采用层析柱来脱色，如氧化铝吸附脱色等。若粗产物溶于溶剂后成为**透明、颜色很浅的溶液，则可不必用活性炭处理**。

3. 趁热过滤

制备好的热饱和溶液经活性炭脱色后必须趁热过滤，以除去不溶性杂质，避免在过滤过程中有结晶析出。使用易燃溶剂进行热过滤时，附近的火源必须熄灭。热过滤的方法有两种，即常压热过滤和减压热过滤。

(1)常压热过滤　常用短颈或无颈的玻璃漏斗，以免溶液在漏斗下部管颈遇冷而析出结晶，影响过滤。热过滤所用的玻璃漏斗须事先加热，或者将漏斗放入铜质热保温套中，在保温情况下过滤。见图2-17。

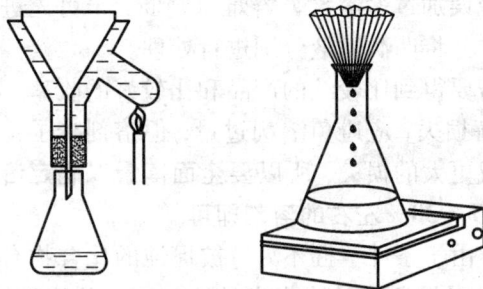

图2-17　热过滤装置

为了增大母液和滤纸的接触面积，加快过滤速度，常将滤纸折成扇形使用。扇形滤纸的折叠方法如图2-18所示。

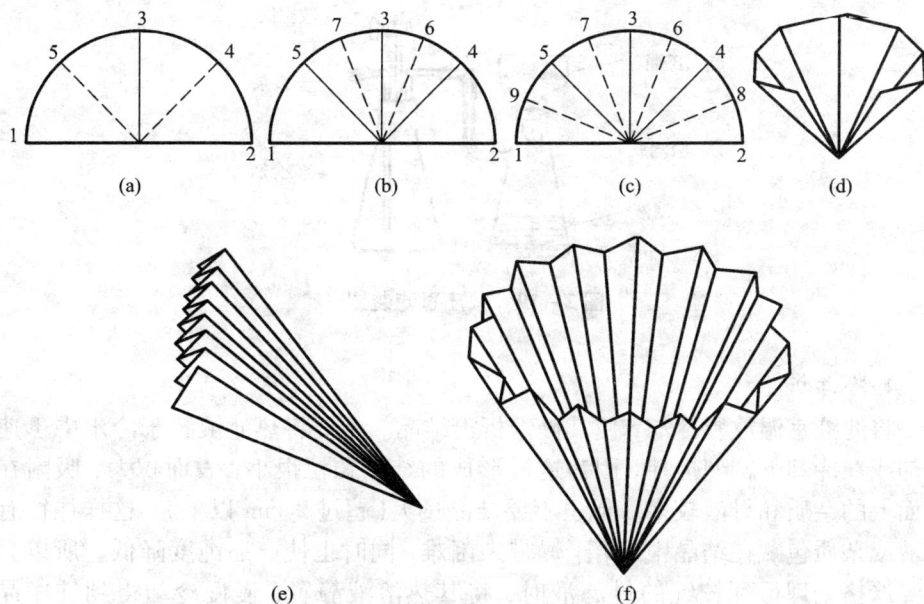

图 2 – 18 扇形滤纸的折叠方法

将滤纸对折成两等分，再向里对折成四等分；打开后，将每等分再向里对折成八等分，见图 2 – 18(a ~ d)。然后沿着每个八等分的中线，互成反方向各再折一次，成十六等分，如图 2 – 18(e)所示。请注意一点，**在接近圆心处不能太用力折，以免由于磨损造成滤纸破裂**。折好后，原样放好(不要展开)，等要热过滤时再将滤纸翻转并整理好后放入漏斗中使用，这样可避免被手弄脏的一面接触滤过的溶液。

(2)减压热过滤 减压热过滤也叫抽滤，其特点是过滤快，但缺点是遇到沸点较低的溶液时，会因减压而使热溶剂沸腾、蒸发导致溶液浓度改变，使晶体有过早析出的可能。

减压抽滤使用布氏漏斗和抽滤瓶，见图 2 – 19。剪两张比漏斗内径稍小的圆形滤纸，用热水湿润并贴在预热好的漏斗内，放在抽滤瓶上，**减压吸紧**，然后迅速将已经用活性炭脱色的热溶液倒入布氏漏斗中(注意：**为防止活性炭穿过，一般用两张滤纸**)。在抽滤过程中漏斗应一直保持有溶液，在未过滤完以前不要抽干，同时压力不宜降得过低，防止由于压力低，溶液沸腾而沿抽气管跑掉。滤完，用少量热溶剂洗涤一次，将滤液倒入干净的锥形瓶中。

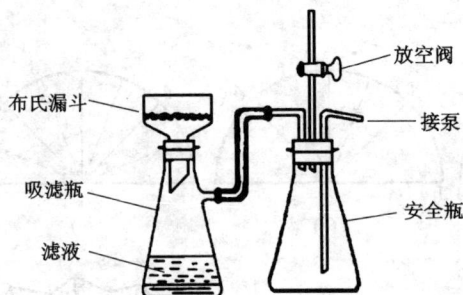

图 2 - 19　减压过滤装置

4.冷却析晶

将滤液室温放置冷却，使其慢慢析出结晶。不要将热滤液置于冷水中迅速冷却或在冷却下剧烈搅拌，因为这样形成的结晶颗粒很小，表面积大，吸附在表面上的杂质和母液较多。但也不要结晶过大(超过 2 mm 以上)，这样往往有母液或杂质包藏在结晶中，给干燥带来困难，同时也使产品纯度降低。所以只有经严格处理得到较纯的过滤液时，将其热溶液静置，慢慢冷却得到纯净晶体。通常是将滤液自然冷却至室温后，再放入冰水液进一步冷却。杂质的存在将影响化合物晶核的形成和结晶体的生长，常见于化合物溶液虽已达到过饱和状态，但仍不易析出结晶，而是成油状物。为了促进化合物结晶体析出，通常采取以下措施，帮助其形成晶核，促进结晶生长。

(1)用玻璃棒摩擦瓶内壁，以形成粗糙面或玻璃小点作为晶核，使溶质分子呈定向排列形成结晶。

(2)加入少量晶种促使晶体析出，这种操作称为"种晶"或"接种"。实验室若没有这种晶种，可以自己制备，其方法为：取数滴过饱和溶液于一试管中旋转，使该溶液在容器壁表面呈一薄膜，然后将此容器放入冷冻液中，形成少量结晶作为"晶种"。也可以取一滴过饱和溶液于表面皿上，蒸发溶剂而得到晶种。

(3)冷冻过饱和溶液，用玻璃棒摩擦瓶内壁，温度越低，越易结晶。但是过度的冷却，往往也使液体粘度增大，给分子间定向排列造成困难。此时，适当加入少量溶剂再冷冻，可得到晶体。

(4)在过饱和溶液中，加入难溶解该物质的少量溶剂后，用玻棒摩擦瓶内壁或放入乳钵中长时间研磨，令其固化。

5.晶体与母液分离

常用布氏漏斗进行抽气过滤将晶体与母液分离。为了更好地将晶体与母液分开，最好用清洁的玻璃塞将晶体在布氏漏斗上挤压，并随同抽气尽量把母液抽干。用**少量冷溶剂洗涤晶体两次**。洗涤时，应停止抽气，用镍勺或玻棒轻轻把晶体翻松，滴上冷溶剂使晶体湿润，抽干，再重复一次。最后用镍勺把晶体压紧，抽到无液滴滴出为止。

从漏斗上取出晶体放入培养皿或表面皿中时，注意勿使滤纸纤维附于晶体上，常与滤纸一起取出（放于晶体旁边），待干燥后，用玻璃棒轻敲滤纸，晶体即全部落下来。

6.结晶的干燥

经洗涤后的结晶体抽干后，表面上还有少量溶剂，因此应选择适当方法进行干燥。固体干燥的方法很多，可根据晶体的性质和所用溶剂来选择。

（1）自然凉干　若产品不吸水，或加热下产品会分解变质，且溶剂的沸点不是很高的话，可以放在空气中使溶剂自然挥发，采用此法干燥大约需一周左右时间。

（2）红外灯或恒温烤箱烘干　不易挥发的溶剂.可根据产品性质（熔点高低、吸水性等）采用红外灯或电烤箱烘干，并不时翻动。此法要注意不要使温度过高，以免烤化。烘烤温度应至少低于化合物熔点20℃。

（3）真空恒温干燥器干燥　此法一般用于易吸水样品的干燥或制备标准样品。

重结晶后的产物，经充分干燥（至恒重）后，可通过测定熔点来检验其纯度。

【仪器与试剂】

仪器：抽滤瓶、布氏漏斗、滤纸、短颈漏斗、圆底烧瓶、球型冷凝管。

试剂：冰、活性炭、粗乙酰苯胺、粗萘、70%乙醇。

【实验内容】

1.乙酰苯胺的重结晶

（1）溶剂量计算　根据已知溶解度（从手册中查出）计算。

在不同温度下，乙酰苯胺在水中的溶解度数据为：

t(℃)	20	25	50	80	100
g/100 mL	0.46	0.56	0.84	3.45	5.5

热过滤时，温度会从100℃迅速下降，按热过滤温度为80℃计算，设2 g乙

酰苯胺饱和水溶液中的含水量为 X，则：
$$100:3.45 = X:2 \qquad X = 58 \text{ mL}$$

为了减少饱和溶液热过滤时的损失，溶剂量一般过量 20% ~ 30%，所以，所需溶剂约为 75 mL。设把重结晶溶液冷却到 20℃时结晶完全析出后，过滤出结晶，则母液中乙酰苯胺的含量为：
$$100:0.46 = 75:X \qquad X = 0.34\text{g}$$

重结晶回收率为：$(2-0.34)/2 = 83\%$

溶剂量的多少还要考虑结晶析出的难易程度。结晶容易析出的则需适当多加一些溶剂，以抵消热过滤时结晶在滤纸上析出而造成的损失；如果结晶不易析出，可适当少加一些溶剂，以提高重结晶的回收率。本实验因乙酰苯胺较易析出结晶，所以溶剂量适当多加一些，实际使用 80 ~ 85 mL。

（2）实验方法　称取 2 g 粗乙酰苯胺加入 100 mL 烧杯中，加入 60 mL 的蒸馏水，搅拌加热至接近沸腾，观察溶解情况，若仍不完全溶解，再加入少量水，直至完全溶解后，再多加水到计算量（80 ~ 85 mL）。稍冷后，加入少量活性炭，继续加热微沸 5 分钟左右，进行减压热过滤，滤液倒入干净烧杯中。自然冷至室温，待结晶完全后，用布氏漏斗抽滤。**用母液将烧杯壁上的固体荡洗至漏斗中**。抽干，用少量冷的蒸馏水（约 3 mL）洗涤产品，再抽干，把产品转移至表面皿中在 90℃下干燥至恒重，称重并测其熔点。纯粹乙酰苯胺的熔点为 114℃。

用水进行重结晶时，往往会出现油珠，这是因为当温度高于 83℃时，未溶于水但已熔化的乙酰苯胺形成另一液相所致，这时只要加入少量水并继续加热，此种现象即可消失。

2. 萘的重结晶

在 50 mL 圆底烧瓶里，加 1 g 粗萘，20 mL 70%乙醇和几粒沸石。装上回流冷凝管（参照图 1 - 4），接通冷却水，用水浴加热至沸，边加热边摇动，使萘尽可能溶解。如不能完全溶解，从冷凝管上端继续加入少量 70%乙醇（**千万注意添加易燃溶剂时要灭掉火并移开火源！**），每次加乙醇后要摇动一下并继续加热，直到完全溶解后，再多加 5 mL。熄灭火源，稍冷后加少量活性炭，稍加摇动。再用水浴加热微沸 5 min。趁热用热水漏斗经折叠滤纸把萘的热溶液过滤到干燥的 50 mL 锥形瓶里（**附近不能有明火！**）。烧瓶和滤纸用少量热的 70%乙醇洗涤。然后用软木塞塞好，冷却结晶。待结晶完全后，用布氏漏斗抽滤，用母液将烧杯壁上的结晶荡洗至布氏漏斗中。抽干，用少量 70%乙醇（约 3 mL）洗涤产品，再抽干，把产品转移至表面皿中干燥，称重并测其熔点。

实验指导

【预习要求】

1. 了解重结晶的原理以及重结晶溶剂所必须具备的条件。

2. 了解重结晶的一般操作步骤和操作方法。

3. 了解扇形滤纸热过滤和抽气热过滤的操作要点。

4. 参看"实验13　熔点测定",了解熔点测定的原理和操作要点。

【注意事项】

1. 不要将活性炭直接加到正在沸腾的溶液中,否则会引起暴沸。

2. 趁热过滤时,滤纸的大小要合适并紧贴漏斗底部,否则将穿滤。倾倒热溶液速度要快,并基本充满,但不要溢出。

3. 晶体与母液分离时,残留在容器壁的晶体最好用少量母液冲洗,若用纯溶剂将造成晶体的溶解。

4. 用过的废滤纸不要扔到水槽中,以免堵塞。

5. 用70%乙醇重结晶粗萘时,要注意防火。

6. 由于溶剂的存在,晶体可能在较其熔点低很多的情况下就开始熔融了,必须十分注意干燥的温度。

7. 若进行减压热抽滤,因有机溶剂易于挥发,溶剂需过量50%甚至更多,且抽滤的负压不宜过大,否则有大量晶体从布氏漏斗中析出。

【思考题】

1. 加热溶解待重结晶的粗产物时,为何先加入比计算量少的溶剂,然后渐渐添加至恰好溶解,最后再过量约20%的溶剂?

2. 为什么活性炭要在固体物质完全溶解后加入?为什么不能在溶液沸腾时加入?

3. 用抽气过滤收集固体时,为什么在关闭水泵前,先要打开安全瓶上的放空活塞或拆开水泵和抽滤瓶之间的联系?

4. 在布氏漏斗中用溶剂洗涤固体时应注意些什么?

5. 在萘的重结晶实验中,哪些操作容易着火?应如何防止?

6. 为提高重结晶的回收率,操作时应当注意哪些要点?

（编写：梁文杰　　校核：罗一鸣）

实验7　升　华
Sublimation

【目的要求】

1. 了解升华的基本原理和几种方法。
2. 熟悉常压升华的操作技术。

【基本原理】

升华是提纯某些固体化合物的又一种方法。由于不是所有的固体化合物都具有升华的性质，因此，升华只适用于以下两种情况：①被提纯的固体化合物具有较高的蒸气压，在低于熔点时，就可以产生足够的蒸气，使固体不经过熔融状态直接转变成气体，从而达到分离的效果；②固体化合物中杂质的蒸气压较低，有利于分离。

一般由升华提纯得到的产物纯度比较高，操作比重结晶简便。但由于升华操作时间长，产品损失也较大，不适用于大量产品的提纯。只限于实验室内较少量(1~2 g)物质的纯化。

严格说来，升华是指物质自固态不经过液态直接转化成蒸气的现象。然而对有机化合物的提纯来说重要的却是物质蒸气不经过液态而直接转变成固态，这样能得到高纯度的物质。因此，在有机化学实验操作中，不管物质蒸气是由固态直接气化，还是由液态蒸发而产生的，只要是物质从蒸气不经过液态而直接转化成固态的过程都称之为升华。一般情况下，对称性较高的固态物质，具有较高的熔点。而且在熔点温度以下具有较高(高于2.67 kPa)蒸气压，才可采用升华来提纯。

为了了解和控制升华的条件，就必须研究固、液、气三相平衡图(图2-20。图中 O 点为固、液、气三相同时并存的三相点，在三相点 O 点以下不存在液体；OA 曲线表示固相和气相之间平衡时的温度和压力。因此，进行升华都是在三相点温度以下进行操作。表2-2是几种固体物质在其熔点时的蒸气压。

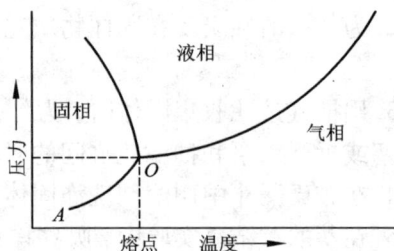

图2-20　固液气的三相图

一个物质的正常熔点是其固、液、两相在大气压下平衡时温度。在三相点时的压力是固、液、气三相的平衡蒸气压，所以三相点时的温度和正常的熔点有些差别。通常差别只有几分之一度。

在三相点以下，物质只有固、气两相，若降低温度，蒸气就不经过液态而直接转变成固态。若升高温度，固态也不经过液态而直接变成蒸气。若某物质在三相点温度以下的蒸气压很高，因而汽化速率很大，就可以较容易地从固体转换为蒸气。物质蒸气压随温度降低而下降非常显著。稍降低温度即能由蒸气直接转变成固态，此物质很容易在常压下用升华方法提纯。然而有些物质在三相点时的温度及平衡蒸气压与熔点的温度及蒸气压相差不多，采用常压升华得到的产率很低时，为了提高升华的收率，可采用减压下进行升华的方法来提纯。

表 2 – 2　　固体化合物在其熔点时的蒸气压

化合物	固体在熔点时的蒸气压/ mmHg	熔点/℃
樟脑	370(49.3 kPa)	179
碘	90(12.0 kPa)	114
萘	7(0.93 kPa)	80
苯甲酸	6(0.80 kPa)	122
p – 硝基苯甲醛	0.009(0.001 kPa)	106
六氯乙烷	781(104 kPa)	186

【测定方法与装置】

升华的方法一般有两种：

1. 常压升华

常用升华采用的装置如图 2 – 21 所示：

图 2 – 21(a)是实验室常用的常压升华装置。将被升华的固体化合物烘干，放入蒸发皿中，铺匀。取一大小合适的锥形漏斗，将颈口处用少量棉花堵住，以免蒸气外逸，造成产品损失。选一张略大于漏斗底口的滤纸，在滤纸上扎一些小孔后盖在蒸发皿上，用漏斗盖住。将蒸发皿放在石棉网上，用电炉加热。在加热过程中应注意控制温度在熔点以下，慢慢升华。当蒸气开始通过滤纸上升至漏斗中时，可以看到滤纸和漏斗壁上有晶体析出。如晶体不能及时析出，

可在漏斗外面用湿布冷却。当升华量较大时，可换用装置(b)。分批进行升华，通水进行冷却使晶体析出。当需要通入空气或惰性气体进行升华时，可换用装置(c)。

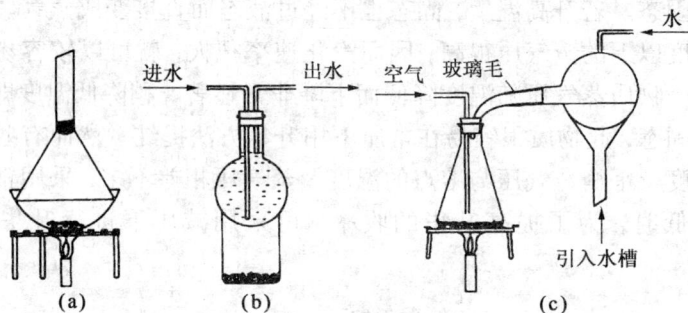

图2-21　常压升华装置

2. 减压升华

减压升华装置如图2-22所示。将样品放入吸滤管(a)或瓶(b)中，在吸滤管中放入"指形冷凝器"(又称冷凝指)，接通冷凝水，抽气口与水泵连接好，打开水泵，关闭安全瓶上的放气阀，进行抽气。将此装置放入电热套或水浴中加热，使固体在一定压力下升华。冷凝后的固体将凝聚在"指形冷凝器"的底部。

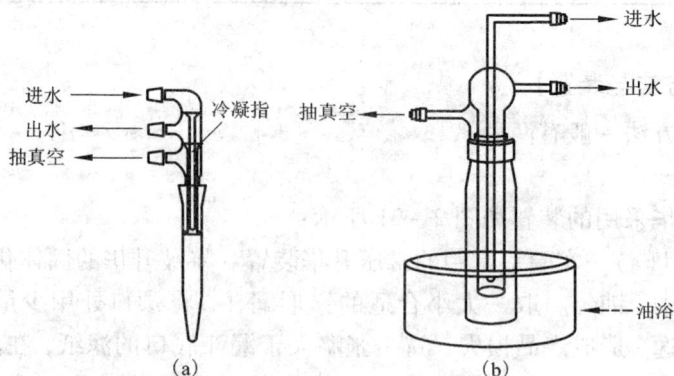

图2-22　减压升华装置

【仪器与试剂】

仪器：蒸发皿、玻璃短颈漏斗、石棉网、电炉、脱脂棉花、多孔滤纸。

试剂：粗萘。

【实验内容】

1. 萘的常压升华

称取 0.5 g 粗萘，用常压装置 2－21(a) 进行升华。缓慢加热控制在 80℃ 以下，数分钟后，可轻轻取下漏斗，小心翻起滤纸。如发现下面已挂满了萘，则可将其移入干燥的样品瓶或杯中，并立即重复上述操作，直到萘升华完毕为止，使杂质留在蒸发皿底部。称重约 0.4g 白色晶体物。纯萘熔点 80.6℃。

2. 萘的减压升华

称取 0.5 g 粗萘，置于直径 2.5 cm 的抽滤管中(有支管的试管)，且使萘尽量摊匀，然后照图 2－22(a) 装一直径为 1.5 cm 的"冷凝指"，"冷凝指"内通冷凝水，利用水泵和油泵对抽滤管进行减压。将吸滤管置于 80℃ 以下水浴中加热，使萘升华，待"冷凝指"底部挂足升华的萘时，即可慢慢停止减压，小心取下"冷凝指"，将萘收集到干燥的表面皿中。反复进行上述操作，直到萘升华完毕为止。

本实验约 4~6 h。

实验指导

【预习要求】

1. 了解升华的原理及应用范围。

2. 学习减压升华和常压升华的操作方法。

【注意事项】

1. 升华温度一定要控制在固体化合物的熔点以下。

2. 被升华的固体化合物一定要干燥，如有溶剂将会影响升华后固体的凝结。

3. 滤纸上的孔应尽量大一些，以便蒸气上升时顺利通过滤纸，在滤纸的上面和漏斗中结晶。否则将会影响晶体的析出。

4. 减压升华时，停止抽滤一定要先打开安全瓶上的放空阀，再关泵。否则循环泵内的水会倒吸入吸滤管中，造成实验失败。

【思考题】

1. 升华操作时，为什么要缓缓加热？
2. 升华分离方法的必要条件和适用范围是什么？
3. 常压与减压升华的区别是什么？

（编写：周兰嵩　校核：罗一鸣）

实验 8　柱色谱
Column Chromatography

【目的与要求】

1. 了解柱色谱技术的原理和应用。
2. 了解溶剂极性的选择和洗脱液的配置。
3. 掌握柱色谱操作技术。

【基本原理】

色谱法（Chromatography）又称"色谱分析"、"色谱分析法"或"层析法"，是一种分离和分析方法，在有机化学、分析化学、生物化学等领域有着非常广泛的应用。

色谱法的基本原理是利用混合物中各组分在某一物质中的吸附或溶解性能（即分配）的不同，或其他亲和作用性能的差异，使混合物的溶液流经该物质时进行反复的吸附或分配等作用，从而将各组分分开。色谱法能否获得满意的分离效果其关键在于条件的选择。色谱法有两种不同的相：流动的溶液或气体称为流动相；固定的物质称为固定相（可以是固体或液体）。根据组分在固定相中的作用原理不同，可分为吸附色谱、分配色谱、离子交换色谱、排阻色谱等；根据操作条件不同，可分为柱色谱、纸色谱、薄层色谱、气相色谱及高效液相色谱等类型。对于吸附和分配色谱，若固定相的极性大于流动相为正相色谱，反之为反相色谱，本书所讨论的相关内容均为正相色谱。

柱色谱有吸附色谱和分配色谱两种。实验室中最常用的是吸附色谱，其原理是利用混合物中各组分在固定相上的吸附能力和流动相的解吸能力不同，让混合物随流动相流过固定相，发生反复多次的吸附和解吸作用，从而使混合物分离成两种或多种单一的纯组分。

在用柱色谱分离混合物时，将已溶解的样品加入到已装好的色谱柱顶端，吸附在固定相（吸附剂）上，然后用洗脱剂（流动相）进行淋洗，流动相带着混合物的组分下移。因样品中各组分在吸附剂上的吸附能力不同，一般来说，极性大的吸附能力强，极性小的吸附能力相对弱一些，且各组分在洗脱剂中的溶解度也不一样，所以被解吸的能力也就不同。非极性或极性较小的组分由于在固定相中吸附能力弱，首先被解吸出来，被解吸出来的组分随着流动相向下移动与新的吸附剂接触再次被固定相吸附。随着洗脱剂向下流动，被吸附的非极性或极性较小的组分再次与新的洗脱剂接触，并再次被解吸出来随着流动相向下流动。而极性组分由于吸附能力强，因此不易被解吸出来，其随着流动相移动的速度比非极性组分要慢得多(或根本不移动)。这样经过反复的吸附和解吸后，各组分在色谱柱上形成了一段一段的层带，若是有色物质，可以看到不同的色带。随着洗脱过程的进行从柱底端流出。每一色带代表一个组分，分别收集不同的色带，再将洗脱剂蒸发(通常用旋转蒸发仪，参见图1-8)，就可以获得单一的纯净物质。

1. 吸附剂

选择合适的吸附剂作为固定相对于柱色谱来说是非常重要的。常用的吸附剂有硅胶、氧化铝、氧化镁、碳酸钙和活性炭等。实验室一般用氧化铝或硅胶，这两种吸附剂中氧化铝的极性更大一些，它是一种高活性和强吸附的极性物质。通常市售的氧化铝分为中性、酸性和碱性三种。酸性氧化铝适用于分离酸性有机物质；碱性氧化铝适用于分离碱性有机物质如生物碱；中性氧化铝应用最为广泛，适用于中性物质的分离，如醛、酮、酯、醇等有机物质。市售的硅胶略带酸性，具有吸附性能高、热稳定性好、化学性质稳定、有较高的机械强度等特点而被广泛应用。

由于样品是吸附在吸附剂表面，因此颗粒大小均匀、比表面积大的吸附剂分离效率最佳。比表面积越大，组分在固定相和流动相之间达到平衡就越快，色带就越窄。通常使用的吸附剂颗粒大小以100~150目为宜。样品与吸附剂的用量一般在1:(20~50)之间；层析柱的内径与柱长的比例在1:(10~50)之间。

吸附剂的活性还取决于吸附剂的含水量，含水量越高，活性越低，吸附剂的吸附能力就越弱；反之则吸附能力越强。吸附剂的含水量和活性等级的关系如表2-3所示。

表2-3 吸附剂的含水量和活性等级的关系

活 性	I	II	III	IV	V
氧化铝含水量/%	0	3	6	10	15
硅胶含水量/%	0	5	15	25	38

　　一般常用的是Ⅱ和Ⅲ级吸附剂；Ⅰ级吸附性太强，而且易吸水；Ⅳ级吸水性弱；Ⅴ级吸附性太弱。

　　2.溶质的结构与吸附能力

　　化合物的吸附性与它们的极性成正比，化合物分子中含有极性较大的基团时，吸附性也较强，氧化铝和硅胶对各种化合物的吸附性按以下次序递减：

　　酸和碱 > 醇、胺、硫醇 > 酯、醛、酮 > 芳香族化合物 > 卤代物、醚 > 烯 > 饱和烃

　　3.溶解样品的溶剂的选择

　　溶剂的选择也是重要的一环，通常根据被分离物中各种成分的极性、溶解度和吸附剂的活性等来考虑：

　　(1)溶剂要求较纯，否则会影响试剂的吸附和洗脱。

　　(2)溶剂和吸附剂不能发生化学反应。

　　(3)溶剂的极性应比样品的极性小一些，否则样品不易被吸附剂吸附。

　　(4)样品在溶剂中的溶解度不宜太大，否则影响吸附；也不能太小，否则溶液的体积增加，易使色谱分散。

　　(5)有时可使用混合溶剂。如有的组分含有较多的极性基团，在极性小的溶剂中溶解度太小，可先选用极性较大的溶剂溶解，而后加入一定量的非极性溶剂，这样既降低了溶液的极性，又减少了溶液的体积。

　　4.洗脱剂的选择

　　在柱色谱分离中，洗脱剂的选择也是一个重要的因素。**一般洗脱剂的选择是通过薄层色谱实验来确定的**。具体方法：先用少量溶解好的(或提取出来的)样品，在已制备好的薄层板上点样(具体方法见实验9 薄层色谱)，用少量展开剂展开，观察各组分点在薄层板上的位置，并计算R_f值，一般R_f值在$0.6 \sim 0.8$之间合适。哪种展开剂能将样品中各组分完全分开，即可作为柱色谱的洗脱剂，通常柱色谱洗脱剂的极性要低一些。有时，单纯一种展开剂达不到所要求的分离效果，可考虑选用混合展开剂。

　　选择洗脱剂的另一个原则是：**洗脱剂的极性不能大于样品中各组分的极性**。否则会由于洗脱剂在固定相上被吸附，迫使样品一直保留在流动相中。在这种情况下，组分在柱中移动得非常快，很少有机会建立起分离所要达到的平衡，影响分离效果。

　　不同的洗脱剂使给定的样品沿着固定相的相对移动能力，称为洗脱能力。在硅胶和氧化铝柱上，洗脱能力按表2-4所列顺序排列：

表 2 - 4　常用洗脱剂的洗脱能力

溶剂名称

石油醚、己烷、环己烷、甲苯、二氯甲烷、氯仿、乙醚、乙酸乙酯、丙酮、1 - 丙醇、乙醇、甲醇、水
洗脱剂能力提高 →

【操作方法】

装置如图 2 - 23。

1. 装柱

装柱的质量是柱层析法能否成功分离纯化化合物的
关键步骤之一，**要求填装要均匀平整，不能有气泡，特别
不能开裂和有断层**！装柱前应先将色谱柱洗干净，干燥。
在柱底铺一小块脱脂棉或玻璃丝，轻轻塞紧，再铺约
0.5 cm 厚的石英砂（砂芯层析柱不用铺放，可直接装柱），
然后进行装柱。装柱分为湿法装柱和干法装柱两种。不
管是哪种方法装柱，**在整个装柱过程中，柱内洗脱剂的高
度始终不能低于吸附剂顶端**，否则柱内会出现裂痕和
气泡。

（1）干法装柱　在色谱柱上端放一个干燥的漏斗，将
吸附剂倒入漏斗中，使其成为一细流连续不断地装入柱
中，并轻轻敲打色谱柱柱身，使其填充均匀，再慢慢加入洗脱剂湿润。由于硅
胶和氧化铝的溶剂化作用易使柱内形成缝隙，所以这两种吸附剂不宜使用这样
干法装柱。

　　如果按下法操作，可得到满意的效果：先加入 3/4 柱高（固定相高）的洗脱
剂，打开活塞，使洗脱剂流出，**下放一个干净并且干燥的锥形瓶，接收洗脱剂**。
然后再通过一干燥的长颈漏斗慢慢倒入干的吸附剂。并不时敲打柱壁以使之填
装均匀和平整。用一长滴管吸取流下来的洗脱剂将柱内壁残留的吸附剂淋洗下
来。最后使柱内洗脱剂的高度略高于吸附剂高度，再在上面加一层约 0.5 cm
的石英砂。

　　（2）湿法装柱　将吸附剂（氧化铝或硅胶）用洗脱剂中**极性最低的洗脱剂**调
成糊状，在柱内先加入约 3/4 柱高（固定相高）的洗脱剂，色谱柱下面放一个干
净并且干燥的锥形瓶接收洗脱剂，打开下旋活塞，再将调好的吸附剂通过玻璃

图中标注：洗脱剂、石英石、固定相、石英石、脱脂棉

图 2 - 23　色谱柱

漏斗倒入柱中,当装入的吸附剂有一定高度时,洗脱剂下流速度变慢,待所用吸附剂全部装完后,用流下来的洗脱剂转移残留的吸附剂,并将柱内壁残留的吸附剂淋洗下来。在此过程中,应不断敲打色谱柱,以使色谱柱填充均匀并没有气泡。柱子填充完后,在吸附剂上端覆盖一层约 0.5 cm 厚的石英砂。覆盖石英砂的目的,一是使样品均匀地流入吸附剂表面,二是当加入洗脱剂时,它可以防止平整的吸附剂表面被破坏。

2. 样品的加入

液体样品可直接加入到色谱柱中,如浓度低可浓缩后再行上柱。固体样品应先用最少量的溶剂溶解后再加入到柱中。**在加入样品时,应先将柱内洗脱剂排至稍低于石英砂表面后关上活塞,用长滴管沿柱内壁把样品一次加完**(也可用移液管将欲分离溶液转移至柱中)。在加入样品时,应注意滴管尽量向下靠近石英砂表面。样品加完后,打开下端活塞,使液体样品进入石英砂层后,再加入少量的洗脱剂将壁上的样品洗下来,待这部分液体进入石英砂层后,再加入洗脱剂进行淋洗。

3. 洗脱和分离

在洗脱和分离的过程中,应当注意:

(1)首先,用长滴管沿管壁小心加入一定高度的洗脱剂(**不要冲动样品**),再倒入其余洗脱剂。在整个洗脱过程中始终保持一定高度的液面,**切勿使吸附剂上端的溶液流干**,一旦流干再加溶剂,易使色谱柱产生气泡和裂痕,严重影响分离效果。

(2)收集洗脱液,如样品中各个组分有颜色,在柱上可直接观察,按颜色分别收集各组分的洗脱液。在多数情况下,化合物没有颜色,收集洗脱液时多采用等分收集。再用合适的方法如薄层色谱和紫外光谱等方法来检测每份收集液的组分和纯度,相同者合并。

(3)要控制洗脱液的流出速度,一般不宜太快,太快了柱中交换来不及达到平衡。

(4)尽量在一定时间完成一个柱色谱的分离,以免样品在柱上停留时间过长,发生变化。

(5)当流速太慢时,可以采用加压系统加快流速,这在研究工作中常常使用,称为快速层析(Flash Chromatography)。压力的提供可以是压缩空气或氮气,也可用洗耳球鼓气,**但千万不要在柱内吸气!**

(6)将相同组分的洗脱液合并,用旋转蒸发仪蒸出溶剂,收集残留液。若作为纯度检验和结构表征的样品,须用油泵抽出残余溶剂至恒重。

【仪器与试剂】

仪器：色谱柱，长滴管。

试剂：中性氧化铝（100～200 目）；95% 乙醇；每毫升含 1 mg 亚甲基蓝与 1 mg 荧光黄的 95% 乙醇溶液，石英砂。

【实验内容】

本实验分离荧光黄和亚甲基蓝的混合液。荧光黄为橙红色，稀的水溶液带有荧光黄色。亚甲基蓝，深绿色的有铜光的结晶，其稀的水溶液为蓝色，其结构式如下：

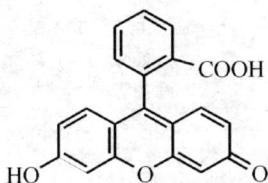

荧光黄

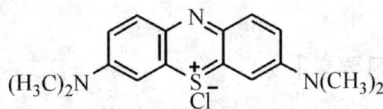

亚甲基蓝

1. 装柱

按前述方法准备好色谱柱，垂直夹好，关闭活塞。向柱中加入 10 mL 95% 乙醇，打开活塞，控制流速为 1～2 滴/秒。此时从柱上端放一干燥的长颈漏斗，慢慢加入 5 g 色谱用的中性氧化铝，用橡皮塞或手指轻轻敲打柱身下部，使填装紧密。上面再加一层 0.5 cm 厚的石英砂。整个过程中一直保持乙醇流速不变，并注意保持液面始终高于吸附剂氧化铝的顶面。也可按"湿法装柱"操作。

2. 加样

当洗脱剂液面刚好流至略低于石英砂面时，关闭活塞，立即用滴管（或移液管）沿柱壁加入 1 mL 已配好的含有 1 mg 荧光黄和 1 mg 亚甲基蓝的 95% 乙醇溶液。打开活塞，当加入的样品溶液流入石英砂面时，立即用少量 95% 乙醇洗下管壁的有色物质，待这部分液体进入石英砂层后，再加入洗脱剂进行淋洗。

3. 洗脱

取 10 mL 95% 乙醇（可用装柱时流下的乙醇），先小心沿管壁加入约 2 mL，再加入剩余的乙醇，打开活塞进行洗脱。亚甲基蓝首先向柱下移动，荧光黄则留在柱上端，当第一个色带快流出来时，更换另一个接收瓶，继续洗脱。当洗脱液快流完时，应补加适量的 95% 乙醇，每次 3～5 mL。当第一个色带快流完时，**不要再补加95%乙醇**，等到乙醇流至吸附剂液面时，轻轻沿壁加入约 2 mL 水，然后再加满水。更换另一个接收瓶接收第二个色带，直至无色为止。如果难于洗脱，可在洗脱液中加入几滴冰醋酸（不能加多，否则荧光黄的结构可能会改变！）。

　　4. 蒸发溶剂

　　将亚甲基蓝接收液用旋转蒸发仪蒸出溶剂（参见 1.4.4），以回收乙醇。用精密天平称重分离得到的亚甲基蓝组分（**预先准确称量空瓶重**）。若用常压蒸馏，溶剂难于全部去除，可在蒸馏完后，用水泵抽出残余溶剂。

　　本实验约需 3 h。

实验指导

【预习要求】

1. 熟悉柱色谱的原理和应用。

2. 了解溶剂极性的选择和洗脱液的配置。

3. 了解柱色谱的操作要点。

4. 了解旋转蒸发仪的使用（参看 1.4.4）

【注意事项】

1. 加入石英砂的目的是使加料时不致把吸附剂冲起，影响分离效果。若无石英砂，也可用一圆滤纸片覆盖在吸附剂表面。

2. 为了保持柱子的均一性，装柱和洗脱过程中，吸附剂始终应浸泡在溶剂中。否则当柱中溶剂或溶液流干时，就会使柱身干裂，影响分离效果。

【思考题】

1. 为什么必须保证所装柱中没有空气泡或断层现象？如何做到？

2. 柱色谱所选择的洗脱剂为什么要先用非极性或弱极性的，然后再使用较强极性的洗脱剂洗脱？

3. 你认为荧光黄和亚甲基蓝哪个极性更大？

4. 如果柱层析分离的化合物没有颜色，如何得到单一组分？

（编写：钟世安　校核：罗一鸣）

实验 9　薄层色谱
Thin Layer Chromatography

【目的要求】

1. 了解薄层色谱的原理与应用。
2. 掌握薄层色谱的操作技术。

【基本原理】

薄层色谱简称 TLC，它是另外一种固 – 液吸附色谱的形式，与柱色谱原理和分离过程相似，吸附剂的性质和洗脱剂的相对洗脱能力，在柱色谱中适用的同样适用于薄层色谱中。与柱色谱不同的是，薄层色谱中的流动相沿着薄板上的吸附剂向上移动，而柱色谱中的流动相则沿着吸附剂向下移动。另外，薄层色谱最大的优点是：需要的样品少，展开速度快，分离效率高。薄层色谱常用于有机物的鉴定和分离，如通过与已知结构的化合物相比较，可鉴定有机混合物的组成；在有机化学反应中可以利用薄层色谱对反应进行跟踪，以监测反应或确定反应中间体；在柱色谱分离中，经常利用薄层色谱来确定其分离条件和监控分离的过程。薄层色谱不仅可以分离少量样品(几微克)，而且也可以分离较大量的样品(可达 500 mg)，特别适用于挥发性较低，或在高温下易发生变化而不能用气相色谱进行分离的化合物。但挥发性化合物(沸点 < 100℃)，不能用薄层色谱分析。

在薄层色谱中所用的吸附剂颗粒通常比柱色谱中用的要小，一般为 260 目以上。当颗粒太大时，表面积小，吸附量少，样品随展开剂移动速度快，斑点扩散较大，分离效果不好；当颗粒太小时，样品随展开剂移动速度慢，斑点不集中，效果也不好。

薄层色谱所用的硅胶有多种：硅胶 H 不含粘合剂；硅胶 G(Gypsum 的缩写)含粘合剂(锻石膏)；硅胶 GF254 含有粘合剂和荧光剂，可在波长 254 nm 紫外光下发出荧光；硅胶 HF254 只含荧光剂。同样，氧化铝也分为氧化铝 G、氧化铝 GF254 及氧化铝 HF254。氧化铝的极性比硅胶大，宜用于分离极性小的化合物。

粘合剂除锻石膏外，还可用淀粉、聚乙烯醇和羧甲基纤维素钠(CMC)。使用时，一般配成百分之几的水溶液。如羧甲基纤维素钠的质量分数一般为 1% ~ 0.5%，最好是 0.7%。淀粉的质量分数为 5%。加粘合剂的薄板称为硬板，不加粘合剂的薄板称为软板。现在已有很多牌号的硅胶板出售。

【操作方法】

1. 薄层板的制备

实验室常用湿法制板。取 2 g 硅胶 G，加入 5~7 mL 0.7% 的羧甲基纤维素钠水溶液，调成糊状。将糊状硅胶均匀地倒在三块载玻片(2.5 cm×10 cm)上，先用玻璃棒铺平，然后用手在桌面边沿轻轻振动至平。大量铺板或铺较大板时，也可使用涂布器。

薄层板制备的好与坏直接影响色谱分离的效果，在制备过程中应注意以下几点：

(1)铺板时，尽可能将吸附剂铺均匀，不能有气泡或颗粒等，为此，宜将吸附剂调得稍稀些。

(2)铺板时，吸附剂的厚度不能太厚也不能太薄，太厚展开时会出现拖尾，太薄样品分不开，一般厚度为 0.5~1 mm。

(3)湿板铺好后，应放在比较平的地方晾干，然后转移至试管架上慢慢地自然干燥，千万不要快速干燥，否则薄层板会出现裂痕。

2. 薄板层的活化

薄板层经过自然干燥后，再放入烘箱中活化，进一步除去水分。不同的吸附剂及配方，需要不同的活化条件。例如：硅胶一般在烘箱中逐渐升温，在 105~110℃下，加热 30 min；氧化铝在 200~220℃下烘干 4 h 可得到活性为 Ⅱ 级的薄层板，在 150~160℃下烘干 4 h 可得到活性Ⅲ~Ⅳ级的薄层板，当分离某些易吸附的化合物时，可不用活化。所制得的薄板应该均匀、没有裂缝。将符合要求并活化的薄板置于干燥器中保存备用。

3. 点样

将样品用易挥发溶剂配成 1%~5% 的溶液。在距薄层板的一端 10 mm 处，用铅笔轻轻的画一条横线作为点样时的起始线，在点样处用铅笔作好标示，两样点之间至少大于 5 mm。在距薄层板的另一端 5 mm 处，再画一条横线作为展开剂向上爬行的终点线(**划线时不能将薄层板表面破坏**)。

用内径小于 1 mm 干净并且干燥的毛细管吸取少量的样品溶液，轻轻触及薄层板的起点线(即点样)，然后立即抬起，待溶剂挥发后，再触及第二次(一般点一次即可)样点的直径一般不大于 2 mm。点好样品的薄层板**待溶剂挥干后再放入展开缸中进行展开**。

4. 展开

在此过程中，选择合适的展开剂是至关重要的。一般展开剂的选择与柱色谱中洗脱剂的选择类似，即极性化合物选择极性展开剂，非极性化合物选择非极性展开剂。当一种展开剂不能将样品分离时，可选用混合展开剂。表 2 – 5 给出了常见溶剂在硅胶板上的展开能力，一般展开能力与溶剂的极性成正比。混合展开剂的选择请参考柱色谱中"洗脱剂的选择"。

表 2 – 5　TLC 常用的展开剂

溶剂名称
戊烷、四氯化碳、苯、氯仿、二氯甲烷、乙醚、乙酸乙酯、丙酮、乙醇、甲醇
极性及展开能力增加　⟶

展开时，在干燥的展开缸中注入配好的展开剂，将薄层板点有样品的一端放入展开剂中（**展开剂液面的高度应低于样品斑点**），如图 2 – 24 所示。在展开过程中，样品斑点随着展开剂向上迁移，当展开剂前沿升至薄层板上边的终点线时，立刻取出薄层板。如果样品本身有颜色，即将薄层板上分开的样品点用铅笔圈好，计算比移值。

图 2 – 24　薄层板在不同层析缸中展开的方式

5. 显色

样品展开后，如果本身带有颜色，可直接看到斑点的位置。但是，大多数有机物是无色的，因此就存在显色的问题。常用的显色方法有二。

（1）显色剂法　常用的显色剂有碘、三氯化铁溶液和高锰酸钾溶液等。许多有机化合物能与碘生成棕色或黄色的络合物。利用这一性质，在一密闭容器中（一般用广口瓶）放几粒碘，将展开并干燥的薄层板放入其中，稍稍加热，让碘升华，当样品与碘蒸气反应后，薄层板上的样品点处即可显示出黄色或棕色斑点，取出薄层板用铅笔将斑点圈好即可。除饱和烃和卤代烃外，均可采用此方法。三氯化铁溶液可用于带有酚羟基化合物的显色，高锰酸钾溶液可用于能被氧化的化合物的显色。操作方法是：将展开后的薄板，挥干溶剂，用镊子夹住薄板上端，将其插入显色剂，烘干，样品点处呈现白色斑点。

（2）紫外光显色法　用硅胶 GF_{254} 制成的薄板层，由于加入了荧光剂，在 254 nm 波长的紫外灯下，可观察到结构中具有共轭体系的样品的暗色斑点。

以上这些显色方法在柱色谱的薄层色谱跟踪和纸色谱中同样适用。

6. 比移值 R_f 的计算

某种化合物在薄层板上上升的高度与展开剂上升高度的比值称为该化合物的比移值，常用 R_f 来表示：

$$R_f = \frac{\text{样品中某组分移动离开原点的距离}}{\text{展开剂前沿距原点中心的距离}}$$

图 2-25(b) 给出了某化合物的展开过程及 R_f 值。对于一种化合物，当展开条件相同时，R_f 只是一个常数。因此可用 R_f 作为定性分析的依据。但是，由于影响 R_f 值的因素较多，如展开剂、吸附剂、薄层板的厚度、温度等均能影响 R_f 值，因此同一化合物 R_f 值与文献值会相差很大。在实验中常采用的方法是，在一块板上同时点一个已知物和一个未知物，进行展开，通过观察和计算 R_f 值来确定是否为同一化合物。

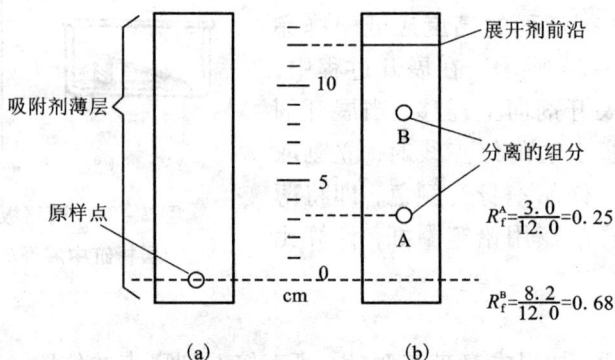

图 2-25　某组分 TLC 色谱展开过程及 R_f 值的计算

【仪器与试剂】

仪器：薄层板；展开缸；紫外灯。

试剂：1% 阿司匹林的 95% 乙醇溶液，1% 非那西汀的 95% 乙醇溶液，1% 咖啡因的 95% 乙醇溶液，95% 乙醇，乙醚，二氯甲烷，冰醋酸，1,2-二氯乙烷。

APC 镇痛药片的萃取液：取镇痛药片 APC 一片，用不锈钢铲研成粉状。取一滴管，用少许棉花塞住其细口部，然后将粉状 APC 转入其中。另取一只滴管，将 5 mL 95% 乙醇滴入盛有 APC 的滴管中，流出的萃取液收集于一小试管中。

展开剂：15:6:1 的无水乙醚-二氯甲烷-冰醋酸溶液；或 12:1 的 1,2-

二氯乙烷 – 冰醋酸溶液。

【实验内容】

镇痛药片 APC 组分的分离(separation of APC)。

普通的镇痛药如 APC 通常是几种药物的混合物，大多含有阿司匹林、非那西汀、咖啡因和其他成分，由于组分本身是无色的，需要通过紫外灯显色或碘熏显色，并与纯组分的 R_f 比较来加以鉴定。APC 中主要成分的结构式如下：

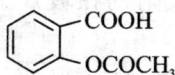

阿司匹林(Aspirin)　　　非那西汀(Phenacetin)　　　咖啡因(Caffeine)

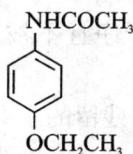

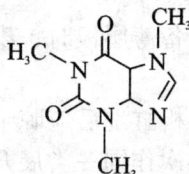

若用 12∶1 的 1，2 – 二氯乙烷 – 冰醋酸溶液展开，阿司匹林、非那西丁和咖啡因的 R_f 值分别为：0.36、0.25 和 0.17。

1. 点样

从指导老师处领取一制备好的薄层板。按"操作方法 3 中"所述方法做好准备。用毛细管在薄层板的起始线上分别点上 1% 阿司匹林的乙醇溶液、1% 咖啡因的 95% 乙醇溶液和 APC 的萃取液。样点直径不要超过 2 mm。

2. 展开

待样点干燥后(残留溶剂影响展开!)，小心地放入已加入展开剂的层析缸(若为立式的，加展开剂 5 mm 高；若为卧式的，加展开剂 3 mL 左右)，盖好，注意观察展开剂前沿向上展开的情况，当展开剂前沿上升至离板的上端划线处取出(若低于或高于划线处应迅速用铅笔在前沿处划一记号)。

3. 显色并鉴定

将挥干溶剂后的薄层板放入紫外分析仪中显色，可清晰地看到展开得到的粉红色斑点，用铅笔绕斑点作出记号，测量每个点中心至溶剂前沿的距离和原点至溶剂前沿的距离，求出每个点的 R_f，并将未知物与标准样品比较得出结论。

可把以上的薄板再置于放有几粒碘的广口瓶内，盖上瓶盖，直至薄板上暗棕色的斑点明显时取出，并与先前在紫外灯下观察做出的记号比较。

本实验约需 2 h。

实验指导

【预习要求】

1. 了解 R_f 的意义和计算方法。

2. 了解薄层色谱原理和操作步骤。

【注意事项】

1. 制备薄层板时,载玻片应干净且不被手污染及吸附剂在玻片上应均匀平整。

2. 层析缸洗后应晾干或烘干,残留的水会改变展开剂的比例,影响分离效果。若多次作同一类展开剂实验,不必每次清洗。薄层色谱展开应在密闭容器中进行。

3. 点样不能戳破薄层板面,样点的溶剂必须挥干后再展开;展开时,展开剂不能淹没样点,否则样点溶于展开剂;不要让展开剂前沿上升至顶线,否则,将无法确定展开剂上升高度。

4. 实验毕,将薄层色谱按原比例画在原始记录纸上。

【思考题】

1. 制备薄层板时,厚度对样品展开有什么影响?

2. 已知某有机化合物极性 A > B > C,在薄层色谱中,如果选择 A 作为展开剂,B 和 C 的混合物作为待分析样品,则充分展开显色后,薄层色谱板上通常显示出_____个斑点。

3. 用薄层色谱分离用光照射过的偶氮苯样品时,出现两个斑点(顺、反异构体),R_f 值较大的斑点所代表的物质是_____。

4. 两个组分 A 和 B 已用 TLC 分开,当溶剂前沿从样品原点算起,移动了 6.5 cm 时,A 距原点 0.5 cm,而 B 距原点 3.6 cm。计算 A 和 B 的 R_f 值。

（编写：钟世安　校核：罗一鸣）

实验 10　纸色谱
Paper Chromatography

【目的要求】

1. 了解纸色谱的原理与应用。

2. 掌握纸色谱的操作技术。

【基本原理】

纸色谱主要用于分离和鉴定有机物中多官能团或高极性化合物如糖、氨基酸等。它属于分配色谱。它的分离作用不是靠滤纸的吸附作用，而是以滤纸作为惰性载体，以吸附在滤纸上的水或有机溶剂作为固定相（干燥滤纸本身有6～7%的水，另外将它置于饱和的湿气当中，还可吸收20%～30%的水），流动相是被水饱和过的有机溶剂（展开剂）。利用样品中各组分在两相中分配系数的不同达到分离的目的。

纸色谱的优点是操作简单，价格便宜，所得到的色谱图可以长期保存。缺点是展开时间较长，因为在展开过程中，溶剂的上升速度随着高度的增加而减慢。

【操作方法】

纸色谱操作过程与薄层色谱一样，所不同的是薄层色谱需要吸附剂作为固定相，而纸色谱只用一张滤纸，在滤纸上吸附相应的溶剂作为固定相。

【仪器与试剂】

仪器和材料：毛细管；大试管；锥形瓶。毛细管，新华1号滤纸条（2 cm×15 cm，应戴手套裁纸），电吹风或烤箱。铅笔和米尺（最好学生自备）。

试剂：混合样：丙氨酸和亮氨酸（12 mg丙氨酸和24 mg亮氨酸溶于10 mL 10%的异丙醇中）

纯样：丙氨酸（12 mg丙氨酸溶于10 mL 10%的异丙醇中）

展开–显色液：0.5%（W/V）茚三酮的无水乙醇–水–冰乙酸（50∶10∶1体积比）

【实验内容】

氨基酸混合物的分离（Separation of Amino Acids）。

1. 准备工作

将预先裁好并在一端打了孔的滤纸条平铺于洁净的垫纸上，如图2–26标记"起始线"和"终止线"，**手不能接触滤纸工作部分**（两线之间部分），以免污染。

在干燥洁净的大试管中，盛入约1 cm高的展开剂，塞紧带钩的塞子，垂直于锥形瓶或试管架的大孔中，让溶剂蒸气充满试管。

2. 点样

用毛细管取氨基酸混合样品小心地在"起始线"右侧点样，再用另一毛细管取单一已知氨基酸样品小心地在"起始线"左侧点样。点样直径不应大于3 mm，两点之间的距离应大于 5 mm，样点至滤纸的边沿不小于 5 mm，**待其自然干燥（溶剂未干将影响分离效果）。**

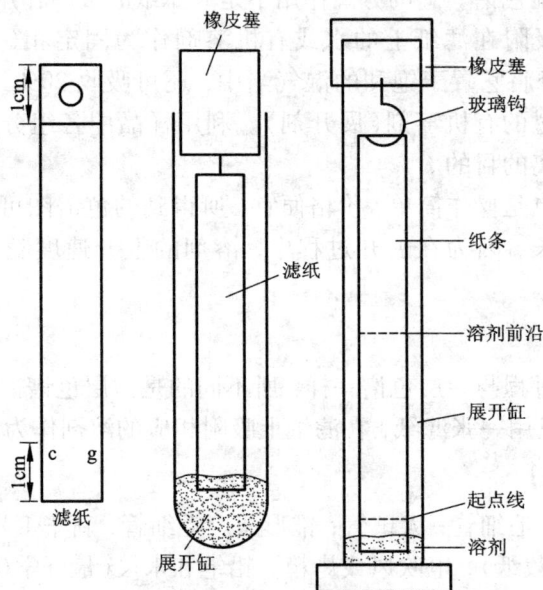

图 2－26　纸色谱装置

3.展开

手持滤纸打孔端，将滤纸条挂在玻璃钩上，小心地置于事先盛有展开剂的大试管中，旋动玻璃钩，使纸条下端约 5 mm 插入展开剂中。（不要大于 5 mm，且**纸条的边沿不可靠在试管壁上**），然后用塞子塞紧后，静置。

4.显色

当溶剂前沿接近"终止线"时（一般展开 6～8 cm 即可，约需 1 h），取出纸条，在溶剂前沿处划线，用电吹风小心烘吹或在电烤箱中 70℃下烘烤，直到显出色斑。用铅笔绕斑点周围画圈。

5.计算 R_f

量出原点至溶剂前沿的距离和原点至每个斑点中心的距离，求 R_f（公式见"薄层色谱"）。

本实验约需 2 h（可与"纸上电泳"套做）。

实验指导

【预习要求】

1.了解纸色谱的原理和操作步骤

2.了解 R_f 的意义和计算方法。

【实验说明】

1.所选用滤纸的薄厚应均匀,无折痕,滤纸纤维松紧适宜。通常作定性实验时,可采用国产 1 号滤纸,滤纸大小可自行选择,一般为 2 cm × 15 cm、3 cm ×20 cm、5 cm ×30 cm、8 cm × 50 cm 等。

2.当一种溶剂不能将样品全部展开时,可选择混合溶剂。常用的混合溶剂有:正丁醇 - 水,一般指用水饱和的正丁醇;正丁醇 - 醋酸 - 水,可按 4∶1∶5 的体积比配置,混合均匀,充分振荡,放置分层后,取出上层溶液作为展开剂。

3.茚三酮与氨基酸可发生一系列氧化、脱氧、脱羧反应,产生特有的鲜明的颜色,这在氨基酸的分析中有十分重要的意义。除两个亚氨基酸(脯氨酸和羟脯氨酸)与茚三酮反应形成黄色化合物外,其余所有氨基酸都与茚三酮反应生成蓝紫色化合物。

4.本实验将显色剂按一定的配比加到了展开剂中,省去了喷洒显色剂的操作,避免了喷洒显色剂时的麻烦和污染,节约了试剂,更重要的是保证了实验效果。当然,也可参照"薄层色谱"显色。

5.在氨基酸的纸层析中,展开剂和溶剂的酸碱性对它们的 R_f 影响很大,特别是对那些酸性和碱性氨基酸影响更大。

【注意事项】

1.层析滤纸条的工作部分不能用手触及,以免污染。

2.插入滤纸条时,样点千万不能被液体冲动或浸入液面以下。

3.显色时,切勿温度过高,否则会将滤纸烧焦。

4.将层析并显色后的纸条贴在原始记录纸上。

【思考题】

1.纸色谱与薄层色谱的分离原理有何不同?

2.为什么展开剂的液面要低于样品斑点?如果液面高于斑点会出现什么后果?

3. 实验中，点样斑点过大有什么不好？

4. 为什么展开容器必须尽量密封？

（编写：钟世安　校核：罗一鸣）

实验 11　气相色谱和高效液相色谱
Gas Chromatography and High Pressure Liquid Chromatograph

【目的要求】

1. 了解气相色谱和高效液相色谱的基本原理；

2. 了解气相色谱仪和高效液相色谱仪的基本结构和工作原理；

3. 掌握气相色谱法和高效液相色谱法分析测定有机化合物的方法。

【基本原理】

1. 气相色谱

气相色谱简称 GC。气相色谱目前发展极为迅速，已成为许多工业部门（如石油、化工、环保等部门）必不可少的工具。气相色谱主要用于分离和鉴定气体和挥发性较强的液体混合物，对于沸点高、难挥发的物质可用高压液相色谱仪进行分离鉴定。气相色谱常分为气－液色谱（GLC）和气－固色谱（GSC），前者属于分配色谱，后者属于吸附色谱。本章主要介绍气－液色谱。

气相色谱中的气－液色谱法属于分配色谱，其原理与纸色谱类似，都是利用混合物中的各组分在固定相与流动相之间分配情况不同，从而达到分离的目的。所不同的是气－液色谱中的流动相是载气，固定相是吸附在载体或担体上的液体。担体是一种具有热稳定性和惰性的材料，常用的担体有硅藻土、聚四氟乙烯等。担体本身没有吸附能力，对分离不起什么作用，只是用来支撑固定相，使其停留在柱内。分离时，先将含有固定相的担体装入色谱柱中。色谱柱通常是一根弯成螺旋状的不锈钢管，内径约为 3 mm，长度 1 ~ 10 m 不等。当配成一定浓度的溶液样品，用微量注射器注入气化室后，样品在气化室中受热迅速气化，随载体（流动相）进入色谱柱中，由于样品中各个组分的极性和挥发性不同，气化后的样品在柱中固定相和流动相之间不断地发生分配平衡，挥发性较高的组分由于在流动相中溶解度大于在固定相中的溶解度，因此，随流动相迁移快。这样，易挥发的组分先随流动相流出色谱柱，进入检测器鉴定，而难挥发的组分随流动相移动得慢,后进入检测器,从而达到分离的目的。气相色谱仪由气化室、进样器、色谱柱、检测器、记录仪、收集器组成,如图2-27所示。通常使用的检测仪器有热导检测器和氢火焰、离子化检验器。热导检测器是将两根材料相同、长度一样且电阻值相等的热敏电阻丝作为一惠斯通(Wheatstone)电桥的两臂,利用含有样品气的载气与纯载气热导率的不同,引起热敏丝的电阻值发生变化,使电桥电路不平衡,产生信号。将此信号放大并记录下来就得到一条检测器电流随时间变化的曲线,通过记录仪画在纸上便得到了一张色谱图。

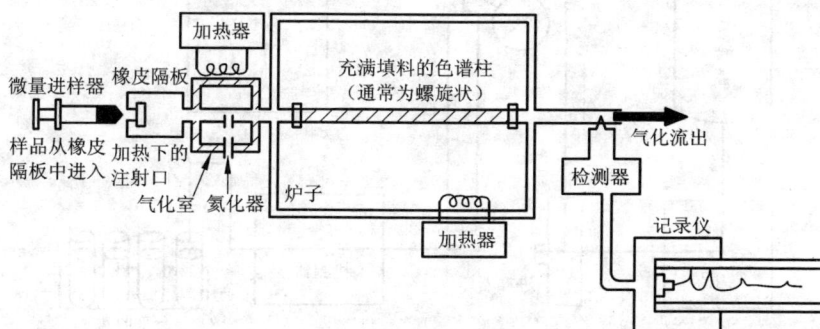

图2-27 气相色谱仪示意图

在图谱中除空气峰以外,其余每个峰均代表样品中的一个组分。对应每个峰的时间是各组分的保留时间。所谓保留时间,就是一个化合物从注入时刻起到流出色谱柱所需的时间。当分离条件给定时,就像薄层色谱中的 R_f 样,每一种化合物都具有恒定的保留时间。利用这一性质,可对化合物进行定性鉴定。在做定性鉴定时,最好用已知样品做参照对比,因为在一定条件下,有时不同的物质也可能具有相同的保留时间。利用气相色谱还可以进行化合物的定量分析。其原理是:在一定范围内色谱峰的面积与化合物各组分的含量呈直线关系。即色谱峰面积(或峰高)与组分的浓度成正比。

2. 高压液相色谱

高压液相色谱又称为高效液相色谱(High Performance Liquid Chromatography),简称HPLC。

高压液相色谱是一种高效、快速的分离分析有机化合物的仪器。它适用于那些高沸点、难挥发、热稳定性差、离子型的有机化合物的分离与分析。作为分离分析手段,气相色谱和高压液相色谱可以互补。就色谱而言,它们的差别主要在于，前者的流动相是气体，而后者的流动相则是液体。与柱色谱相比，高压液相色谱具有方便、快速、分离效果好、使用溶剂少等优点。高压液相色谱使用的吸附剂颗粒，比柱色谱要小得多，一般为 $5 \sim 50 \mu m$，因此，需要采用高的进柱口压（大于 $100 \mathrm{kg/cm^2}$）以加速色谱分离过程。这也是由柱色谱发展到高压液相色谱所采用的主要手段之一。高压液相色谱流程和气相色谱流程的主要差别在于，气相色谱是气流系统，高压液相色谱则是由储液罐、高压泵等系统组成，具体流程见图 2-28。

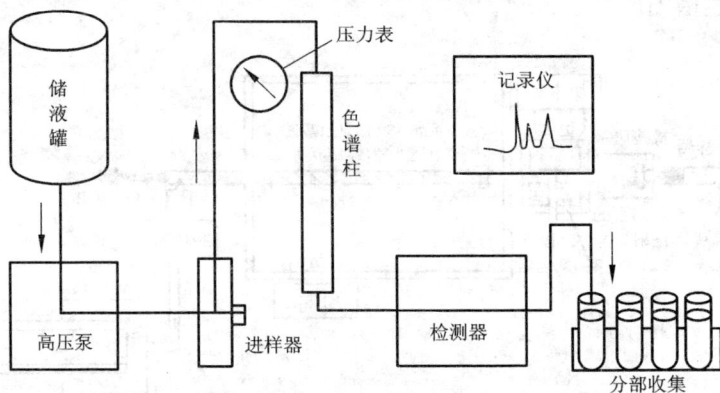

图 2-28　液相色谱仪示意图

高压液相色谱的流动相和固定相：

（1）液相色谱的流动相在分离过程中有较重要的作用，因此在选择流动相时，不仅要考虑到检测器的需要，同时又要考虑它在分离过程中所起的作用。常用的流动相有正己烷、异辛烷、二氯甲烷、水、乙腈、甲醇等。在使用前一般都要过滤、脱气，必要时需要进一步纯化。

（2）常用固定相类型有：全多孔型、薄壳型、化学改性型等。常用固定相有：一氧二丙腈、聚乙二醇、三亚甲基异丙醇、角鲨烷等。高压液相色谱用的色谱柱大多数内径为 $2 \sim 5 \mathrm{mm}$，长 25 cm 以内的不锈钢管。

（3）常用的检测器有紫外检测器、折光检测器、传动带氢火焰离子化检测器、荧光检测器、电导检测器等。

（4）高压泵一般采用往复泵。

【仪器与试剂】

仪器：SP-2305 色谱仪，热导检测器，200 cm×4 mm（id）不锈钢色谱柱

[载体：6201 红色载体 60~80 目，固定液：聚乙二醇(PEG-20M)]，高效液相色谱仪，SPD-10A 紫外可变检测器，数据处理机，200 mm×4.6 mm(id)不锈钢色谱柱[内填固定相(SPHERIGEL ODS C_{18})]。

试剂：乙酸异戊酯(工业品)，含量 95% 的杀菌剂嘧霉胺(工业品)，甲醇(色谱纯)。

【实验内容】

1. 乙酸异戊酯的气相色谱分析(analysis of isoamyl acetate)

(1)色谱条件

色谱仪：SP-2305　　　　　　　柱温：100 ℃

热导检测器：桥流 200 mA　　　载气：H_2 流速 30 mL/min

色谱柱：200 cm×4 mm(不锈钢)　气化室温度：200 ℃

载体：6201 红色载体 60~80 目　检测室温度：100 ℃

固定液：聚乙二醇(PEG-20M)　　样品量：1 μL

(2)分析测定　在上述操作条件下，待仪器基线稳定后，即可进样品。注入 1 μL 工业品乙酸异戊酯，记录其保留时间。假定每一曲线的面积和存在的物质量近似地成正比，计算混合物中乙酸异戊酯和杂质的含量。本实验约需 2 h。

2. 高效液相色谱法分析杀菌剂嘧霉胺

(1)色谱条件

色谱柱：200 mm×4.6 mm(id)不锈钢柱，内填固定相(SPHERIGEL ODS C_{18})；

流动相：甲醇 + 水 = 75 + 25(V)；流量 1.0 mL/min；检测波长：270 nm；柱温为室温；进样体积 4 μL。

(2)分析测定　称取嘧霉胺样品 0.04 g 加入 100 mL 容量瓶中，加入分析纯甲醇至刻度，摇匀。在上述操作条件下，待仪器基线稳定后，连续进数针样品，待两针的相对响应值小于 1.5% 时，再进样品，用数据处理机给出嘧霉胺和所含杂质的含量。本实验约需 2 h。

实验指导

【预习要求】

1. 了解气相色谱和高效液相色谱的基本原理；

2. 了解气相色谱仪和高效液相色谱仪的基本结构和工作原理；

3. 熟悉气相色谱法和高效液相色谱法分析测定有机化合物的基本操作过程。

【注意事项】

1. 液相色谱的流动相在使用前一般都要过滤、脱气，必要时需要进一步纯化；在分析样品时，样品也需要采用微孔过滤器（一般为 0.45 μm 的微孔滤膜过滤器）过滤，以免污染色谱柱；

2. 气相色谱法或高效液相色谱法分析测定有机化合物时，均需要用流动相平衡，当仪器基线稳定后，方可进样品；

3. 高效液相色谱法分析测定完后，需使用甲醇等流动相冲洗色谱柱，以利于保护色谱柱。

【思考题】

1. 若待分析的有机化合物沸点很高或极容易分解、氧化，是否可以采用气相色谱法分析？为什么？

2. 高效液相色谱法和气相色谱法在原理上有何不同？

（编写：钟世安　校核：王微宏）

实验 12　纸上电泳
Electophoresis on paper

【目的与要求】

1. 了解电泳的基本原理。

2. 掌握纸上电泳分离氨基酸的实验方法。

3. 了解醋酸纤维膜电泳的基本原理和方法。

【基本原理】

电泳是指在一定条件下，带电质点在外电场作用下作定向移动的现象。由于混合物中各组分所带电荷性质、电荷数量以及分子质量的不同，在同一电场作用下，各组分泳动方向和速度也不同，因此，在一定的时间内，利用各组分的移动距离不同达到分离鉴定的目的。

带电质点在电场中移动并具有一定的移动速度，除与其本身所带的电荷有关外，还与电场强度、溶液的 pH 值、离子强度、粘度、电渗等因素有关。通常分子在溶液中呈离子状态，电泳速度较快。分子中暴露在表面上的极性基团受电场的作用，对其电泳速度也有很大的影响。溶液的 pH 值对分子的带电状态也有影响，例如蛋白质是两性电解质，在等电点（pI）时呈两性离子状态，分子的净电荷为零；pH 值小于 pI 时，则蛋白质带正电，向负极移动；pH 值大于 pI 时，蛋白质带负电，向正极移动，一般来说，缓冲液的 pH 与物质等电点相差越多，物质的解离度越大，有效迁移率越高。电场强度对电泳起着重要作用，电场强度越大，则带电质点移动越快。但离子强度越高，质点移动越慢，电泳液中的离子浓度增加会使电泳迁移率降低，胶体粒子会吸附一些相反符号的离子形成离子氛，它使该粒子向相反方向运动，降低了迁移率，所以离子浓度低，泳动快，相反则慢。电渗是指在电场中液体对于一个支持体的相对移动。电泳后各组分的相对位置取决于电泳泳动力和电渗流相互作用的结果。此外，缓冲溶液的粘度、温度对于电泳速度都有一定的影响。

粒子在单位电场强度时的泳动速度称为电泳迁移率或电泳速度，以 cm/（s·V）表示。

按电泳的原理有三种形式的电泳分离系统：即移动界面电泳、区带电泳和稳态电泳或称置换（排代）电泳。自由移动界面电泳，是带电分子的移动速率通过观察界面的移动来测定的，该方法已成为历史。代之以采用支持介质的区带电泳。

稳态电泳或称置换电泳的特点是分子颗粒的电泳迁移在一定时间后达到稳态，如等电聚焦和等速电泳。

区带电泳又称区域电泳，电泳在不同的惰性支持物中进行，使各级组分成带状区间。区带电泳因所用支持体的种类、粒度大小和电泳方式等不同，其临床应用的价值也各有差异。固体支持介质可分为两类：一类是滤纸、醋酸纤维素薄膜、硅胶、矾土、纤维素等；另一类是淀粉、琼脂糖和聚丙烯酰胺凝胶。由于它们具有微细的多孔网状结构，故除能产生电泳作用外，还有分子筛效应，小分子会比大分子跑得快而使分辨率提高。它的最大优点是几乎不吸附蛋白质，因此电泳无拖尾的现象。区带电泳是临床检验领域中应用最广泛的技术，有重要临床意义。

纸上电泳是以纸为支持剂，使带电的物质或离子于纸上在外电场作用下作定向移动，从而达到分离或鉴定目的的一种实验方法。纸上电泳法操作简单方便，快速准确，因而应用广泛。

氨基酸的纸上电泳是在一定 pH 值的缓冲溶液中，氨基酸在电场作用下定向移动。氨基酸含有氨基和羧基，是一种两性物质。当氨基酸处于溶液的 pH 等于 pI（等电点）时，它主要以两性离子存在，分子的净电荷为零，不发生电泳；pH 值小于 pI 时，则氨基酸带正电，向负极移动；pH 值大于 pI 时，氨基酸带负电,向正极移动。

　　纸上电泳的主要仪器是电泳仪。它由电源和电泳槽两部分组成。

　　电源部分是一整流器,可将交流电转变为直流电,可调节输出电压 $(0 \sim 300\ \text{V})$ 和输出电流 $(0 \sim 200\ \text{mA})$。

　　电泳槽为水平式,用有机玻璃制成,左右两端各有电泳室,电泳室中有铂电极,电泳时,电泳室盛缓冲溶液,并加防尘盖。

　　电泳示意图如图 2 – 29。

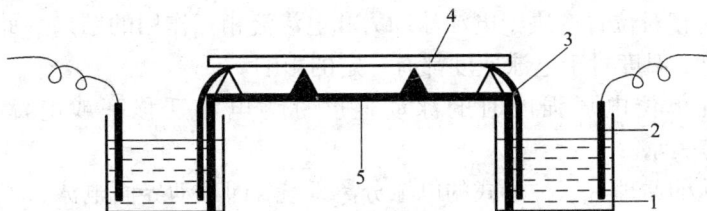

图 2 – 29　电泳示意图

1—缓冲溶液;2—电极;3—普通滤纸;4—电泳滤纸;5—支架

【仪器与试剂】

　　仪器:电泳仪,电泳滤纸(新华层析滤纸),普通滤纸,镊子,直尺,铅笔,剪刀,电吹风,点样毛细管。

　　缓冲液:邻苯二甲酸氢钾 5.10 g 和氢氧化钠固体 0.86 g,溶解后,稀释至 1000 mL 即得(pH = 5.9);

　　试样:①精氨酸 12 mg/10 mL 10% 异丙醇,②天门冬氨酸 12 mg/10 mL 10% 异丙醇,③精氨酸和天门冬氨酸各 12 mg/10 mL 10% 异丙醇。

　　电泳显色液:0.5%(W/V)茚三酮的邻苯二甲酸氢钾缓冲液(pH = 5.9)。

【实验内容】

　　(1)按纸上电泳示意图(图 2 – 29)所示,在左右两边接有正负极的电泳槽中加入适量的缓冲溶液,并取两张长宽适当的普通滤纸(如 6 cm × 19.5 cm)分别安放于槽上,纸的一端贴在电泳支架上,另一端浸入缓冲溶液中。

　　(2)将层析滤纸剪成 3.5 cm × 9.0 cm 纸条(**不能用手直接触摸,以防污染**),用铅笔在滤纸条的正中间画一条线,在两端分别标上" + "和" – "极号,并在中线上等距离写上样品号:1,2,3。在距中线两边 1.5 cm 处各画一条虚线,见图 2 – 30。

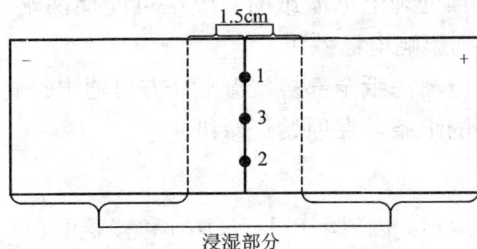

图 2 - 30　电泳滤纸的预处理

（3）点样和电泳　用毛细管在相应编号处点样，**待溶剂挥干后**，用镊子夹着滤纸条的中间，分别将其两端插入电泳显色液中浸润至虚线处，浸湿后立即放入电泳槽支架上（注意 +、- 级），拉平，盖好电泳槽，**待滤纸全部湿透后**，接通电源，将电压调至 300 V，电泳 16 min，断开电源。

（4）显色　用镊子取出纸条，约 70℃ 下烘干（或用电吹风吹干）后即显出色斑。

（5）实验记录

样品号	缓冲液 pH	电压	电泳时间	显色剂	色　斑		
					数目	颜色	正、负极
1							
2							
3							

本实验约需 2 h（可与纸色谱套开）。

实验指导

【预习要求】

1. 了解电泳的基本原理。

2. 复习氨基酸的两性电离及等电点的概念。

【注意事项】

1. 电泳滤纸在烘干显色之前，只能用镊子夹取，不可用手拿，以防污染。

2. 用电泳显色液预处理电泳滤纸时，应尽可能使两端被浸湿的距离相等，切不可湿及样点，否则影响电泳效果。

3. 电泳槽中所有电泳滤纸全部被浸湿后，方可通电进行电泳。

4. 将电泳显色后的纸条贴在原始记录纸上。

【思考题】

天冬氨酸(pI = 2.77)、丙氨酸(pI = 6.02)和赖氨酸(pI = 9.74)，将此三种氨基酸在 pH = 6.02 的缓冲溶液中进行电泳，它们将分别向哪一极移动？

（编写：王微宏　校核：罗一鸣）

2.2　有机化合物物理常数的测定

实验 13　熔点测定和温度计校正
Melting Point Determination and
Thermometer Calibration

【目的要求】

1. 了解熔点测定的基本原理及应用。

2. 了解熔程形成的原因以及它与被测物质纯度的关系。

3. 掌握熔点测定的方法。

【基本原理】

熔点是指在一个大气压下固体化合物固相与液相平衡时的温度。这时固相和液相的蒸气压相等。纯净的固体有机化合物一般都有一个固定的熔点。图 2–31表示一个纯粹化合物的相组分、总供热量和温度之间的关系。当以恒定速率供给热量时，在一段时间内温度上升，固体不熔化。当固体开始熔化时，有少量液体出现，固液两相之间达到平衡，继续供给热量使固相不断转变为液相，两相间维持平衡，温度不会上升，直至所有的固体都转变为液体，温度才上升。反过来，当冷却一种纯化合物液体时，在一段时间内温度下降，液体未固化，当开始有固体出现时，温度不会下降，直至液体全部固化后，温度才会再下降。所以纯粹化合物的熔点和凝固点是一致的。

从理论上讲，要测得纯物质正确的熔点，就需要稳定的气压、足够量的样品、恒定的加热速率和足够的平衡时间，以建立真正的固液之间的平衡。但在实际工作中，一般不可能获得这样大量的样品，而微量法仅需极少量的样品，操作又方便，故被广泛采用。只是微量法（毛细管法、各种显微熔点法）加热速度相对过快，不可能达到真正的两相平衡，所得结果都是一个近似值。在微量法中必然会观测到初熔和全熔两个温度，这一温度范围称为熔程（熔距）。物质的温度与蒸气压的关系如图 2 − 32 所示，SM 是固相蒸气压与温度的变化曲线，ML 是液相蒸气压与温度变化曲线，两曲线相交于 M 点。在这一特定的温度和压力下，固液两相并存，这时的温度 T_M，即为该物质的熔点。当温度高于 T_M 时，固相全部转变为液相；温度低于 T_M 值时，液相全部转变为固相。只有固液相并存时，固相和液相的蒸气压是一致的。一旦温度超过 T_M（甚至只有几分之一度时），只要有足够的时间，固体就可以全部转变为液体，这就是纯粹的有机化合物有敏锐熔点的原因。

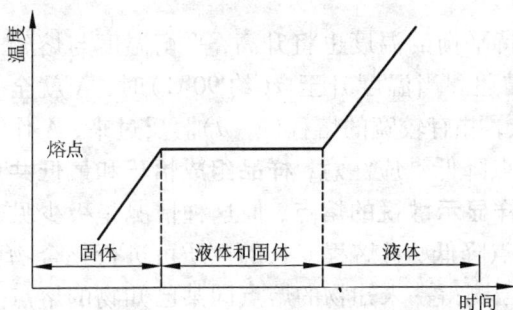

图 2 − 31　物质相与温度变化图

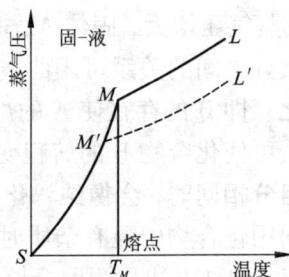

图 2 − 32　熔点原理图

因此，在测定熔点过程中，当温度接近熔点时，加热速度一定要慢。一般每分钟升温不能超过 1 ~ 2 ℃。只有这样，才能使熔化过程更接近于相平衡条件，测得精确熔点。纯物质熔点敏锐，微量法测得的熔程一般不超过 0.5 ~ 1 ℃。

如果被测物中含有非挥发性杂质时，根据 Raoult 定律，液相的蒸气压将降低。一般来说，此时液相蒸气压的温度变化曲线 $M'L'$ 在纯化合物之下，固 − 液相在 T_M 点之前达到平衡，熔点降低。杂质越多，化合物熔点越低。一般有机化合物的混合物都显示出这种性质。图 2 − 33 是二元混合物相图。a 代表化合物 A 的熔点，b 代表化合物 B 的熔点。如果加热含 80% A 和 20% B 的固体混合物，当温度达到 e（约 61 ℃）时，A 和 B 将以恒定的比例（60% 和 40% 共熔组分）共同熔化，温度也保持不变。可见当化合物 B 全部熔化（因 B 含量较少），只有固体 A 与熔化的共熔组分保持平衡。随着 A 的继续熔化，溶液中 A 的比例升

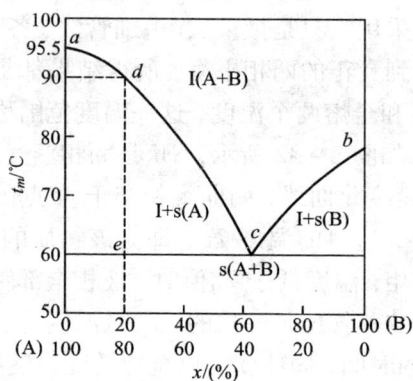

图 2 - 33　α 萘酚(A)与萘(B)混合物熔点图

高,其蒸气压增大,固体 A 与溶液维持平衡的温度也将升高,平衡温度与熔融溶液组分之间的关系可用曲线 cd 来描述。当温度升至 d(约90℃)时,A 就全部熔化。即 B 的存在使 A 的熔点降低,并有较宽的熔程(e～d)。反过来,A 作为杂质可使化合物 B 的熔程变长,熔点降低。应注意,**样品组成恰巧和最低共熔点组分相同时,会像纯粹化合物那样显示敏锐的熔点**,但这种情况是极少见的。利用化合物中混有杂质时不但熔点降低、且熔程变长的性质可进行化合物的鉴定,这种方法称为混合熔点法。当测得一未知物的熔点同某已知物的熔点相同或相近时,可将该已知物与未知物混合,测量混合物的熔点,一般按 1:9,1:1,9:1 这三种比例混合。若它们是相同的化合物,则熔点值不会降低;若是不同的化合物,则熔点降低,且熔程变长。

(一)提勒(Thiele)管法

提勒管法是最常用的熔点测定法,是毛细管测熔点法中的一种,装置如图 2 - 34 所示。

【仪器与试剂】

仪器:提勒管,温度计,毛细管(ϕ1 mm × 100 mm,一端封口),长玻管(500 mm),表面皿,试管,开口软木塞,乳胶圈,干燥器。

试剂:载热液(参见表 2 - 6),尿素,肉桂酸,肉桂酸与尿素混合物(约1:1)。

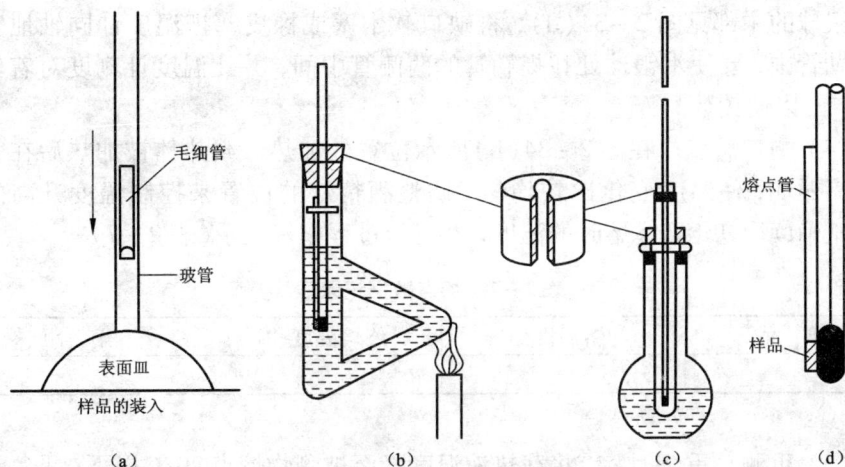

图 2 – 34　提勒管法示意图

表 2 – 6　载热液体与适用温度范围

载热液	适用温度范围/℃	载热液	适用温度范围/℃
水	0 ~ 100	聚有机硅油	< 350
液体石蜡	< 230	无水甘油	< 150
浓硫酸	< 220	邻苯二甲酸二丁酯	< 150
浓硫酸 + 硫酸钾(7 + 3)	< 325	真空泵油	< 250

【实验内容】

（1）填装样品　取少许(约 0.1 g)干燥的粉末状样品放在表面皿或点滴板上,用洁净干燥的试管底部研细后堆成小堆,将毛细管的开口端插入样品中,装取少量粉末。然后把毛细管开口向上,从长玻管中坠到表面皿或坚硬的台面上,使样品粉末装填紧密,高约 2 ~ 3 mm,从长玻管中坠到表面皿上,重复数次,**使样品粉末装填紧密,否则,装入样品有空隙则传热不均匀,影响测定结果**,参看图 2 – 34(a)。

（2）装配提勒管　在提勒管中装入载热液(如石蜡油,使其液面刚好平齐支管下口)并固定在铁架台上。将温度计套上乳胶圈,然后插入到开口木塞中备用,见图 2 – 34(b)。

（3）固定熔点管　用乳胶圈把毛细管捆在温度计上,毛细管中的样品应位于水银球的中部见图 2 - 34(d) ,将缺口软木塞或橡皮塞把温度计同轴地安装在提勒管中,要使水银球处在提勒管的两侧管中间,并让温度计刻度对着软木塞缺口,以便读数。

(4) 测定熔点　在图 2 - 34(b)所示位置处加热。载热体被加热后在管内呈环流循环,使温度变化比较均匀,调整酒精灯的位置来控制温度升高的快慢。正确读取初熔、终熔时的温度,并对全过程作好记录(表 2 - 7)。

表 2 - 7　熔点数据记录表

样　品	初熔温度/℃	终熔温度/℃	熔　距

(5) 重测　重测时,应将载热液温度降至被测物熔点 20 ℃以下,重复上述操作。两次测得结果要平行,否则,需测第三次,直至结果平行。**每根样品管只能测一次。**

(6) 结束实验　关闭热源待载热液冷却后方可倒回瓶中。

此法约需 2 h。

(二)显微熔点仪测定法

显微熔点测定仪的特点是使用样品量少(2 ~ 3 颗小结晶),能测量室温到 300 ℃的样品熔点,可观察晶体在加热过程中的变化情况,如晶体的失水、多晶的变化及分解。

【仪器与试剂】

仪器:显微熔点测定仪(见图 2 - 35)。

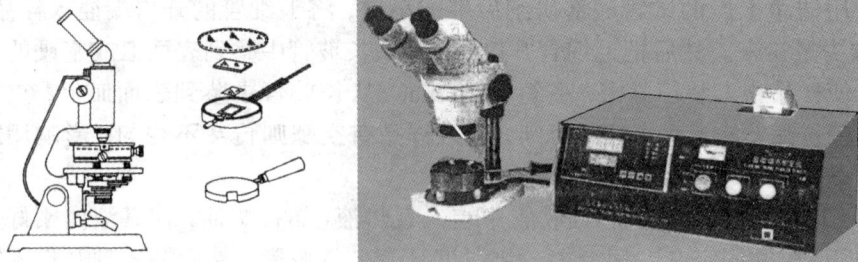

图 2 - 35　显微熔点仪示意图(左)、实物图(右)

试剂：乙酰苯胺（分析纯）；自制乙酰苯胺（见实验 22）。

【操作步骤】

（1）准备样品 取干燥样品细小的晶体十余颗放到一洁净干燥的载玻片上，盖上玻片备用。

（2）安装调试仪器 将加热器连接到调压电源，将温度探针插入加热台。把备好的样品玻片放置在加热器上的标准位置固定，盖好保温玻片；由下往上调节显微镜以观察到一个清晰放大的晶体视野；左右调节样品片，选择最佳观察区域固定。

（3）升温、读数 打开电源预热仪器 20 min。打开加热开关，调节升温速度。当温度读数接近熔点时，降低升温速度，并小心观察晶体棱角的细微变化，记录下全过程现象及初熔和终熔温度。

（4）结束实验 关闭热源，趁热将载玻片打开，用酒精棉擦拭。整理好仪器、清理好实验台。

此法约需 1 h。

（三）数字式熔点仪测定法

数字式熔点测定仪，具有数据化、操作简便等特点，是常用的熔点测定手段。

【仪器与试剂】

仪器：数字式熔点测定仪（见图 2-36），毛细管（$\phi 1$ mm $\times 100$ mm，一端封口），长玻管（500 mm），表面皿。

试剂：尿素，肉桂酸，两者 1:1 混合物。

【操作步骤】

（1）填装样品管 按提勒管法的第一步操作填装好样品毛细管。

（2）检查预热仪器 检查仪器的安全性能，然后接通电源打开仪器预热 20 分钟（图 2-36①）。

（3）输入初始温度 输入一个温度数据，按下"起始温度输入"钮（图 2-36③），让系统先预热到这一温度待命（一般比所测熔点低 10～30 ℃）。

（4）装入样品管 把已备好的样品毛细管插入样品槽内（图 2-36⑦），这时电流计应回零，若不回零应调零（图 2-36④）。

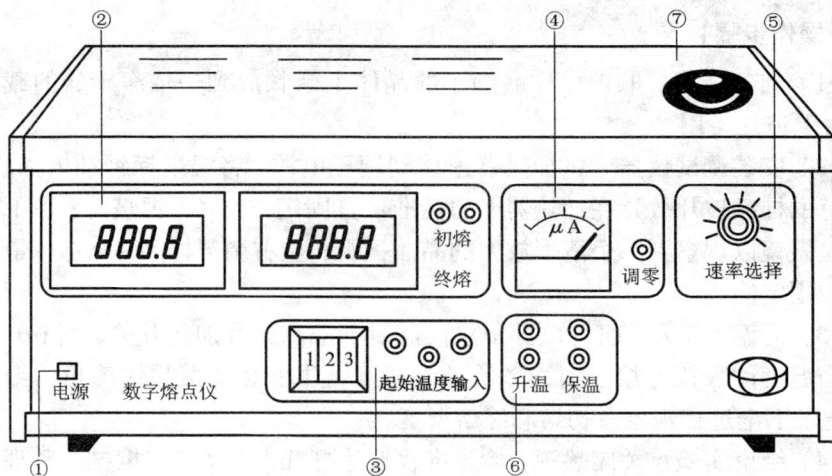

图 2 - 36　数字式熔点仪示意图

（5）加热并读数　选择好适当的升温速度（图 2 - 36⑤），按下升温钮（图 2 - 36⑥），系统开始升温。当样品初熔时，电流计指针稍有偏转，初熔灯亮；样品继续熔化，电流计指针偏向一边，温度读数窗口显示出终熔温度。记录下终熔温度后，按住初熔读数键不松，将在同一窗口中显示出初熔温度，记录初熔温度。

（6）重测　小心取出毛细管，待系统温下降 20℃ 左右时，重复上述（1）~（5）步。

（7）结束实验　仪器使用完后，关闭仪器并切断电源，整理仪器，清理台面。

此法约需 1 h。

【温度计的校正】

一般使用的温度计，因种种原因存在一定的误差，要进行准确测量，必须对其进行校正。校正温度计的方法有如下几种。

（1）比较法　选一支标准的温度计与待校正的温度计放在同一条件下测定温度，比较其所指示的温度值。

（2）定点法　选择数种已知准确熔点的标准样品（见表 2 - 8）测定它们的熔点，以观察到的熔点（t_m）为纵坐标，以此熔点与准确熔点之差作横坐标，作图，从图中求得校正后的正确温度误差值。

表 2 - 8　标准化合物的熔点

物质名称	熔点/℃	物质名称	熔点/℃
水 - 冰	0	苯甲酸	122.4
α - 萘胺	50	尿素	135
二苯胺	53 ~ 54	二苯基羟基乙酸	151
对二氯苯	53	水杨酸	159
苯甲酸苯酯	70	对苯二酚	170 ~ 171
萘	80	3，5 - 二硝基苯甲酸	205
间二硝基苯	89 ~ 90	蒽	216.2 ~ 216.4
二苯乙酮	95 ~ 96	酚酞	262 ~ 263
乙酰苯胺	114.3	蒽醌	286

【实验内容】

1. 测定下列化合物（A. R.）的熔点

二苯胺、萘、苯甲酸、水杨酸、对苯二酚。

2. 记录测得的数据，绘出温度计校正曲线。

实验指导

【预习要求】

1. 掌握熔点测定的基本原理。

2. 认识物质熔点的温度与纯度的关系，了解应用混合熔点法判定物质纯度的原理。

3. 分析熔程（熔距）产生的主要原因。

4. 熟悉熔点测定的各种方法，比较各方法间的不同特点。

5. 查明实验涉及的相关数据。

【注意事项】

1. 取样品应当适量，要及时盖好样品盖子以保持干燥，注意不要把样品的盖子弄混淆。

2. 填装样品前要保证样品的干燥，并将其研细，填装样品的量要适当，样品要装紧。

3. 使用提勒管法时，仪器的安装要注意对齐"三中心"（即毛细管内样品的中心、温度计水银球的中心和提勒管两侧管的中心），保证"两同轴"（即温度度的轴线与提勒管直管的轴线），并让毛细管开口始终暴露在大气中。

4. 在测定已知熔点的样品时，可先以较快的速度加热，在距离熔点 10 ℃时，应以每分钟 1~2 ℃的速度加热，愈接近熔点，加热速度要愈慢，直到测出熔程。在测定未知熔点的样品时，应先粗测熔点范围，再如上述方法精测。测定时，应观察和记录样品开始软缩、塌落并有液相产生时（初熔）和固体完全消失、透明时（全熔）的温度读数，所得数据即为该物质的熔程，还要观察和记录在加热过程中是否有萎缩、变色、发泡、升华及炭化等现象，以供分析参考。熔点测定至少要有两次重复数据，每次要用新的毛细管重新装入样品。

5. 重复测定时，不管使用哪种测定方法，都要等系统的温度降到初熔温度以下 20 ℃才能重新进行。

6. 用显微熔点仪测熔点实验时，必须先在显微镜中观察到样品晶体。温度接近初熔时升温速度一定要很慢。样品熔化后，应立即将载玻片趁热搓开，以免两块载玻片冷却后粘在一起很难分离。

7. 用数字式熔点仪测熔点实验时，样品毛细管插入时要留意管孔是否堵塞（插入时光电表指针应当回零，可多试几次）。务必记录初熔数据。重测前先要降回起始温度。

8. 使用显微熔点仪和数字式熔点仪时，应仔细阅读仪器说明书，按说明书中的操作步骤测定。

【思考题】

1. 下列情况对熔点测定的结果有什么影响

   A. 加热太快　　　　　　　　B. 样品不细、装得不紧

   C. 样品管粘贴在提勒管壁上　　D. 毛细管壁太厚

   E. 毛细管不洁净　　　　　　　F. 样品未完全干燥或含有杂质

2. 两样品的熔点都为 150 ℃，以任何比例混合后测得的熔点仍为 150 ℃，这说明什么？

3. 提勒管法测熔点时，为什么要使用开口软木塞？

4. 测过的样品能否重测？熔距短是否就一定是纯物质？

（编写：刘扬　校核：罗一鸣）

实验 14　沸点测定
Boiling Point Determination

【目的要求】

1. 了解沸点测定的基本原理。
2. 掌握沸点的测定方法。

【基本原理】

液体化合物的沸点是物质的重要物理常数之一，在使用、分离、提纯过程中具有重要的意义。

液体在一定温度下具有一定的蒸气压，将液态物质加热，它的蒸气压就随着温度的升高而增大。当液体的蒸气压增大至与外界施于液面的总压力（通常是大气压）相等时，就有大量气泡从液体内部逸出，液体不断气化达到沸腾。这时的温度称之为液体的沸点。根据液体的蒸气压－温度曲线（图2－37）可知沸点与其所受外界压力的大小有关。外界压力增大，液体沸腾时的蒸气压加大，沸点升高；若减小外界的压力，则沸腾时的蒸气压也下降，沸点就降低。所以，通常所说的沸点是指在一个大气压下液体沸腾时的温度。

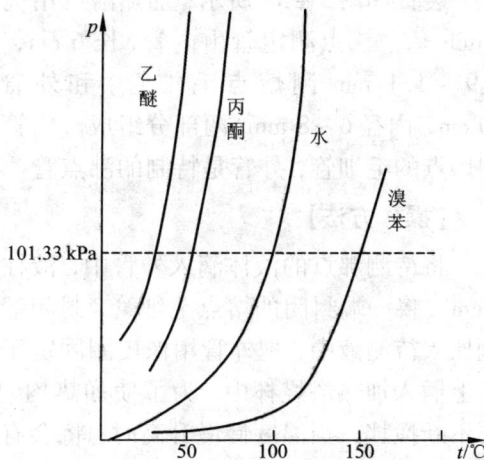

图 2－37　温度与蒸气压的关系

在一定压力下，纯液体有机物具有固定的沸点。但当液体不纯时，则沸点有一个温度稳定范围，常称为沸程。每种纯物质液体有机化合物具有一定的沸点，它的温度稳定范围短，其沸程在0.5~1.0℃范围内。而有些液体有机化合物不纯时，则沸点温度稳定范围较宽，则沸程长，通常超过3℃，所以我们可利用测沸点来鉴别液体有机化合物的纯度。表2－9列出一些常见化合物标准样品的沸点。

表 2 - 9　标准化合物样品的沸点

化合物名称	t_b/℃	化合物名称	t_b/℃	化合物名称	t_b/℃
溴乙烷	38.4	水	100.1	苯 胺	184.5
丙 酮	56.1	甲 苯	110.6	苯甲酸甲酯	199.5
氯 仿	61.3	氯 苯	131.8	硝基苯	210.9
四氯化碳	76.8	溴 苯	156.2	水杨酸甲酯	223.0
苯	80.1	环己醇	161.1	对硝基甲苯	238.3

【实验装置】

测定沸点的方法一般有两种。

（1）常量法　用蒸馏法来测定液体的沸点（参见实验1）。

（2）微量法　若液体较少可用微量法测定。装置如图 2 - 38 所示，加热浴可用烧杯或 Thiele 管。沸点测定管由内管（长 6 cm，内径 0.9 ~ 1.1 mm 测熔点毛细管）和外管（长 10 cm，内径 6 ~ 8 mm）两部分组成。内管可用测熔点的毛细管，外管是特制的沸点管。

【操作方法】

将待测沸点的液体滴入外管中，液柱高约 1 cm。将一端封闭的熔点毛细管，封闭端朝上倒插入待测液中，把外管用橡皮圈固定于温度计上插入加热浴烧杯中，为了使加热均匀，需要不断搅拌。当温度慢慢升高时，将会有小气

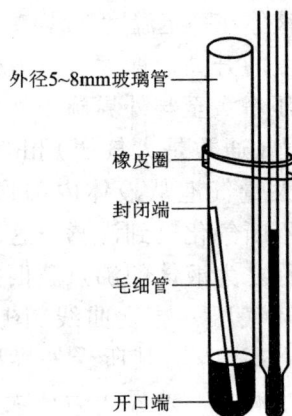

外径5~8mm玻璃管

橡皮圈

封闭端

毛细管

开口端

图 2 - 38　微量法测沸点装置

泡从毛细管中经液面逸出，继续加热至接近该液体沸点时将有一连串气泡从毛细管中经液面逸出，此时停止加热，浴温持续升高后，即慢慢下降。但必须注意观察，当气泡恰好停止外逸，液体刚要进入毛细管的瞬间（即最后一个气泡刚欲缩回至毛细管的瞬间），记下温度计的温度，即为该液体的沸点。测定时加热要慢，一般以每分钟升温 4 ~ 5 ℃ 为佳。

【仪器与试剂】

仪器：温度计，测沸点的内管及外管，提勒管。

试剂：95% 乙醇，环己烷。

【实验内容】

按"操作方法"分别测定 95% 乙醇和环己烷的沸点。更换熔点毛细管，重复上述操作，一个样品测定需重复 2～3 次，测得的平行数据误差应在 1 ℃ 以内。

本实验约 3 h。

实验指导

【预习要求】

1. 了解沸点测定的原理以及液体物质的沸程和纯度的关系。

2. 比较微量法沸点测定和毛细管法熔点测定在仪器装置上的异同点。

【注意事项】

1. 加热不能过快，被测液体不宜太少，以防液体全部蒸干。

2. 沸点内管里的空气要尽量赶干净，正式测定前，让沸点内管里有大量气泡冒出，以此带出空气。

3. 每支毛细管只可用于一次测定。

4. 挥发性有机物液体易燃，加热时应十分小心。

【思考题】

1. 在挥发性液体中加入不挥发溶质时

(1) 对沸点无影响；

(2) 沸点降低；

(3) 沸点升高。

2. 用微量沸点仪测定的沸点，是指下列哪项的温度

(1) 气泡刚从倒置的毛细管中缓慢出来时；

(2) 气泡刚从倒置的毛细管中快速出来时；

(3) 液体刚要进入倒置的毛细管中。

3. 影响沸点测定的因素有哪些？

4. 测得某种液体有固定的沸点，能否认为该液体是纯物质？

5. 温度达到沸点前，倒置毛细管缓慢逸出的气泡是什么？

（编写：周兰嵩　校核：王微宏）

实验 15　折射率的测定
Determination of Refractive Index

【目的要求】

1. 掌握折射率的概念及表示方法。

2. 熟悉阿贝折射仪的原理和使用方法。

【基本原理】

折射率是物质的特性常数。对于液体有机化合物,折射率是重要的物理常数之一,是有机化合物纯度的标志,也可用来鉴定未知有机物。

1. 光的折射定律

光在两种不同的介质中的传播速度是不同的。光线从一种介质进入到另一种介质时,如果它的传播方向与两介质的界面不垂直时,则它从一种介质进入另一种介质后,传播方向会发生改变。这种现象称为折射。根据光的折射定律,一定波长的单色光,从一种介质 A 进入到另一种介质 B 时(见图 2-39),入射角 α 和折射角 β 的正弦之比等于两种介质的折射率 n_B, n_A 的比值。即

图 2-39　光的折射现象

$$\frac{\sin\alpha}{\sin\beta} = \frac{n_B}{n_A}$$

当介质 A 为真空时, $n_A = 1$, 则有 $n_B = \dfrac{\sin\alpha}{\sin\beta}$, 这时 n_B 为介质 B 的绝对折射率。

当介质 A 为空气时, $n_A = 1.00027$(空气的绝对折射率),则有

$$n'_B = \frac{n_B}{n_A} = \frac{n_B}{1.00027} = \frac{\sin\alpha}{\sin\beta}$$

n'_B 是介质 B 的相对折射率率。它的数值与介质 B 的绝对折射率的数值相差很小,因此,在不需要精密测定时,可以用 n'_B 代替 n_B。

介质的折射率与作为介质的物质本身的结构、入射光线的波长、温度及压

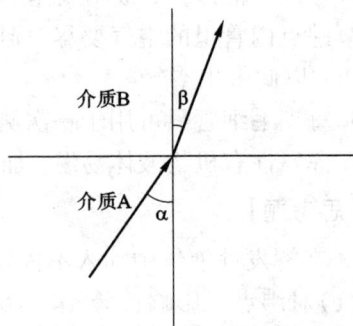

力等因素有关。通常大气压的变化对折射率的影响不明显，一般不作考虑，只有在精密测定时才考虑。使用单色光要比白光时测得的折射率值更为精确，因此，钠光灯常被用作测折射率的光源。折射率的表示方法为 n_D^{20}，即以钠光灯（D）为光源，温度为 20 ℃时所测定的折射率。

2. 阿贝折射仪的工作原理

阿贝折射仪的构成原理见图 2 - 40。当光由介质 A 进入介质 B，如果介质 A 对于介质 B 是光疏物质，即 $n_A < n_B$ 时，则折射角 β 小于入射角 α，当入射角 $\alpha_0 = 90°$ 时，$\sin\alpha = 1$，这时折射角达到最大值，称为临界角，用 β_0 表示。它与折光率的关系是 $n = 1/\sin\beta_0$，由这个关系式，测定临界角 β_0，就可以计算得到折光率 n。

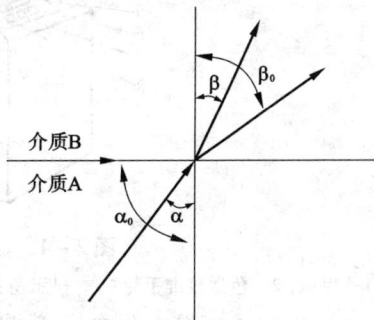

图 2 - 40 阿贝折射仪光学原理

为了测定 β_0 值，阿贝折射仪采用了"半明半暗"的方法，即让单色光由 0 ～ 90°的所有角度从介质 A 射入介质 B，这时介质 B 中临界角以内的区域均有光线通过，因而表现为"明亮"，而临界角以外的区域没光线通过，因而是"暗"。"明"区和"暗"区的界线可用一目镜观测。介质不同，临界角也不同，在目镜中"明"区和"暗"区的界线位置也不一样。如果在目镜中刻上一个"×"字交叉线，改变介质 B 与目镜的相对位置，使"明"区和"暗"区的界线总是与"×"字的交点重合，通过测定其相对位置（角度），便可得折光率。在阿贝折光仪中通常装有消色散装置，故可直接用日光或白炽光作光源，测得的数字与使用钠光线所测得的一样。

【操作方法】

一、数字阿贝折射仪的使用方法

（1）数字阿贝折射仪的结构如图 2 - 41 所示，按下"POWER"电源开关，光源 10 亮，同时显示窗 3 显示 00000。有时显示窗显示"——"，数秒后显示 00000。

（2）打开折射棱镜 11，移去擦镜纸，检查上、下棱镜表面，并用丙酮小心清洁其表面（将数滴丙酮滴于下棱镜表面，迅速合上棱镜，然后再用擦镜纸轻轻

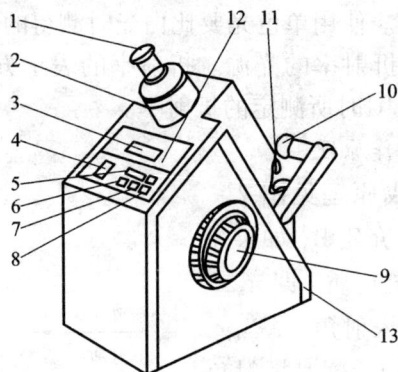

图 2 - 41　数字显示阿贝折射仪

1—目镜；2—色散校准手轮；3—显示窗；4—"POWER"电源开关；5—"READ"读数显示键；

6—"BX - TC"经温度修正锤度显示键；7—"n_D"折射率显示键；

8—"BX"未经温度修正锤度显示键；9—调节手轮；10—聚光照明部件；

11—折射棱镜部件；12—"TEMP"温度显示键；13—RS232 插口

沿一个方向擦拭)。测定某一个样品以后也要仔细清洁两块棱镜表面，不能在棱镜上留有少量的原样品，以防影响下一个样品的测量准确度。

(3)将被测样品放在下面的折射棱镜的表面上，用干净的滴管吸 1~2 滴液体样品放在棱镜表面上，然后与上面的进光棱镜合上。

(4)旋转光源的转臂使进光棱镜的进光表面得到均匀照射。

(5)通过目镜 1 观察视场，同时旋转调节手轮 9，使明暗分界线落在交叉视场中并对准交叉线的交点。如从目镜中看到的视场是暗的，可将调节手轮逆时针旋转。看到视场是明亮的，则将调节手轮顺时针旋转，明亮区域是在视场的顶部，旋转色散校准手轮 2，使视场中明暗两部分具有良好的反差和明暗分界线具有最小的色散。

(6)按"READ"读数显示键 5，显示窗中 00000 消失，显示"——"，数秒后"——"消失，显示被测样品的折射率。记录测试温度与折射率。

(7)样品测量结束后，需用丙酮小心清洁棱镜表面。

二、双目阿贝折射仪的使用方法

1. 双目阿贝折射仪的结构

双目阿贝折射仪的结构见图 2 - 42，其主要组成部分是两块直角棱镜，上面一块是光滑的，下面一块的表面是磨砂的，可以开启。左面是一个镜筒和刻盘，刻有 1.3000～1.7000 的刻度格子。右面也有一个镜筒，是测量望远镜，用来观察折射情况，筒内装有消色散镜。光线由反射镜反射入下面的棱镜，发生漫反射，以不同入射角射入两个棱镜之间的液层，然后再投射到上面棱镜光滑的表面上，由于它的折射率很高，一部分光线可以再经折射进入空气达到测量镜，另一部分光线则发生全反射。调节转动手轮 2 可使测量镜中的视野达到要求。从读数镜中读出折射率。

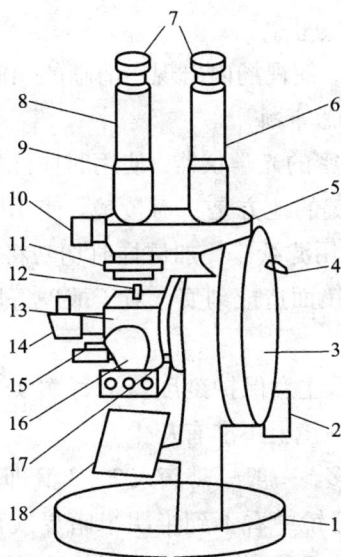

图 2 - 42　双目阿贝折射仪

1—底座;2—棱镜转动手轮;3—圆盘组(内有刻度板);4—小反光镜;5—支架;
6—读数镜筒;7—目镜;8—望远镜筒;9—示值调节螺钉;10—消除色散手轮;
11—色散值刻度圈;12—棱镜锁紧扳手;13—棱镜组;14—温度计座;15—恒温器接头;
16—保护罩;17—主轴;18—反光镜

2.双目阿贝折射仪的使用方法

(1)仪器安装　将阿贝折射仪安放在明亮处，但应避免阳光的直接照射，以免液体试样受热迅速蒸发。用橡皮管将超级恒温槽与阿贝折射仪串联起来，使超级恒温槽中的恒温水通入棱镜夹套内，检查插入棱镜夹套中的温度计的读数是否符合要求[一般选用(20.0±0.1)℃或(25.0±0.1)℃]。

（2）加样　松开锁纽(12)，开启辅助棱镜，使其磨砂的斜面处于水平位置，用滴管加入少量丙酮洗镜面，并用擦镜纸将镜面擦干净。待镜面洗净晾干后，滴加数滴试样于辅助棱镜的磨砂镜面上，迅速闭合辅助棱镜，旋紧锁纽。若挥发性很大的样品，则可在合上辅助棱镜后再由棱镜的加液槽滴入试样。

（3）对光　转动手轮2，使刻度盘标尺上的示值为最小，调节反射镜，使入射光进入棱镜组。同时，从测量望远镜中观察，使视场最亮。调节目镜，使十字线清晰明亮。

（4）粗调转动手轮，使刻度标尺上的示值逐渐增大，直至观察到视场中出现彩色光带或黑白分界线为止。

（5）转动消色手轮10，使视场内出现一清晰的明暗分界线。

3. 阿贝折射仪使用注意事项

阿贝折射仪是一种精密的光学仪器，使用时应注意以下几点。

（1）阿贝折射仪最关键的地方是一对棱镜，使用时应注意保护棱镜，擦镜面时只能用擦镜纸而不可用滤纸等。加试样时切勿将管口触及镜面。滴管口要烧光滑，以免不小心碰到镜面造成刻痕。对于酸碱等腐蚀性液体不得使用阿贝折射仪。

（2）要保持仪器清洁，注意保护刻度盘。每次实验完毕，要用柔软的擦镜纸擦净，干燥后放入箱中，镜上不准有灰尘。

（3）试样不宜加得太多，一般只需滴入2~3滴即可铺满一薄层。

（4）读数时，有时在目镜中看不到半明半暗界线而是畸形，这是**由于棱镜间未曾充满液体(应补加样品)**；若出现弧形光环，则可能是有光线未经过棱镜而直接照射在聚光透镜上。

（5）若液体折射率不在1.3~1.7范围内，则阿贝折射仪不能测定，也看不到明暗界线。

（6）仪器长期使用，刻度盘的标尺零点可能会移动，须加以校正。校正的方法是，用一已知折射率的液体，一般是用纯水，按上述方法进行测定，其标准值与测定值之差即为校正值。亦可使用专用调节器直接调节目镜前面凹槽中的调节螺丝。只要先将刻度盘读数与标准液体的折射率对准，再转动调节螺丝，直至临界线穿过十字交叉点，仪器就校正完毕。不同温度下纯水的折射率如表2-10。

表 2 – 10   不同温度下纯水的折射率

温度/℃	折射率 n_D	温度/℃	折射率 n_D
18	1.33316	25	1.33250
19	1.33308	26	1.33239
20	1.33299	27	1.33228
21	1.33289	28	1.33217
22	1.33280	29	1.33205
23	1.33270	30	1.33193
24	1.33260		

折射率的测定不仅用于有机化合物纯度的鉴定,还可应用于以下几个方面:

(1)根据液体反应物与生成物折射率的改变情况,监测反应进行程度。

(2)分馏时,与沸点配合,收集不同馏分。

(3)检验原料、溶剂、中间体和产品纯度。

(4)未知物经结构确定后,作为物理常数之一。

【仪器与试剂】

仪器:WAY – 1A 数字阿贝折射仪,双目阿贝折射仪。

试剂:甲苯(分析纯),四氯化碳(分析纯),甲苯 – 四氯化碳混合物(物质的量的比例分别为 1∶2,1∶1,2∶1)。

【实验内容】

1. 分别以甲苯、四氯化碳、甲苯 – 四氯化碳(n_1∶n_2 = 1∶2),甲苯 – 四氯化碳(n_1∶n_2 = 1∶1),甲苯 – 四氯化碳(n_1∶n_2 = 2∶1)为样品,按[操作方法]测定折射率。

2. 以折射率为纵坐标,混合物的物质的量的组成百分率为横坐标作图。

3. 以未知浓度的混合物为样品,测得其折光率,并求其浓度。

本实验约需 2 h。

【附注】

折射率随温度增加而减小,许多有机物,当温度升高 1℃ 时,折射率下降约 0.0004。

如油脂化合物折光率近似校正公式为

$$n_D^{20} = n_D^t + 0.00045 \times (t - 20)$$

即把温度 t℃ 时测得的折光率(n_D^t)校正到 20℃ 时的折光率。

实验指导

【预习要求】

1. 复习折射率的概念和物理意义。

2. 熟悉影响折射率的因素。

【注意事项】

1. 折射仪不可用来测定强酸、强碱或有腐蚀性的物质。

2. 使用折射仪时，手指及加样滴管等均不得接触棱镜镜面，以免损坏仪器。

3. 仪器使用前后其镜面均应用指定溶剂清洗干净。

4. 测量时应待清洗镜面的溶剂挥发干后，再加样测定，否则会影响测定结果。

5. 待测液体加得过少或分布不均匀时，视场明暗线不清晰，则应补加样品。

【思考题】

1. 哪些因素影响物质的折射率？

2. 折射率的测定有哪些方面的应用？

（编写：江文辉　　校核：罗一鸣）

实验 16　旋光度的测定
Determination of Optical Rotation

【目的与要求】

1. 掌握比旋光度的概念及表示方法。

2. 了解旋光仪的原理，熟悉其使用方法。

【基本原理】

根据立体化学的相关理论，我们可以将化合物分为两类：一类能使偏光振动平面旋转一定的角度，即有旋光性，称为旋光物质（或光学活性物质）；另一类则没有旋光性。旋光分子具有实物与其镜像不能重叠的特点，即"手征性"。

化合物的旋光程度可以用旋光仪来测定。旋光仪的工作原理见图 2 – 43，它主要由光源、起偏镜、样品管和检偏镜几部分组成。光源为炽热的钠光灯。起偏镜是由两块光学透明的方解石粘合而成，也称尼科尔棱镜。尼科尔棱镜的作用就像一个栅栏。普通光是在所有平面振动的电磁波，通过棱晶时只有振动平面和棱镜晶轴平行的光才能通过，从而产生了平面偏振光。这种只在一个平面振动的光叫做平面偏振光，简称偏光。样品管装待测的旋光性液体或溶液，其长度有1分米和2分米，对旋光度较小或溶液浓度较稀的样品，最好用2分米长的样品管。检偏镜的旋转角度与化合物的旋光度对应。使偏振光平面向右旋转（即顺时针方向）的旋光物质叫做右旋体，向左旋转（即反时针方向）的叫左旋体。

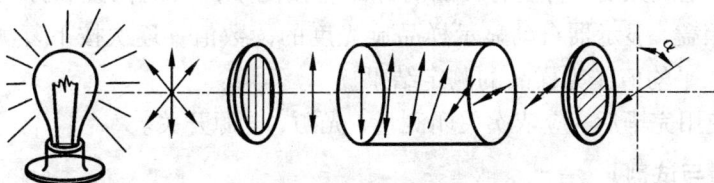

图2-43　旋光仪工作原理

物质的旋光度与测定时所用溶液的浓度、样品管长度、温度、所用光源的波长及溶剂的性质等因素有关。因此，常用比旋光度$[\alpha]$来表示物质的旋光性。当光源、温度和溶剂固定时，$[\alpha]$等于单位长度、单位浓度物质的旋光度。比旋光度$[\alpha]$是只与被测物质的分子结构有关的特征常数。

比旋光度$[\alpha]$的计算公式为：$[\alpha]_\lambda^t = \dfrac{\alpha}{c \cdot l}$

式中　$[\alpha]_\lambda^t$——旋光性物质在温度为$t°C$，光源波长为λ（通常是钠光源，以D表示）时的比旋光度；

α——旋光仪显示器的旋光度读数值；

l——样品管的长度，单位以分米（dm）表示；

c——溶液浓度，以1 mL溶液所含溶质的质量表示。

如果测定的旋光性物质为纯液体，比旋光度可由下式求出：

$$[\alpha]_\lambda^t = \frac{\alpha}{d \cdot l}$$

式中d为纯液体的密度（g/cm^3）；

表示比旋光度时通常还需标明测定时所用的溶剂。

【操作方法】

(1)打开电源开关，钠光灯启亮。稳定5 min，直至钠光灯发光稳定。打开光源开关，若光源开关关上后，钠光灯熄灭，则再将光源开关上下重复扳动一两次，使钠光灯在"直流"下点亮为正常。打开测量开关，这时数码管应有数字显示。

（2）零点校正，将装有空白溶剂的样品管放入样品室，盖上箱盖，待示数稳定后，按清零按钮。样品管中若有气泡，应先让气泡浮在凸颈处。样品管端帽不宜旋得过紧，以免产生应力，影响读数。样品管安放时应注意标记的位置和方向。按下复测开关，使显示器回零。重复三次。

（3）测定旋光度，将装有样品的样品管按测空白时的位置和方向放入样品室，盖好箱盖，显示器自动显示样品旋光度的读数值。逐次按下复测按钮，重复三次，取平均值作为样品的测定结果。

（4）使用完毕后，应依次关闭测量、光源、电源开关。

【仪器与试剂】

仪器：WZZ 型自动指示旋光仪。

试剂：D－果糖，蒸馏水。

【实验内容】

糖的旋光度的测定：

（1）溶液样品的配制　准确称取 10 g D－果糖，放入 100 mL 容量瓶中，加入蒸馏水至刻度。

（2）用蒸馏水做空白清零。

（3）旋光度的测定　将样品装入样品管测定旋光度，记下样品管的长度及溶液浓度。

（4）按公式计算比旋光度，用下式求得样品光学纯度，即手性产物的比旋光度与该纯净物的比旋光度之比：

$$光学纯度 = \frac{[\alpha]_D^t\ 观测值}{[\alpha]_D^t\ 理论值} \times 100\%$$

本实验约需 3 h。

实验指导

【预习要求】

1. 复习偏振光、旋光度、比旋光度、手性等概念。
2. 熟悉影响旋光度的因素及比旋光度的计算与表达方式。

【注意事项】

1. 实验前，应认真阅读仪器"操作指南"。

2. 应尽量将待测液装满样品管，若有气泡，应先让气泡浮在凸颈处，否则将影响测定结果。

3. 重复测定时，应注意样品管的方向，不要将样品管颠倒过来，否则将影响测定结果。

4. 实验完毕后应将样品管清洗干净，晾干备用。

【思考题】

1. 有哪些因素影响物质的比旋光度？

2. 测定旋光度时应注意哪些事项？

（编写：江文辉　　校核：罗一鸣）

实验 17　α-苯乙胺外消旋体的拆分
Resolution of Racemic α-phenylethylamine

【目的要求】

1. 掌握外消旋体的概念，熟悉对映体与非对映体的理化性质差异。

2. 初步掌握外消旋体的拆分方法，了解对光学活性物质纯度的初步评价。

【基本原理】

外消旋体是一对对映体(左旋体和右旋体)的等量混合物，没有旋光性。左旋体和右旋体除旋光性不同外，其他的物理性质通常相同，用一般的蒸馏、结晶、色谱分离等方法难于将其分离。要将外消旋体分离，必须采用拆分的方法。一般是利用形成非对映体的方法进行拆分。如果外消旋混合物内含有一个易于反应的基团——拆分基团，如羧基、氨基等，就可以让它与一个纯的光学活性物质——拆分剂发生反应，生成非对映体。由于非对映体具有不同的物理性质，便可采用常规的分离手段分开。然后经过一定的处理，去掉拆分剂，再转变成原来的化合物。

利用生成非对映异构体盐的拆分法关键是选择一个好的拆分剂。好的拆分剂必须具备以下特点：易与外消旋体形成非对映异构体盐，而且又容易被置换；在常用溶剂中，形成的非对映异构体盐的溶解度差别要大，两者之一必须能形成良好的结晶；价廉易得或回收率高；光学纯度很高，化学性质稳定。

常用的拆分剂有酒石酸、樟脑磺酸、苯乙醇酸等酸性拆分剂以及马钱子碱、麻黄碱、奎宁等碱性拆分剂。

另外，由于酶与其底物间严格的空间专一性反应，故也可采用生化的方法进行外消旋体的拆分；若选用具有光学活性的吸附剂，采用柱层析的方法也可把一对对映异构体拆开。

本实验用（＋）－酒石酸为拆分剂，它与（±）－α－苯乙胺形成非对映体的盐，其反应如下：

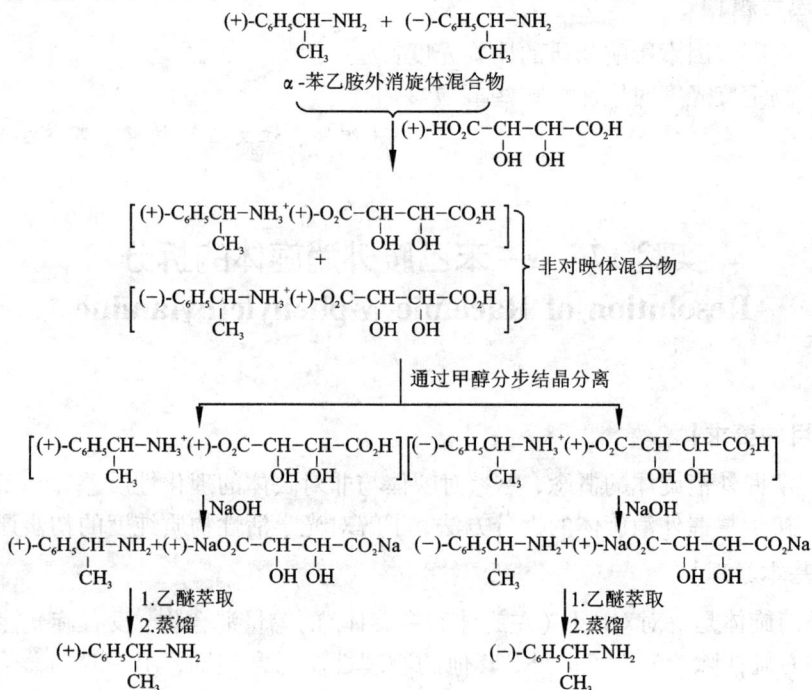

$$(+)\text{-}C_6H_5CH\text{-}NH_2 + (-)\text{-}C_6H_5CH\text{-}NH_2$$
$$\quad\quad\quad\ CH_3 \quad\quad\quad\quad\quad\quad\ CH_3$$

α-苯乙胺外消旋体混合物

$$(+)\text{-}HO_2C\text{-}CH\text{-}CH\text{-}CO_2H$$
$$\quad\quad\quad\quad OH\ \ OH$$

$$\left[\begin{array}{l} (+)\text{-}C_6H_5CH\text{-}NH_3^+(+)\text{-}O_2C\text{-}CH\text{-}CH\text{-}CO_2H \\ \quad\quad\quad CH_3 \quad\quad\quad\quad OH\ OH \\ \qquad\qquad\qquad + \\ (-)\text{-}C_6H_5CH\text{-}NH_3^+(+)\text{-}O_2C\text{-}CH\text{-}CH\text{-}CO_2H \\ \quad\quad\quad CH_3 \quad\quad\quad\quad OH\ OH \end{array} \right]$$ 非对映体混合物

通过甲醇分步结晶分离

$$\left[(+)\text{-}C_6H_5CH\text{-}NH_3^+(+)\text{-}O_2C\text{-}CH\text{-}CH\text{-}CO_2H \atop \quad CH_3 \quad\quad\quad\quad OH\ OH \right] \left[(-)\text{-}C_6H_5CH\text{-}NH_3^+(+)\text{-}O_2C\text{-}CH\text{-}CH\text{-}CO_2H \atop \quad CH_3 \quad\quad\quad\quad OH\ OH \right]$$

↓NaOH　　　　　　　　　　　↓NaOH

$$(+)\text{-}C_6H_5CH\text{-}NH_2+(+)\text{-}NaO_2C\text{-}CH\text{-}CH\text{-}CO_2Na \quad (-)\text{-}C_6H_5CH\text{-}NH_2+(+)\text{-}NaO_2C\text{-}CH\text{-}CH\text{-}CO_2Na$$
$$\quad CH_3 \quad\quad\quad\quad\quad\quad OH\ OH \quad\quad\quad\quad CH_3 \quad\quad\quad\quad\quad\quad OH\ OH$$

↓1.乙醚萃取　　　　　　　　↓1.乙醚萃取
↓2.蒸馏　　　　　　　　　　↓2.蒸馏

$$(+)\text{-}C_6H_5CH\text{-}NH_2 \quad\quad\quad\quad\quad (-)\text{-}C_6H_5CH\text{-}NH_2$$
$$\quad CH_3 \quad\quad\quad\quad\quad\quad\quad\quad CH_3$$

【仪器与试剂】

仪器：减压蒸馏装置，旋光仪。

试剂：（±）－α－苯乙胺，（＋）－酒石酸，甲醇，4 mol/L 氢氧化钠，乙醚，无水硫酸镁，50% 氢氧化钠溶液，无水乙醇，浓硫酸，丙酮，滤纸。

【实验内容】

1.（S）－（－）－α－苯乙胺

在 500 mL 锥形瓶中放入 7.8 g（0.051 mol）（＋）－酒石酸和 110 mL 甲醇，

加热至沸，搅拌下慢慢加入 6.5 g(±) – α – 苯乙胺(0.051 mol)(可事先测其旋光度)，注意加入时会起泡沫，不要加得太快。将溶液在室温下慢慢冷却，静置 24 h 后，析出棱形结晶(若析出的是针形结晶，要重新加热溶解，重新冷却至棱形结晶析出才行)。过滤结晶(母液保留待用)，并用少量冷甲醇洗涤，干燥，称得约 4.0 ~ 5.0 g，将其溶解于 4 倍量的水中，加入 3.8 mL 4 mol/L 氢氧化钠溶液，每次用 10 mL 乙醚提取，共 4 次。合并乙醚提取液，用无水硫酸镁干燥。水层倒入指定的容器中待回收(+) – 酒石酸。

将干燥后的乙醚溶液转入蒸馏瓶，先在水浴上蒸出乙醚，然后减压蒸馏 (S) – (–) – α – 苯乙胺，收集 84 ~ 85 ℃/3.47 kPa(26 mmHg) 的馏分[1]，产量约 1.0 ~ 1.5 g。计算产率，测定产物的旋光度，并计算其光学纯度[2]。

纯(S) – (–) – α – 苯乙胺的 $[\alpha]_D^{25} = -39.5°$

2. (R) – (+) – α – 苯乙胺

浓缩上述结晶母液，残渣用 40 mL 水和 6.5 mL 50% 氢氧化钠溶液溶解，用乙醚提取 3 ~ 4 次，每次用 12 mL。合并提取液，用无水硫酸镁干燥，蒸出乙醚。减压蒸出(R) – (+) – α – 苯乙胺粗品。将蒸出的粗胺液放在约 22 mL 乙醇中，加热至沸，向此热溶液中加入含浓硫酸的乙醇溶液约 45 mL(约加入浓硫酸 0.8 g)，待析出白色片状(R) – (+) – α – 苯乙胺的硫酸盐，过滤结晶。浓缩母液，得第二批结晶，共约 7 g。再将所得结晶溶于 12 mL 热水中，煮沸后加入适量丙酮至浑浊，冷却后得白色针状结晶。然后用 10 mL 水、1.5 mL 50% NaOH 水溶液溶解，用乙醚提取 3 次，每次 10 mL，合并乙醚提取液，用无水硫酸镁干燥。蒸出乙醚，减压下，于 72 ~ 74 ℃/2.26 kPa(17 mmHg) 蒸出无色透明油状物，即得(R) – (+) – α – 苯乙胺，约 1.4 g，测定产物的旋光度，并计算其光学纯度。

纯(R) – (+) – α – 苯乙胺的 $[\alpha]_D^{25} = +39.5°$。

【注释】

[1] 作为一种简化处理，可将干燥后的乙醚溶液直接过滤到事先称重的干燥的蒸馏瓶中，先在水浴上尽可能蒸出乙醚，再用水泵抽出残留的乙醚。这样，即可省去进一步的蒸馏操作。

[2] 在外消旋体拆分或不对称合成中并非得到纯净的对映体，通常用"光学纯度"来评价对映体的过量百分率。

光学纯度 = (实测的比旋光度/纯试样的比旋光度) × 100%

例如：某一试样(左旋)的光学纯度为 90%，即左旋体过量 90%(该试样中左旋体含量为 95%，而右旋体含量为 5%)

实验指导

【预习要求】

1.熟悉对映体、非对映体、外消旋体的概念与区别。

2.了解化学拆分的基本原理。

3.熟悉减压蒸馏的基本操作和旋光仪的正确使用。

【注意事项】

1.小心使用乙醚，防止火灾。

2.在进行减压蒸馏时，一定要按照正确的操作规程进行，以免发生意外事故。

3.在使用旋光仪时，切不可将旋光管随意放在实验桌上，以免滚落地上摔碎。

【思考题】

1.简述非对映异构体盐拆分法的原理。

2.本实验的关键步骤是什么？如何控制反应条件才能分离出纯的旋光异构体？

（编写：王微宏　　校核：罗一鸣）

2.3　光谱法鉴定有机化合物结构

近几十年发展起来的波谱方法已成为非常重要的研究物质结构的手段。在众多的物理方法中，红外光谱、核磁共振谱、质谱、紫外光谱广泛用于有机化合物的结构分析。除质谱外，这些波谱方法都是利用不同波长的电磁波对有机分子作用而产生的吸收光谱进行结构鉴定的。图2-44为各光谱与电磁波的关系示意图。波谱法具有微量、快速及不破坏被测试样的结构等优点，它的出现促进了复杂的有机化合物的研究和有机化学学科的发展。

2.3.1　红外光谱

红外光谱(infrared spectroscopy)简称 IR。根据红外光谱，可以定性推断分子结构，鉴别分子中所含的基团，也可用红外光谱定量地鉴别组分的纯度和进行剖析工作。它具有迅速准确、样品用量少等优点，多用于定性分析。用于定

波长增加

| X衍射 | 紫外光 | | 中红外 | 无线电 |

| 紫外 | 可见 | 近红外 | 核磁共振 |

20nm　　　400nm　800nm　2.5μm　25μm　　　1m　　　5m

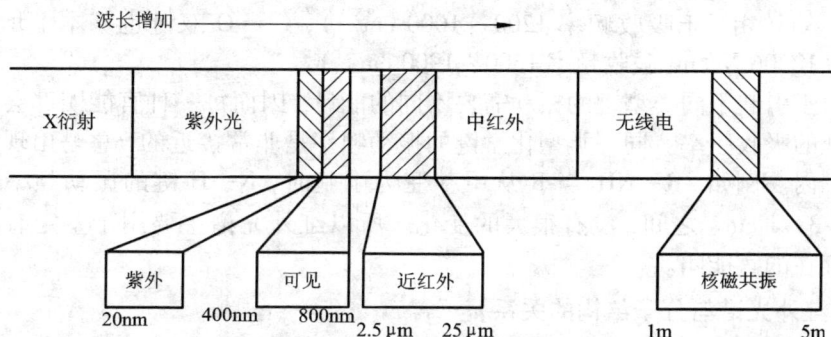

图 2 - 44　各光谱与电磁波的关系

量分析时,灵敏度较差,准确度也不高。

【基本原理】

当红外光透过有机分子试样时,某些频率的光被吸收。吸收红外光所产生的跃迁与分子内部的振动能级变化有关。有机分子中不同的键(如:C—C,C≡C,C—O,C≡C,C—H,O—H 和 N—H 等)具有不同的振动频率,因此可以通过红外光谱的特征吸收频率来鉴定这些键是否存在。

分子振动主要有伸缩振动(stretching)和弯曲振动(bending)两种形式。

双原子分子的振动方式可看作是两个原子在键轴方向上作简谐振动。根据胡克(Hooke)定律其振动频率与组成化学键的原子的折合质量和化学键的键力常数之间的关系可由下式表示。

$$\bar{v} = \frac{1}{2\pi c}\sqrt{\frac{k}{m^*}}$$

式中　$\bar{v}$——以波数表示的吸收频率;

　　　c——光速;

　　　k——键的力常数;

　　　m^*——相连原子的折合质量。

由上式可知,振动频率(波数)与原子折合质量的算术平方根成反比,而与键力常数 k 的算术平方根成正比。例如按以上公式计算得到的 C—H 键伸缩振动频率为 3040 cm^{-1},实验值为 2960 ~ 2850 cm^{-1}。如果用重氢取代氢,其吸收频率变为 2150 cm^{-1}。一般来讲,键力常数基本反映了 A—B 原子相连的化学键的强度,如 C—C 单键,k 值约为 4.5N/cm(相当于吸收频率 990 cm^{-1}),C≡C

双键约增加 1 倍，为 9.7 N/cm（吸收频率 1600 cm^{-1}）。C—O 单键 k 值约为 5.75 N/cm（相当于吸收频率 1200 ~ 1000 cm^{-1}），C ═O 双键也基本上增加 1 倍，为 12.06 N/cm（吸收频率 1600 ~ 1900 cm^{-1}）。

由于引起不同类型键的振动需要不同的能量，因而每一种官能团都会有一个特征的吸收频率。同一类型化学键的振动频率是非常接近的，总是出现在某一范围内。例如，R—NH$_2$ 当 R 从甲基变为丁基时，N—H 键的振动频率都在 3372 ~ 3371 cm^{-1} 之间，没有很大的变化。所以红外光谱主要用于鉴定有机分子中存在的官能团。

【红外光谱与分子结构的关系】

利用红外光谱鉴定有机化合物实际上就是确定基团和频率的相互关系。一般把红外光谱图分为两个区，即官能团区和指纹区。4000 ~ 1400 cm^{-1} 的官能团区称为红外光谱的特征区，分子中的官能团在这个区域中都有特定的吸收峰，该区域在分析中有很大的价值。在低于 1330 cm^{-1} 的区域（1330 ~ 400 cm^{-1}），吸收谱带较多，相互重叠，不易归属于某一基团，吸收带的位置可随分子结构的微小变化产生很大的差异。因而该区域的光谱图形千变万化，但对每种分子都是特征的，故将该区域称为指纹区。在指纹区内，每种化合物都有自己的特征图形，这对于结构相似的化合物，如同系物的鉴定是极为有用的，一些最简单的有机分子官能团的红外吸收列于表 2 – 11。

在同一类基团中影响谱带位置的因素主要有如下四个方面。

1. 诱导效应

由于取代基具有不同的电负性，通过静电诱导作用，引起分子中电子云密度的改变，从而导致分子中化学键的力常数 k 的变化，改变了基团的特征频率，例如：

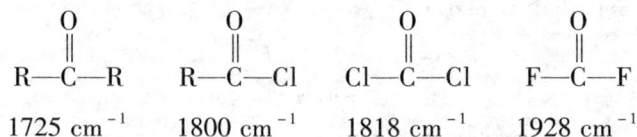

$$\underset{\substack{1725\ cm^{-1}}}{R\overset{\overset{O}{\|}}{-}C{-}R} \qquad \underset{\substack{1800\ cm^{-1}}}{R\overset{\overset{O}{\|}}{-}C{-}Cl} \qquad \underset{\substack{1818\ cm^{-1}}}{Cl\overset{\overset{O}{\|}}{-}C{-}Cl} \qquad \underset{\substack{1928\ cm^{-1}}}{F\overset{\overset{O}{\|}}{-}C{-}F}$$

2. 共轭效应

由于共轭效应引起电子离域，结果使原来的双键伸长，键力常数 k 减小，振动频率降低，例如：

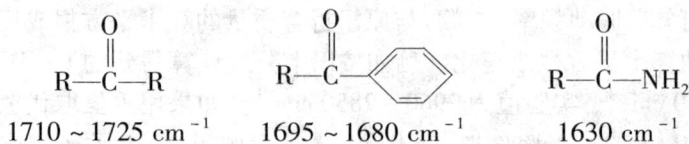

$$\underset{\substack{1710 \sim 1725\ cm^{-1}}}{R\overset{\overset{O}{\|}}{-}C{-}R} \qquad \underset{\substack{1695 \sim 1680\ cm^{-1}}}{R\overset{\overset{O}{\|}}{-}C{-}\bigcirc} \qquad \underset{\substack{1630\ cm^{-1}}}{R\overset{\overset{O}{\|}}{-}C{-}NH_2}$$

表 2 – 11 一些简单有机分子官能团的红外吸收

键的振动	振动频率/cm^{-1}	波长/μm	强 度
C—H 烷基(伸缩)	3000 ~ 2850	3. 33 ~ 3. 51	强
—CH$_3$(弯曲)	1450,1375	6. 90,7. 27	中
—CH$_2$—(弯曲)	1465	6. 83	中
烯烃(伸缩)	3100 ~ 3010	3. 23 ~ 3. 33	中
芳烃(伸缩)	3150 ~ 3050	3. 17 ~ 3. 28	中
(面外弯曲)	1000 ~ 700	10. 0 ~ 14. 3	强
炔氢(伸缩)	3300	3. 03	强
醛基(CH)	2900 ~ 2700	3. 45 ~ 3. 70	弱
C═C 烯烃	1680 ~ 1600	5. 95 ~ 6. 25	中 ~ 弱
芳烃	1600 ~ 1400	6. 25 ~ 7. 14	中 ~ 弱
C≡C 炔烃	2250 ~ 2100	4. 44 ~ 4. 76	中 ~ 弱
CH═O 醛羰基	1740 ~ 1720	5. 75 ~ 5. 81	强
C═O 酮	1725 ~ 1705	5. 80 ~ 5. 87	强
羧酸	1725 ~ 1700	5. 80 ~ 5. 88	强
酯	1750 ~ 1730	5. 71 ~ 5. 78	强
酰胺	1700 ~ 1640	5. 88 ~ 6. 10	强
酸酐	1800,1760	552,568	强
C—O 醇、醚、酯、羧酸	1300 ~ 1000	7. 69 ~ 10. 0	强
O—H 醇、酚(游离)	3650 ~ 3600	2. 74 ~ 2. 78	中
(氢键)	3500 ~ 3200	2. 86 ~ 3. 13	中
羧酸	3300 ~ 2500	3. 03 ~ 4. 00	中
N—H 伯、仲胺,酰胺	3500 ~ 3100	2. 86 ~ 3. 23	中
C≡N 氰基	2260 ~ 2240	4. 42 ~ 4. 46	强
NO$_2$ 硝基	1600 ~ 1500	6. 25 ~ 6. 67	强
	1400 ~ 1300	7. 14 ~ 7. 69	强
C—X 氟	1400 ~ 1000	7. 14 ~ 10. 0	强
氯	800 ~ 600	12. 5 ~ 16. 7	强
溴、碘	< 600	> 16. 7	强

3. 空间效应

分子中的空间位阻会使共轭效应受到限制，共轭效应受到破坏，使得吸收频率增大，如：

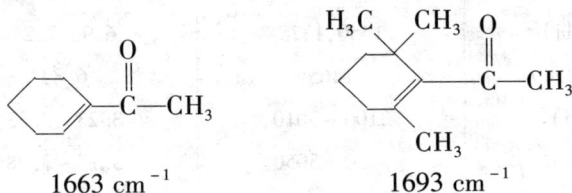

$$1663 \text{ cm}^{-1} \qquad\qquad 1693 \text{ cm}^{-1}$$

4. 氢键

醇、酚、羧酸和胺等化合物含 O—H，N—H 官能团，能够形成氢键，使 O—H 键长伸长，键力常数 k 减小，频率降低。当醇和酚浓度小于 0.01 mol/L 时，羟基处于游离态，在 3630 ~ 3600 cm^{-1} 出现吸收峰。当浓度增加时，会产生二聚体，于 3515 cm^{-1} 出现吸收峰。如果浓度再增加，还会形成多聚体，则于 3500 cm^{-1} 出现宽峰。

在羧酸溶液中也是一样，稀溶液中 C =O 吸收大约在 1760 cm^{-1}。在浓溶液、纯液体和固体中，由于 C =O 和 O—H 氢键产生二聚体，结果使两个峰均向低波数位移，其吸收分别在 1730 ~ 1710 cm^{-1} 和 3300 ~ 2500 cm^{-1} 范围内。后者为一个宽而强的谱带。分子内形成的氢键可使谱带大幅度向低频方向移动。

另外，根据苯环上 C—H 键的面外弯曲振动的吸收频率常常能确定环上取代基的位置。红外光谱的这些特征吸收谱带对于苯环上取代基位置的确定是十分有用的信息。

【样品的制备】

1. 固体样品

(1) 石蜡油研糊法(Nujol) 将固体样品 1 ~ 3 mg 与 1 滴石蜡油一起研磨约 2 min，然后将此糊状物夹在两片盐板中间即可放入仪器测试。其中石蜡油本身有几个强吸收峰，识谱时需注意。

(2) 熔融法 该法是对熔点低于 150 ℃的固体或胶状物将其直接夹在两片盐板之间融熔，然后测定其固体或熔融薄层的光谱。此方法有时会因晶型不同而影响吸收光谱。

(3) 压片法 将 1 mg 样品与 300 mg KCl 或 KBr 混匀研细，在金属模中加压 5 min，可得含有分散样品的透明卤化盐薄片，没有其他杂质的吸收光谱，但是 KBr 等盐易吸水，需注意操作。

2.液体样品

液体状态的纯化合物,可将一滴样品夹在两片盐板之间以形成一层极薄的膜,用于测定即可。

3.溶液样品

溶剂一般用四氯化碳、二硫化碳或氯仿。应用双光束分光计,以纯溶剂作参考。

4.气体样品

将气体样品灌注入专门抽空的气槽内进行测定。吸收峰的强度可通过调整气槽中样品的压力来达到。

不管哪种状态的样品的测定都必须保证其纯度大于98%,同时不能含有水分以避免羟基峰的干扰和腐蚀样品池的盐板。

【测定方法】

红外光谱仪分为色散型和干涉型两种。目前较普遍使用的多为色散型红外光谱仪,该红外光谱仪主要由三个基本部分组成,即红外光源、单色器和检测器。另外还有样品仓或特殊的样品分析装置、滤光器和放大记录系统。随着计算机技术的迅速发展,人工智能已经植入红外光谱的操作系统和分析系统。实现了计算机控制的软件操作、采样操作、系统诊断、谱图解析及帮助提示功能的同步一体化和高度自动化,使得测试工作快速、方便、准确。

近年来,一次性的红外样品测试卡已经应用于红外光谱的样品分析。这种方便的红外样品测试卡的载样区为直径 19 mm 含聚乙烯(PE)或聚四氟乙烯(PTFE)的微孔膜圆片。PE 和 PTFE 膜都是化学稳定性的,可用于 4000 ~ 400 cm^{-1}的红外分析,但对样品 3200 ~ 2800 cm^{-1}之间的脂肪族 C—H 伸缩振动有影响。所用的样品一般为含有 0.5 mg 固体样品或 5 μL 液体样品的有机溶液。用滴管将溶解的样品滴在薄膜上,几分钟后待溶剂在室温下挥发后即可测定。非挥发性的液体也可用该方法进行测定。采用溶液法、溴化钾压片法和聚乙烯膜测试卡测定的乙酰苯胺样品的红外谱图分别列于图 2 – 45。

目前比较先进的 Nicolet-Avator 360 全新智能型 FT-IR 仪配有标准取样附件和样品池。针对不同的类型的样品,插入相应的智能软件即可测定。

实验测试完毕后,应将玛瑙研钵、刮刀和模具接触样品部件用丙酮擦洗,红外灯烘干,冷却后放入干燥器中。红外光谱仪应在切断电源、光源冷却至室温后,关好光源窗。样品池或样品仓应卸除,以防样品污染或腐蚀仪器。最后将仪器盖上罩,登记和记录操作时间和仪器状况,经指导教师允许后方可离去。

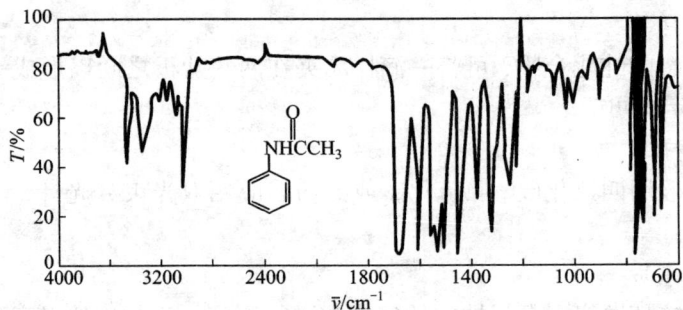

(a) 用溶液法(氯仿)测定

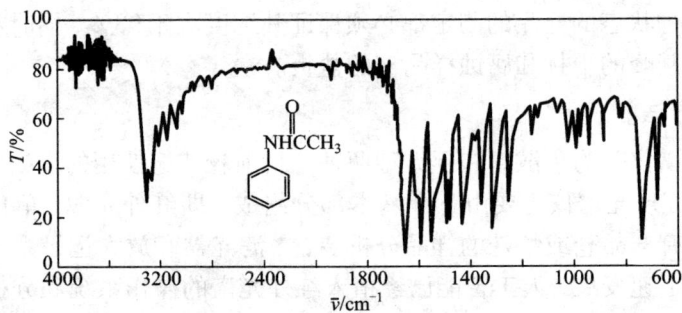

(b) 用溴化钾压片法测定

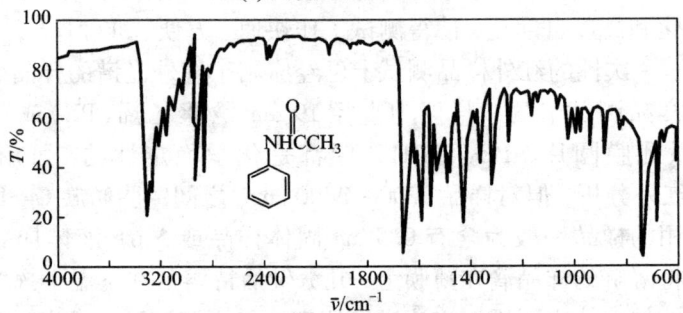

(c) 用聚乙烯膜卡测定

图 2-45　乙酰苯胺样品的红外谱图

【注意事项】

1. 水在 3710 cm^{-1} 和 1630 cm^{-1} 有强吸收峰,因此在做红外分析时,待测样品及盐片均需充分干燥处理。

2. 5000~660 cm^{-1} 范围内记录红外光谱时,宜采用氯化钠盐片;需在 830~400 cm^{-1} 范围内记录红外光谱时,宜采用溴化钠盐片。

3.为了防潮，在盐片上涂抹待测样品时，宜在红外干燥灯下干燥。测试完毕后，应及时用二氯甲烷或氯仿擦洗。干燥后，置于干燥器内备用。

4.石蜡为碳氢化合物，在 3030 ~ 2830 cm^{-1} 有 C—H 伸缩振动，在 1460 ~ 1375 cm^{-1} 有 C—H 的弯曲振动。故在红外解析时，应注意将这些峰划去，以免对图谱的正确解析产生干扰。

5.熟练地解析红外光谱图需要长期的知识经验积累。

2.3.2　核磁共振(NMR) Nuclear Magnetic Resonance

核磁共振(NMR)谱是现代化学家分析有机化合物结构最为有效的化学方法之一。该技术取决于当有机物被置于磁场中时所表现的特定核的核自旋性质。在有机化合物中所发现的这些核一般是 ^1H，^{13}C，^{19}F，^{15}N 和 ^{31}P，所有具有磁矩的原子核(即自旋量子数 $I > 0$)都能产生核磁共振。而 ^{12}C，^{16}O 和 ^{32}S 没有核自旋，不能用作 NMR 谱的研究。在有机化学中最有用的是氢核和碳核，氢的同位素中，^1H 质子的天然丰度比较大，核磁也比较强，比较容易测定。在组成有机化合物的元素中，氢是不可缺少的元素，本教材仅就 ^1H NMR 进行讨论。

最常用的频率为 400 MHz 的 NMR 仪，H_0 为 4.70 mT；频率为 500 MHz 的超导 NMR 仪，H_0 为 11.75 mT。目前 900 MHz 的超导 NMR 仪已经问世，这必将对有机化学、生物化学和药物化学的发展起到重要的促进作用。

【基本原理】

原子核是自旋的，由于质子带电，它的自旋产生一个小的磁矩。从另一方面来讲，自旋量子数为 +1/2 或 -1/2。有机化合物的质子在外加磁场中，其磁矩与外加磁场方向相同或相反。这两种取向相当于两个能级，其能量差 ΔE 与外加磁场的强度成正比：

$$\Delta E = h\gamma H_0/2\pi$$

式中　γ——磁旋率(质子的特征常数)；

h——普朗克常数。

如果用能量为 $h\nu = \Delta E$ 的电磁波照射，可使质子吸收能量，从低能级跃迁到高能级，即发生共振。

图 2-46 表明了磁场强度 H_0 和自旋态能量差之间的相互关

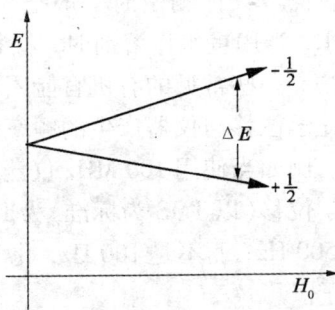

图 2-46　自旋态能量差与磁场的相互关系

系，可以看出自旋态能量差与 H_0 成正比。

在核磁共振的测试中，样品管置于磁场强度很大（400 MHz 仪器的 9.40 mT）的电磁铁腔中，用固定频率（400 MHz）的无线电磁波照射时，在扫描发生器的线圈中通直流电，产生一微小的磁场，使总磁场强度有所增加。当磁场强度达到一定的 H_0 值，使上式中的 ν 值恰好等于照射频率时，样品中的某一类质子发生能级跃迁，得到能量吸收曲线，接受器就会收到信号，记录仪就会产生 NMR 图谱。由此式可得：

$$\nu = \gamma H_0 / 2\pi$$

1. 化学位移（chemical shift）

质子的共振频率不仅由外加磁场和核的磁旋率决定，而且还受到质子周围的分子环境的影响。某一个质子实际受到的磁场强度，不完全与外磁场相同。质子由电子云包围，这些电子在外界磁场的作用下发生循环的流动，又产生一个感应磁场。假若它和外界磁场是以反平行方向排列的，这时质子所受到的磁场强度将减少一点，称为屏蔽效应。屏蔽得越多，对外界磁场的感受就越少，所以质子在较高的磁场强度下才发生共振吸收。相反，假若感应磁场是与外界磁场平行排列的，就等于在外加磁场下再增加了一个小磁场，即增加了外加磁场的强度。此时，质子受到的磁场强度增加了，这种情况称为去屏蔽效应。电子的屏蔽和去屏蔽效应引起的核磁场共振吸收位置的移动称为化学位移。

化学位移用 δ 来表示，可以用总的外加磁场的百万分之几（10^{-6}）来计量。在确定化合物结构时，要准确地测出 10^{-6} 数量级的变化是非常困难的，所以在实际操作中一般都选择适当的化合物作为参照标准。^{1}H NMR 测定中最常用的参照物是四甲基硅烷（tetramethylsilane，TMS）。将它的质子共振位置定为零。由于它的屏蔽比一般的有机分子大，故大多数有机化合物中质子的共振位置呈现在它的左侧。具体测定时一般把 TMS 溶入被测溶液中，称为内标法。TMS 不溶于重水，当用重水作溶剂时，将装有 TMS 的毛细管置于被测重水中测定，称为外标法。一些常见的有机官能团质子的化学位移列于图 2 - 47 中。

由于化学位移与仪器产生的频率成正比，因此频率越高，化学位移也就分开得越大。例如当使用 100 MHz 仪器时，观察到的质子共振频率是 100 Hz，相对应的化学位移（以 TMS 为标准）为 1.0。如果用 500 MHz 仪器测定时，质子共振出现在 500 Hz，而不是 100 Hz，化学位移仍然是 1.0。这样可分开原来不易分开的质子。

在同一分子中的氢核，由于化学环境不同，化学位移受到影响。影响化学位移的主要因素有相邻基团的电负性、各向异性效应、范德华效应、溶剂效应及氢键作用。

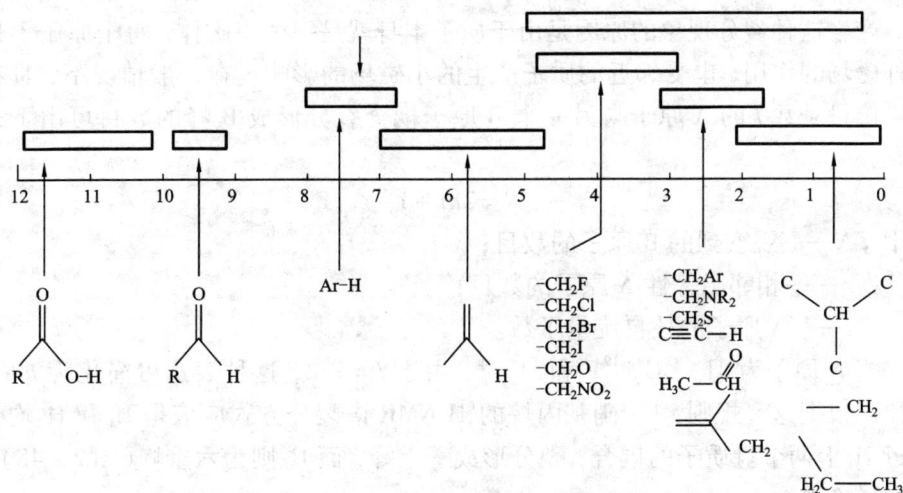

R—C(=O)—O—H　　R—C(=O)—H　　Ar—H　　　　　　　　　—CH₂F
　　　　　　　　　　　　　　　　　　　　　　　　　　　—CH₂Cl
　　　　　　　　　　　　　　　　　　　　　　　　　　　—CH₂Br
　　　　　　　　　　　　　　　　　　　　　　　　　　　—CH₂I
　　　　　　　　　　　　　　　　　　　　　　　　　　　—CH₂O
　　　　　　　　　　　　　　　　　　　　　　　　　　　—CH₂NO₂

图 2 – 47　一些常见有机官能团质子的化学位移

1 – 硝基丙烷的 ^{1}H NMR 谱给出了三组峰(图 2 – 48)。其中心峰的化学位移值分别为 1.0, 2.0 和 4.4, 表明该分子中存在三种不同化学类型的氢键。由于硝基表现出强的吸电子性, 使邻近的 H_a 的电子云密度降低, 对该质子的屏蔽效应显著降低, 成为去屏蔽效应, 因而 H_a 的化学位移出现在低场。随着碳链的增加, 这种去屏效应逐渐降低, 所以 1 – 硝基丙烷中氢质子的化学位移顺序为 $H_a > H_b > H_c$。

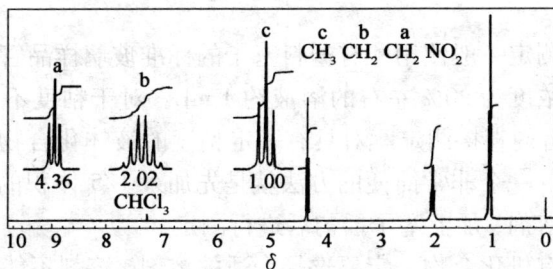

图 2 – 48　1 – 硝基丙烷的 ^{1}HNMR 谱图(300MHz, CDCl₃)

2. 自旋耦合

在有机化合物的 ^1H NMR 谱图中同一类质子吸收峰个数增多的现象叫做裂分。产生这种裂分现象的原因是由于质子本身就是一个小磁体，每个原子不仅受外磁场的作用，也受邻近的质子产生的小磁场的影响。在一般情况下，具有核自旋量子数 I 的 A 原子与另一个 B 原子耦合裂分形成 B 峰的数目可由下式得到：

$$N = 2nI + 1$$

式中　N——观察到的 B 原子的数目；

　　　n——相邻磁等性 A 原子的数目；

　　　I——A 原子的核自旋量子数。

当 A 原子为 ^1H，^{13}C，^{19}F 和 ^{31}P 时，由于 $I = 1/2$，这种表达可简化为 $n+1$ 规律。根据这一规则，1 – 硝基丙烷的 ^1H NMR 谱裂分方式应该是 H_c 和 H_a 均受邻近 H_b 上两个氢质子的耦合，裂分形成三重峰，而 H_b 则为六重峰（图 2 – 48）。

3. 峰面积

在 ^1H NMR 谱图中，每组峰的面积与产生这组信号的质子数成正比。比较各组信号的峰面积，可以确定各种不同类型质子的相对数目。近代核磁共振仪都具有自动积分功能，可以在谱图上记录下积分曲线。峰面积一般用阶梯式积分曲线来表示，积分曲线由低场向高场扫描。在有机化合物的 ^1H NMR 谱图中，从积分曲线的起点到终点的高度变化与分子中质子的总数成正比，而每一阶梯的高度则与相应质子的数目成正比。现代核磁共振仪也可将分子中各种质子的比值数标于其相应的峰下。例如，图 2 – 48 中 1 – 硝基丙烷的 H_a，H_b，H_c 质子面积比值为 3∶2∶2。

【实验方法】

1. 核磁共振测定一般使用配有塑料塞子的标准玻璃样品管。选用适当的溶剂溶解并配制成浓度为 20% 左右的溶液约 1 mL。对于粘度不大的液体有机化合物，可以不用溶剂直接测定。对具有一定粘度的液体化合物样品，最好在有溶剂条件下测定。一个非常简便的方法就是先加入 1/5 体积的被测物质，然后加入 4/5 体积的溶剂，加上塞子摇匀后进行测定。

2. 对于固体有机化合物一定要选择合适的溶剂，溶剂不能含有氢质子。最常用的有机溶剂是 CCl_4。随着被测物质极性的增大，就要选择氘代的溶剂 $CDCl_3$ 或 D_2O。如果这些溶剂不适用，一些特殊的氘代溶剂如 CD_3OD，CD_3COCD_3，C_6D_6，DMSO – d_6 和 DMF – d_7 等都可用来进行测定。如果有机样品对酸性不敏感,可用三氟乙酸作溶剂(其 $\delta > 12$),不干扰其他质子的吸收。值得注意的是,这些溶剂常常导致化学位移与在 CCl_4 和 $CDCl_3$ 测定条件下的偏差。但是这种偏差有时可能有利于分开由 CCl_4 或 $CDCl_3$ 引起重叠形成的吸收峰。

3. 如果溶剂中不含 TMS,则需向样品中加入 1~2 滴 TMS 作内标。

4. 装样完毕后,即在老师指导下进行测试。

【图谱的解析】

核磁共振谱的解析可以提供有关分子结构的丰富资料。根据每一组峰的化学位移可以推测与产生吸收峰的氢核相连的官能团的类型;自旋裂分的形状提供了邻近的氢的数目;而峰的面积可算出分子中存在的每种类型氢的相对数目。

在解析未知化合物的核磁共振谱时,一般步骤如下:

1. 首先区别有几组峰,从而确定未知物中有几种不等性质子(即电子环境不同,在图谱上化学位移不同的质子)。

2. 计算峰面积比,确定各种不等性质子的相对数目。

3. 确定各组峰的化学位移值,再查阅有关数据表,确定分子中间可能存在的官能团。

4. 识别各组峰自旋裂分情况和耦合常数值,从而确定各不等性质子的周围情况。

5. 总结以上几方面的信息资料,提出未知物的一个或几个与图谱相符的结构或部分结构。

6. 最后参考未知物其他的资料,如红外光谱、沸点、熔点、折射率等,确定未知物的结构。

【注意事项】

1. 如果样品呈液态,可以直接测试。如果是固体样品,或是粘性较大的液体,就需配成溶液进行测试。

2. 用氘代的溶剂如 $CDCl_3$ 或 D_2O 时,活性质子会与氘氢交换,因而这些质子的信号会消失。

3. 用 D_2O 作溶剂时,由于 TMS 不溶于其中,则可采用4,4-二甲基-4-硅代戊磺酸钠(TSPA)$(CH_3)_2SiCH_2CH_2CH_2SO_3Na$ 作为基准物。

（编写：唐瑞仁　校核：王微宏）

第三章　有机化合物基本合成实验

实验 18　环己烯的制备
Preparation of Cyclohexene

【目的要求】

1. 学习用环己醇脱水制取环己烯的原理和方法。

2. 初步掌握分馏的基本操作技能。

3. 学习液体有机化合物的干燥,熟悉分液漏斗的操作。

【基本原理】

本实验采用酸催化环己醇脱水的方法来制备环己烯。这是一个通过碳正离子中间体进行的单分子消去反应(E_1)。

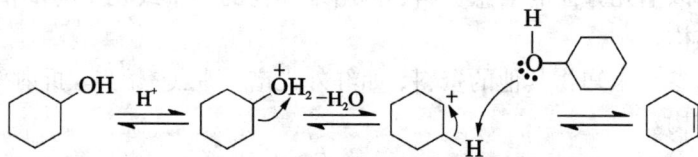

在平衡混合物中,环己烯沸点最低,可以边生成边蒸出,从而提高产率。

【仪器与试剂】

仪器:分馏装置,蒸馏装置。

试剂:环己醇(沸点 160.84℃,相对密度 0.9624),浓磷酸(浓度为 85%),饱和食盐水,无水氯化钙。

【操作步骤】

在 50 mL 干燥的圆底烧瓶中,加入 10.4 mL(10.0 g,0.10 mol)环己醇及 5 mL浓磷酸和几粒沸石,充分振荡使之混合[1],装上分馏装置,用小锥形瓶作接受器,置于冰水浴中。

用小火加热混合物至沸腾，**控制分馏柱顶部温度不超过 90℃**[2]，缓慢蒸出生成的环己烯和水(混浊液体)[3]。若无液体蒸出时，可把火加大。当烧瓶中只剩下很少量的残渣并出现阵阵白雾时，即可停止加热。全部分馏时间约需1小时。

馏出液用食盐饱和，再加 3 mL 5% 碳酸钠溶液中和微量的酸。然后将液体转入分液漏斗中，振摇后静置分层，**分出有机相(哪一层?)**，加 1～1.5 g 无水氯化钙干燥[4]。

待液体完全澄清透明后，滤入干燥的烧瓶中，水浴加热蒸馏[5]，收集 82～85℃ 的馏分于一已称重的干燥锥形瓶中。产量 4～5 g。

纯粹环己烯为无色液体，沸点 83℃，d_4^{20}0.8102，n_D^{20}1.4465。

本实验约需 4 小时。

【注释】

[1] 脱水剂可以是磷酸和硫酸。磷酸的用量必须是硫酸的一倍以上，但它却比硫酸有明显的优点：一是不生成碳渣，二是不产生难闻气体(用硫酸则易生成 SO_2 副产物)。

[2] 最好用简易空气浴加热，使蒸馏烧瓶受热均匀。因为反应中环己烯与水形成共沸物(沸点 70.8℃，含水 10%)，环己醇与环己烯形成共沸物(沸点 64.9℃，含环己醇 30.5%)，环己醇与水形成共沸物(沸点 97.8℃，含水 80%)，所以温度不可过高，蒸馏速度不宜过快，以减少未反应的环己醇蒸出。

[3] 在收集和转移环己烯时，宜充分使之冷却以免因挥发而损失。

[4] 应尽可能将水层分离完全，否则将增加无水氯化钙的用量，使产物更多地被吸附而招致损失。本实验用无水氯化钙干燥比较合适，因为它可除去少量未反应的环己醇。

[5] 产品是否清亮透明，是衡量产品是否合格的外观标准，因此在蒸馏已干燥的产物时，所用蒸馏仪器都必须充分干燥。

实验指导

【预习要求】

1. 复习烯烃的一般制法和醇在酸性条件下脱水成烯的反应历程。

2. 参看"实验4　分馏"，了解分馏的基本原理和实验装置。

【思考题】

1.在制备过程中为什么要控制分馏柱顶部的温度？

2.在粗制的环己烯中，加入食盐使之饱和的目的何在？

3.写出无水氯化钙吸水后的化学反应方程式，为什么蒸馏前一定要将它过滤掉？

（编写：詹国平　校核：罗一鸣）

实验 19　正丁醚的制备
Preparation of *n*-Butyl Ether

【目的要求】

1.掌握酸催化醇经分子间脱水制备醚的反应原理和实验方法。

2.学习使用分水器的实验操作。

3.掌握液体的干燥方法，巩固萃取和蒸馏等基本操作。

【基本原理】

采用醇分子间脱水是制备单醚的常用方法。在制备正丁醚时，因原料正丁醇（沸点 117.7℃）和产物正丁醚（沸点 142℃）的沸点都较高，且都难溶于水，故可使反应在装有水分离器的回流装置中进行，控制加热温度，并将生成的水或水的共沸物不断蒸出。

主反应：

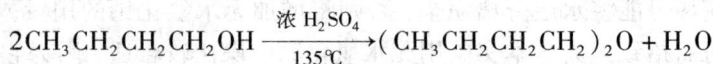

$$2CH_3CH_2CH_2CH_2OH \xrightarrow[135℃]{浓\ H_2SO_4} (CH_3CH_2CH_2CH_2)_2O + H_2O$$

副反应：

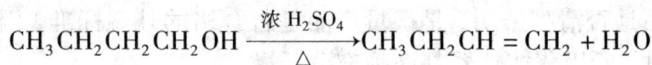

$$CH_3CH_2CH_2CH_2OH \xrightarrow[\triangle]{浓\ H_2SO_4} CH_3CH_2CH = CH_2 + H_2O$$

【仪器与试剂】

仪器：分水回流装置，蒸馏装置，分液漏斗。

试剂：正丁醇（沸点 117.7℃，相对密度 0.8098），浓硫酸，50% 硫酸，无水氯化钙。

【操作步骤】

在干燥的 50 mL 三口烧瓶中加入 15.5 mL（12.5 g，0.17 mol）正丁醇，将 2.2 mL 浓硫酸缓慢加入，**振荡使之混合均匀（否则，加热易炭化！）**，加入几粒沸石。三口瓶一侧口安装温度计，温度计的水银球浸入液面以下，另一侧口用塞子塞住，中口装上分水器，分水器上端接一回流冷凝管，先在分水器中放置（V－2）mL 水[1]，然后将烧瓶小火加热，使溶液微沸，回流分水。随着反应的进行，回流液经冷凝管收集于分水器内，分液后水层沉于下层，上层有机相返回烧瓶中[2]。当烧瓶内反应物温度上升至135℃左右，且**分水器全部被水充满时，表明反应已基本完成**，即可停止反应。若继续加热，则溶液变黑并有大量副产物烯烃生成。

待反应物冷却至室温后，把混合物连同分水器里的水一起倒入盛有 25 mL 水的分液漏斗中，充分振荡，静置后弃去水层。有机层依次用 16 mL 50% 硫酸分两次洗涤[3]，10 mL 水洗涤，然后用无水氯化钙干燥。将干燥后的产物滤入蒸馏瓶中进行蒸馏，收集 139～145℃ 馏分。产量 5～6 g。

纯正丁醚为无色液体，沸点 142.4℃，折光率为 $n_D^{20}1.3992$。

本实验约需 4 h。

【注释】

[1] V 为分水器的体积，本实验根据理论计算失水体积为 1.52 mL，实际分出水的体积略大于计算量，故分水器放满水后需先放出约 2 mL 水。

[2] 本实验利用恒沸点混合物蒸馏的方法将反应生成的水不断从反应中除去。正丁醇、正丁醚和水可能生成以下几种恒沸点混合物：

恒沸点混合物		沸点/℃	$w/\%$		
			正丁醚	正丁醇	水
二元	正丁醇－水	93.0		55.5	45.5
	正丁醚－水	94.1	66.6		33.4
	正丁醇－正丁醚	117.6	17.5	82.5	
三元	正丁醇－正丁醚－水	90.6	35.5	34.6	29.9

反应开始后，生成的水以共沸物形式不断排出，反应瓶内主要是正丁醇和正丁醚，反应物温度在维持 118～120℃，随着反应的进行，温度逐渐升高，反应后期温度可达到 140℃。

[3] 用 50% 硫酸处理的原因是由于正丁醇能溶解于 50% 硫酸中，而产物正丁醚则很少溶解的原理，因此可以除去未反应的正丁醇。也可以用下述方法来精制粗丁醚：待混合物冷却后，转入分液漏斗，仔细用 20 mL 2 mol/L 氢氧化

钠溶液洗至碱性，然后用 10 mL 水及 10 mL 饱和氯化钙溶液洗去未反应的正丁醇，后续处理如前法一样进行干燥、蒸馏。

实验指导

【预习要求】

1. 复习单醚的一般制法。

2. 参看"图 1 – 5"中的分水回流装置，了解分水器的使用方法。

【思考题】

1. 假如正丁醇的用量为 50 g，试计算在反应中将生成多少体积的水？

2. 怎样得知反应接近完全？

3. 反应物冷却后为什么要倒入 25 mL 水中？各步洗涤的目的何在？

（编写：詹国平　校核：罗一鸣）

实验 20　正溴丁烷的制备
Preparation of *n*-Butyl Bromide

【目的要求】

1. 学习制备正溴丁烷的原理与方法。

2. 练习带有气体吸收装置的回流加热操作。

3. 巩固蒸馏、分液、洗涤、干燥等基本操作。

【基本原理】

卤代烷制备中的一个主要方法是由醇与氢卤酸发生亲核取代反应来制备。在实验室制备正溴丁烷是用正丁醇与氢溴酸反应得到。氢溴酸是一种极易挥发的无机酸，因此在制备时采用溴化钠与硫酸作用产生氢溴酸直接参与反应。该反应主要按 S_N2 机理进行。先是正丁醇的氧原子接受质子生成质子化的醇，然后溴负离子进攻 α 碳，并离去一分子水，得到正溴丁烷。

主要反应：

$$NaBr + H_2SO_4 \longrightarrow HBr + NaHSO_4$$

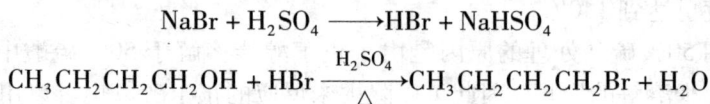

$$CH_3CH_2CH_2CH_2OH + HBr \xrightarrow[\triangle]{H_2SO_4} CH_3CH_2CH_2CH_2Br + H_2O$$

副反应：

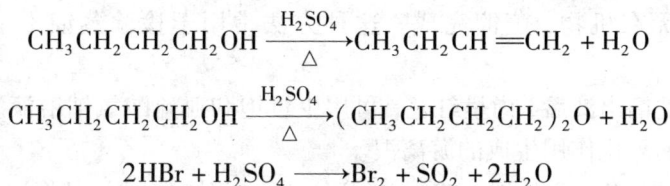

$$CH_3CH_2CH_2CH_2OH \xrightarrow[\triangle]{H_2SO_4} CH_3CH_2CH = CH_2 + H_2O$$

$$CH_3CH_2CH_2CH_2OH \xrightarrow[\triangle]{H_2SO_4} (CH_3CH_2CH_2CH_2)_2O + H_2O$$

$$2HBr + H_2SO_4 \longrightarrow Br_2 + SO_2 + 2H_2O$$

【仪器与试剂】

仪器：回流－吸气装置（图1－4）；蒸馏装置。

试剂：正丁醇（沸点117.7℃，相对密度0.8098），无水溴化钠，浓硫酸，饱和碳酸钠溶液，无水氯化钙。

【操作步骤】

在50 mL三颈烧瓶中，加入8.3 g（0.08 mol）研细的溴化钠[1]、6.2 mL（5 g，0.068 mol）正丁醇和几粒沸石，安装好回流－吸气装置[2]，用5%氢氧化钠溶液作吸收剂。将事先混合并冷却好的10 mL浓硫酸和10 mL水的混合液（**浓硫酸缓慢加入水中！边加边搅动并冷水浴冷却**）从三颈瓶的侧口加入到三颈烧瓶中，振摇。空气浴小火回流35 min（此过程中，要时常摇动烧瓶。**如用磁力搅拌，反应效果更好**）。反应完毕，稍冷却后，改成蒸馏装置（**补加沸石！**），蒸出粗产物正溴丁烷[3]（**残留液应趁热倒入酸液回收瓶中**）。

将馏出液转入分液漏斗，用等体积水洗涤[4]，分液，小心地将有机层转入另一干燥的分液漏斗中，用等体积的浓硫酸洗涤[5]，尽量分去硫酸层。有机层依次用等体积的水、饱和碳酸氢钠溶液及水洗涤[6]后，用无水氯化钙干燥（间歇振荡，直到液体澄清为止）。

将干燥好的液体转入干燥的蒸馏烧瓶中，空气浴加热蒸馏，收集99～102℃的馏分。称重。产物约3~4 g[7]。

纯正溴丁烷为无色透明液体，沸点101.6℃，折光率 n_D^{20}1.4399。

本实验约需5小时。

【注释】

[1] 如用含结晶水的溴化钠（NaBr·2H_2O），应按物质的量进行换算。

[2] 使漏斗口恰好接触水面，切勿浸入水中，以免倒吸。

[3] 正溴丁烷是否蒸完，可从下列几个方面判断：

(1) 馏出液是否由浑浊变为澄清；

(2) 反应瓶上层油层是否消失；

(3) 取一试管收集几滴馏出液，加水摇动，观察有无油珠出现，如无，表示馏出液中已无有机物，蒸馏完成。这种方法常用于检验蒸馏不溶于水的有机物。

[4] 水洗馏出液后，尚呈红色，可用少量饱和亚硫酸氢钠溶液洗涤以除去由于浓硫酸的氧化作用生成的游离溴。

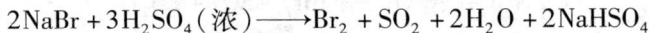

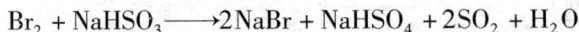

$$2NaBr + 3H_2SO_4(浓) \longrightarrow Br_2 + SO_2 + 2H_2O + 2NaHSO_4$$

$$Br_2 + NaHSO_3 \longrightarrow 2NaBr + NaHSO_4 + 2SO_2 + H_2O$$

[5] 此步洗涤可在干燥锥形瓶中进行。即将有机层放入一干燥锥形瓶中，再加等量的浓硫酸，塞好，振摇。然后将混合物倒入分液漏斗中分液。

[6] 各步洗涤，均需注意何层取之，何层弃之。若不知密度，可根据水溶性来判断。

[7] 可用阿贝折射仪测定产品的折光率以检查纯度，参看"实验15　折射率的测定"。

实验指导

【预习要求】

1. 复习简单蒸馏操作。
2. 复习分液漏斗的使用和保养。
3. 参看"图 1 – 4(c)"，了解气体吸收回流装置的操作。

【思考题】

1. 加料时，为什么不可以先使溴化钠与浓硫酸混合，然后加入正丁醇和水？

2. 反应后的粗产物可能含有哪些杂质？各步洗涤的目的何在？

3. 回流加热后反应瓶中的内容物呈红棕色，这是什么缘故？蒸馏出粗正溴丁烷后，残余物应趁热倒入回收瓶中，何故？

4. 本实验的产品经气相色谱分析，常含有 1% ~ 2% 的 2 – 溴丁烷，而原料中经检测并没有 2 – 丁醇，试解释之。

5. 若本实验产物的 IR 图谱中 3000 cm^{-1} 以上有吸收峰，你认为产品中可能含有什么杂质？

（编写：詹国平　校核：罗一鸣）

实验 21 2 - 甲基 -2 - 己醇的制备
Preparation of 2 - Methyl - 2 - Hexanol

【目的要求】

1. 了解 Grignard 试剂的制备、应用和 Grignard 试剂反应的条件。

2. 学习简单无水操作技术。

3. 巩固回流、萃取、蒸馏等操作技能。

【实验原理】

卤代烷在无水乙醚中与金属镁反应生成烷基卤化镁（又称 Grignard 试剂或格氏试剂），芳香卤代烃和乙烯基卤代物则需要在沸点较高的无水四氢呋喃溶剂中与镁作用生成格氏试剂。Grignard 试剂能与环氧乙烷、醛、酮和羧酸酯等发生亲核加成反应，其加成产物用酸性水溶液分解可得到醇类化合物。

因为水和氧可以破坏格氏试剂，故格氏反应必须在无水和无氧条件下进行。

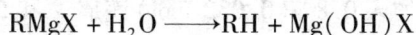

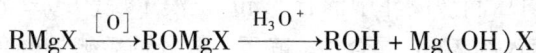

$$RMgX + H_2O \longrightarrow RH + Mg(OH)X$$

$$RMgX \xrightarrow{[O]} ROMgX \xrightarrow{H_3O^+} ROH + Mg(OH)X$$

因此，**所用的仪器和试剂必须充分干燥**，且反应时最好用氮气赶走反应瓶中的空气。以乙醚作溶剂时，则可以借乙醚的挥发赶走空气。由于**格氏反应为放热反应**，所以，制备格氏试剂时，必须先加少量卤代烃和镁作用，用碘引发后再滴加余下的卤代烃，且滴加速度不能太快，应保持乙醚溶液微沸，否则可能造成暴沸而使反应物溅出。同时若卤代烃局部浓度过大可导致较多偶联副产物的生成。

$$RMgX + RX \longrightarrow R - R + MgX_2$$

格氏试剂与醛酮的加成反应及加成物的稀酸水解也是放热的，均须待反应液充分冷却后才能进行操作。对于遇酸极易脱水的醇，最好用氯化铵溶液水解。

本实验用正溴丁烷与镁在无水乙醚中直接作用生成格氏试剂——正丁基溴化镁，再与丙酮发生亲核加成反应，加成物经稀酸水解即得 2 - 甲基 -2 - 己醇。反应式如下：

$$n-\mathrm{C_4H_9Br} + \mathrm{Mg} \xrightarrow{\text{无水乙醚}} n-\mathrm{C_4H_9MgBr}$$

$$n-\mathrm{C_4H_9MgBr} + \mathrm{CH_3COCH_3} \xrightarrow{\text{无水乙醚}} n-\mathrm{C_4H_9\underset{|}{C}(CH_3)_2}$$
$$\mathrm{OMgBr}$$

$$n-\mathrm{C_4H_9\underset{|}{C}(CH_3)_2} + \mathrm{H_2O} \xrightarrow{H^+} n-\mathrm{C_4H_9\underset{|}{C}(CH_3)_2}$$
$$\mathrm{OMgBr} \qquad\qquad\qquad\qquad \mathrm{OH}$$

【仪器与试剂】

仪器：三颈瓶，恒压滴液漏斗，干燥管，球形冷凝管，恒温磁力搅拌器，分液漏斗，蒸馏装置。

试剂：正溴丁烷(沸点 101.6℃，相对密度 1.270)，无水乙醚，丙酮，**以上试剂须经无水处理**。镁，晶状碘，乙醚，10% 硫酸，5% 碳酸钠，无水碳酸钾，冰。

【操作步骤】

1. 正丁基溴化镁的制备

在恒温磁力搅拌器上，安装 50 mL 三颈瓶，三颈瓶中口安装回流冷凝管，一侧口安装恒压滴液漏斗，另一口塞好。在冷凝管的上口安装氯化钙干燥管[1]。瓶内放入搅拌子，加入 0.8 g(0.032 mol)镁屑[2]和 5 mL 无水乙醚及一小粒碘[[3]]。在恒压滴液漏斗中混合 4 mL 正溴丁烷(0.032 mol)和 5 mL 无水乙醚。先向瓶内滴入约 2 mL 混合液，静置，数分钟后碘的颜色消失，溶液呈微沸状态，表明反应已引发[4]。若不发生反应，可用温水浴加热。反应开始比较剧烈，必要时可用冷水冷却反应瓶。待反应缓和后，再从三颈瓶侧口加入 7.5 mL 无水乙醚[5]。开动搅拌(预先温度设置为 20℃)，滴入滴液漏斗中其余的混合液，**控制滴加速度保持反应液不加热时呈微沸状态**，必要时可用冷水浴冷却反应瓶。加完后，在热水浴上回流 10 min(水浴温度约 40℃)，使镁条几乎作用完全，此时可能仍有一些暗色颗粒未溶。停止加热，**待反应混合物冷却后，再进行下一步反应**(将水浴锅中热水用胶管引出，加入冷水荡洗两次后再加入冰水)。

2. 2-甲基-2-己醇的制备

将上面制好的格氏试剂在冰水浴中冷却好，搅拌下，自恒压滴液漏斗**缓慢滴入 2.4 mL 丙酮(1.9 g，0.032 mol)和 3 mL 无水乙醚的混合液，控制滴加速度，勿使反应过于猛烈**。加完后，在室温下继续搅拌 10 min。

将反应瓶在冷水浴冷却和搅拌下，滴入 25 mL 10% 硫酸溶液，分解上述加成产物(**开始滴入宜慢，加入近半后可逐渐加快**)。待分解完全后，将溶液倒入分液漏斗中，分出醚层。水层再分别用 5 mL 普通乙醚萃取 2 次，合并醚层，用 7 mL 5% 碳酸钠溶液洗涤一次，分液后，有机层用无水碳酸钾干燥。

将干燥好的粗产物的醚溶液小心倾入干燥的 25 mL 烧瓶中，使用热水浴蒸去乙醚，再空气浴加热蒸出产品，收集 137~143℃ 馏分。产量约 2 g。

纯 2-甲基-2-己醇的沸点为 143℃，折光率 n_D^{20} 1.4175。

本实验约需 6 h。

【注释】

[1] 进行格氏反应时，所用仪器必须绝对清洁、干燥。所用仪器在烘箱烘干后，取出稍冷即放入干燥器中冷却。或将仪器取出后，在开口处用塞子塞好，以防止在冷却过程中玻璃壁吸附空气中的水分。

反应试剂必须无水、无醇。正溴丁烷用无水氯化钙干燥并蒸馏纯化；丙酮用无水碳酸钾干燥后经蒸馏纯化。

[2] 必须使用干净、无氧化层的镁，剪细后，烘干。若有氧化膜，可采用下列方法除去之：用 5% 的盐酸溶液作用数分钟，过滤除去酸液后，依次用水、乙醇、乙醚洗涤，然后置于干燥器备用。

[3] 碘粒最好从安装滴液漏斗的颈口加入，以便与后加入的少量正溴丁烷与乙醚的混合液作用。

[4] 引发时不要搅拌。碘颜色消失、出现浑浊直至自发沸腾表明反应开始。

[5] 为保证实验成功，必须待反应开始后，在搅拌下慢慢滴加余下的大部分乙醚和正溴丁烷的混合液。

实验指导

【预习要求】

1. 复习格氏试剂的性质及其在有机合成中的应用。

2. 了解制备格氏试剂的方法及格氏反应的条件。

3. 了解本实验中为了使反应在无水条件下进行所采取的有关措施。

4. 参看"1.4.4 常用电器设备"相关内容，了解磁力加热搅拌器的使用。

【思考题】

1. 写出溴化正丁基镁与下列化合物作用的反应式，包括加成产物经酸分解步骤。

（1）二氧化碳

（2）乙醛

（3）苯甲酸乙酯（提示：先通过亲核取代生成酮，而酮比酯更活泼）

2. 市售的无水乙醚通常含有少量乙醇和水，如果用这种乙醚，对格氏试剂的生成有什么影响？解释原因。

3. 本实验各步骤均为放热反应，如何控制反应平稳进行？

4. 实验中正溴丁烷与乙醚的混合液加入过快有何不好？

（编写：蒋金枝　校核：罗一鸣）

实验 22　乙酰苯胺的制备
Preparation of Acetyl Aniline

【目的要求】

1. 学习苯胺乙酰化的原理及操作方法。

2. 熟悉分馏操作。

3. 巩固重结晶提纯固体有机物的原理和方法。

【基本原理】

乙酰化常用来保护伯胺和仲胺。因游离胺能参与许多反应，而乙酰胺的碱性和亲核性比游离胺弱，参与这些典型反应的倾向较小，并且乙酰胺难氧化。芳胺酰化后，芳环上亲电取代反应的活性比苯胺小，而氨基很容易通过酰胺在酸或碱催化下水解重新产生，利用酰化反应可以保护氨基。

胺可用乙酸酐、乙酰氯或冰乙酸等酰基化试剂来进行酰化，酰卤活性最高，酸酐次之。用冰乙酸时，虽价格便宜，但需要较长的反应时间，须将反应生成的水除去。

本实验采用苯胺与冰乙酸反应制备乙酰苯胺，反应是可逆的，为提高转化率，加入过量的冰乙酸，同时不断地把生成的水移出反应体系，促使反应接近完全。为了让生成的水蒸出，而又尽可能地让沸点相近的乙酸少蒸出来，本实验采用分馏柱进行分馏。同时加入少量的锌粉，以防止反应过程中苯胺被氧化。反应式如下：

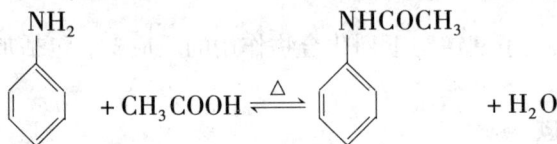

【仪器与试剂】

仪器：分馏装置（见图2－13），抽滤装置。

试剂：苯胺（沸点184℃；相对密度1.022），冰醋酸（沸点117.9℃，相对密度1.0492），乙酸酐（沸点139℃，相对密度1.080），锌粉，冰。

【操作步骤】

1. 用乙酸作酰化剂制备

在50 mL干燥的圆底烧瓶中，加入5 mL（5.1 g，0.055 mol）苯胺[1]，7.4 mL（7.4 g，0.13 mol）冰乙酸、0.1 g锌粉和几粒沸石。装上分馏柱、蒸馏头、温度计，接上冷凝管，安装成分馏装置。空气浴小火加热，**保持微沸，不让蒸气进入分馏柱**。15分钟后，逐渐升高温度，将反应中生成的水和少量乙酸缓慢、恒速地蒸出（**馏出温度控制在105～108℃之间**），当顶部温度下降或反应混合液冒白烟时，表明反应生成的水和大部分过量的乙酸已蒸出[2]，停止加热（约1 h）。将反应混合物趁热倒入盛有100 mL冷水的烧杯中，边加边剧烈搅拌，避免产物结成大块。冷却后，抽滤收集固体，然后用少量冷水洗涤，压干。粗产物用水重结晶（大约15 mL/g，参看"实验6　重结晶"），适量活性炭脱色，**趁热过滤**[3]（可使用折叠滤纸常压过滤，也可抽滤）。滤液冷却至室温，冰水浴冷却尽可能析晶完全，然后抽滤收集晶体，用少量冷水洗涤，抽干。**将晶体转移至干净、干燥并已称重的表面皿上，铺开**，放入烘箱于90℃下干燥至恒重，产量约4～5 g，测熔点。

纯粹乙酰苯胺的熔点114.3℃。

本实验约需5 h。

2. 用乙酐作酰化剂制备

在100 mL烧杯中，加入苯胺2 mL（0.024 mol）、30 mL水和3 mL乙酸酐（0.032 mol），用玻棒充分搅拌，待大量白色沉淀析出后，将烧杯放入冰水浴中冷却5～7 min，使沉淀析出完全，然后抽气过滤，使沉淀与母液分离，用少量冷水洗涤烧杯将沉淀尽可能转移到布氏漏斗中，抽干，得乙酰苯胺粗品，用水重结晶（参照"实验6　重结晶"），**将晶体转移至干净、干燥并已称重的表面皿上，铺开**，放入烘箱于90℃下干燥至恒重，产率约75%，测熔点。

纯粹乙酰苯胺的熔点114.3℃。

【注释】

[1] 久置的苯胺颜色变深，使用前最好减压蒸馏精制，因为有色杂质影响乙酰苯胺质量。

〔2〕预先小火加热 15 min，以产生一定量的水。馏出液约 4 mL。

〔3〕若粗品颜色较浅，可少加活性炭。减压热过滤时，真空度不宜太高，否则滤纸在热溶液作用下易破。

实验指导

【预习要求】

1. 了解本实验的原理和方法。

2. 参看"实验4　分馏"，了解分馏的原理和装置。

3. 复习固体有机化合物重结晶操作(参见实验6)。

4. 说明本实验粗产物中可能存在的杂质以及除去的方法。

【思考题】

1. 本实验采取哪些措施以提高反应转化率？

2. 为什么分馏出水之前要小火加热，保持微沸 15 min？

3. 若本反应的产率为 85%，如果要制备 10 g 乙酰苯胺，苯胺的用量是多少？

4. 若由苯胺制备对硝基苯胺，通常先将苯胺转化为乙酰苯胺，再硝化，最后水解，为什么？

（编写：蒋金枝　校核：罗一鸣）

实验 23　乙酰水杨酸的制备
Preparation of Acetyl Salicylic Acid

【目的要求】

1. 学习用乙酸酐作酰化剂制备乙酰水杨酸的原理和方法。

2. 巩固重结晶、熔点测定等基本操作。

3. 了解乙酰水杨酸的药用价值。

【基本原理】

水杨酸，化学名称为邻羟基苯甲酸($pK_a = 2.98$)，其酸性比苯甲酸($pK_a = 4.12$)和对羟基苯甲酸($pK_a = 4.56$)都强。水杨酸本身就是一个可以止痛、治疗风湿病和关节炎的药物。

水杨酸是一个具有双官能团的化合物，一个是酚羟基，一个是羧基。羟基和羧基都可发生酯化反应，当其与乙酸酐作用时就可以得到乙酰水杨酸，即阿司匹林(Aspirin)，阿司匹林是一种历史悠久的解热镇痛药，也可用作扩张心血管的药物。

反应式：

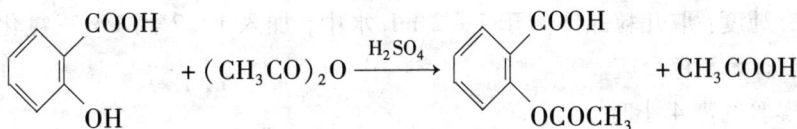

由于水杨酸本身具有两个不相同的官能团，分子间可发生缩合反应形成少量的聚合物。为了除去这部分杂质，可使乙酰水杨酸变成钠盐，而高聚物不溶于水，便可达到分离提纯的目的。

水杨酸存在分子内氢键，影响反应的进行，可以加入少量浓硫酸来破坏水杨酸的分子内氢键。反应进行得完全与否，可以用三氯化铁溶液进行检测。由于酚羟基可与三氯化铁水溶液反应形成深紫色的络合物，所以未反应的水杨酸与稀的三氯化铁溶液反应呈正结果，而纯净的阿司匹林不会产生紫色。

【仪器与试剂】

仪器：回流装置，抽滤装置

试剂：水杨酸(熔点160℃)；乙酸酐(沸点139℃，相对密度1.080)，饱和碳酸氢钠溶液，1%三氯化铁溶液；浓硫酸；浓盐酸；苯；冰水。

【操作步骤】

在50 mL干燥的圆底烧瓶中，加入2 g(0.015 mol)水杨酸和5 mL(0.05 mol)新蒸馏的乙酸酐[1]，**在振摇下，缓慢滴加5~7滴浓硫酸**，继续摇动使水杨酸**全部溶解**，安装回流装置[2]，在水浴上(约75~80℃)加热约15 min，稍冷后，拆除回流装置，在剧烈搅拌下将反应液倒入盛有50 mL冷水的烧杯中，继续搅拌，以防止形成块状固体或使产生的固体尽可能分散。在冰水浴中冷却约20 min使结晶析出。抽滤，用少量水洗涤，用玻璃塞压紧并抽干，称重，粗品约1.8 g。

将粗产品放入100 mL烧杯中，分批加入25 mL饱和碳酸氢钠溶液，并不断搅拌，直至无二氧化碳气泡产生为止。抽滤，除去不溶性杂质，用 2～3 mL 水洗涤漏斗。将滤液转入洁净的 100 mL 烧杯中，搅拌下滴加 1:1 的盐酸(V/V，约10 mL，酸化至 pH≈2)。在冰浴中充分冷却，使结晶析出。抽滤，用少量冷水洗涤，用玻璃塞压紧并抽干，将结晶转移至干燥的表面皿上，晾干[3]，称重。测熔点[4]。

纯粹乙酰水杨酸为针状晶体，熔点为 135～136℃。

检查纯度：取几粒晶体溶于 1～2 mL 水中，加入 1～2 滴 1% 三氯化铁溶液，观察有无颜色反应。

本实验约需 4 小时。

【注释】

[1] 全部仪器要干燥，药品也要干燥处理，乙酐易水解，要使用新蒸馏的，收集 139～140℃ 的馏分。

[2] 圆底烧瓶可用锥形瓶代替，可在烧瓶上插一空气冷凝管代替回流冷凝管。

[3] 乙酰水杨酸受热后易发生分解，分解温度为 128～135℃。产品采取自然晾干或在 90℃ 下干燥。

[4] 由于乙酰水杨酸受热后易发生分解，测定熔点时，应先将载体加热至 120℃ 左右，然后放入样品测定。

实验指导

【预习要求】

1. 熟悉水杨酸的基本性质及制备乙酰水杨酸的化学原理。

2. 复习基本操作中固体有机化合物重结晶的原理和操作。

3. 分析本实验粗产物中可能存在的杂质以及去除的方法。

【思考题】

1. 制备乙酰水杨酸时，加入浓硫酸的目的是什么？

2. 反应中可能产生的副产物是什么？如何除去副产物？

3. 如果一瓶阿司匹林已变质，能否通过闻味来鉴别？

4. 如何定性和定量分析阿司匹林的纯度？

实验 24　乙酸正丁酯的制备
Preparation of *n*-Butyl Acetate

【目的要求】

1. 通过乙酸正丁酯的制备，加深对酯化反应的理解。
2. 掌握提高可逆反应转化率的实验方法。
3. 熟悉回流、分水器的使用、萃取、蒸馏等基本操作。
4. 学习折射率测定技术。

【基本原理】

本实验采用乙酸和正丁醇在浓硫酸的催化下制备乙酸正丁酯。由于酯化反应可逆，可利用分水器将生成的水不断从反应体系中移走，或者加入过量的某一反应物，促使平衡向右移动，以提高反应的转化率。反应式如下：

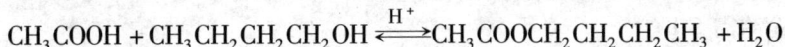

$$CH_3COOH + CH_3CH_2CH_2CH_2OH \underset{}{\overset{H^+}{\rightleftharpoons}} CH_3COOCH_2CH_2CH_2CH_3 + H_2O$$

【仪器与试剂】

仪器：回流装置，分水器，分液漏斗，蒸馏装置，阿贝折射仪。

试剂：冰乙酸(沸点 118℃，相对密度 1.0492)，正丁醇(沸点 117.7℃，相对密度 0.8097)，浓硫酸，饱和氯化钠溶液，饱和碳酸钠溶液，无水硫酸镁，pH试纸。

【操作步骤】

1. 直接回流法制备

在 50 mL 干燥的圆底烧瓶[1]中，加入 8.5 mL(9 g，0.15 mol)冰乙酸和 1 mL 浓硫酸。摇匀后，加入 6.9 mL(5.5 g，0.075 mol)正丁醇，充分混合，加几粒沸石，装上回流冷凝管，混合物空气浴加热回流 80 min。稍冷，拆除反应装置，将混合物倒入分液漏斗中，用少量冷水洗涤烧瓶，并将涮洗液合并至分液漏斗中，加入 20 mL 饱和氯化钠溶液，振摇后静置，待分层后，分出下层水溶液，有机相用 10 mL 饱和碳酸钠溶液洗涤至水层**呈微碱性为止**(若仍为酸性，再用饱和碳酸钠溶液洗涤)。分出水层，酯层再用 10 mL 水洗涤至中性，**仔细分出水层**，将酯层倒入一干燥锥形瓶中，用约 1 g 无水硫酸镁干燥[2]。

将干燥好的粗产物滤入或小心倾入**干燥的 25 mL 蒸馏烧瓶**中，加几颗沸石，空气浴加热蒸馏，收集 123～126℃馏分，产量约 6 g。用阿贝折射仪测定产品的折射率(参见实验 15),并换算成 20℃下的折射率。

纯粹乙酸正丁酯的沸点为 126.5℃,折光率 n_D^{20} 1.3947。

2. 回流分水法制备

在干燥的 50 mL 圆底烧瓶中,加入 4.3 mL(4.5 g,0.075 mol)冰乙酸和 6.9 mL(5.5 g,0.075 mol)正丁醇,再加入 4~6 滴浓硫酸。摇匀后,加几粒沸石,然后安装分水器及回流冷凝管[3],分水器中**预先加水(小心加水,不要流入烧瓶)至略低于支管口**(约低于 5 mm,作一记号),加热回流(先小火回流),反应一段时间后将水逐渐分出,**保持分水器中水在原来的高度**,若不再有水生成(约 40 min),表示反应完毕,停止加热,记录分水量(根据分水量,可粗略估计酯化反应完成的程度)。冷却后,拆除回流冷凝管,向分水器中加水将油层排入反应烧瓶中,将烧瓶混合液倒入分液漏斗中,用 10 mL 水洗涤,分出水层,酯层用 10 mL 饱和碳酸钠溶液洗涤至水层呈微碱性为止(若仍为酸性,再用饱和碳酸钠溶液洗涤)。

后续操作与"直接回流法"相同。

本实验约需 5 h。

【注释】

[1] 本实验回流反应和最后蒸馏出产品的操作所使用的仪器均须干燥,包括取试剂的量筒。

[2] 蒸馏前,粗产物必须干燥完全,否则由于丁醇、水和乙酸丁酯间形成二元或三元恒沸物,导致蒸馏时前馏分多,影响产率。

[3] 本实验利用恒沸混合物除去酯化反应生成的水。含水的恒沸混合物冷凝为液体时,分为两层,上层为含水量较少的酯和醇,下层主要是水。

(编写:蒋金芝　校核:罗一鸣)

实验指导

【预习要求】

1. 复习酯化反应的历程,了解提高酯化反应转化率的实验方法。

2. 参看图 1-4(a)回流装置和图 1-5(b)分水回流装置。

3. 了解折射仪的操作及测定折射率的原理和意义(实验 15)。

【思考题】

1. 本实验采用了什么方法来提高转化率?

2.反应结束时，混合物中有哪些杂质？这些杂质是如何除去的？

3.为什么洗涤粗品时不用 NaOH 溶液而用饱和碳酸钠溶液？

4.比较两种方法所用的实验装置和试剂用量有何不同。哪种方法更好？

实验 25　乙酰乙酸乙酯的制备
Preparation of Ethyl Acetoacetate

【目的要求】

1.了解 Claisen(克莱森)酯缩合制备乙酰乙酸乙酯的原理和方法。

2.学习金属钠的取用和残留物的处理方法。

3.学习无水操作及减压蒸馏操作。

【基本原理】

含有 α－H 的酯在碱催化下能发生克莱森(Claisen)酯缩合反应，生成 β－酮酸酯。在实验室，利用乙酸乙酯在醇钠作用下发生此类反应可以制备乙酰乙酸乙酯。其中，乙醇钠可以由金属钠和乙酸乙酯中残留的乙醇作用得到。反应过程如下：

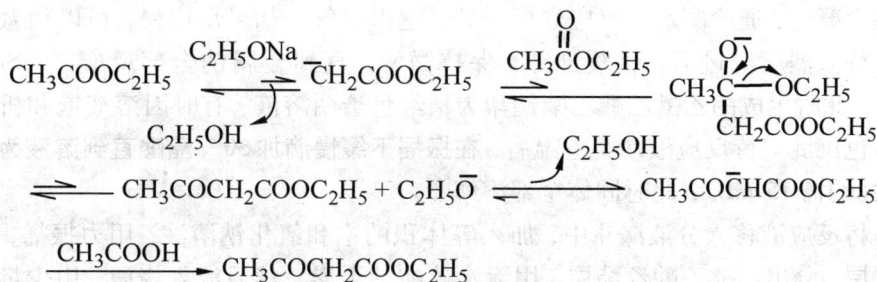

$$CH_3COOC_2H_5 \xrightleftharpoons[C_2H_5OH]{C_2H_5ONa} CH_2COOC_2H_5 \xrightleftharpoons{CH_3\overset{O}{\overset{\|}{C}}OC_2H_5} CH_3\overset{\overset{O^-}{|}}{\underset{CH_2COOC_2H_5}{C}}\!\!-OC_2H_5$$

$$\xrightleftharpoons{} CH_3COCH_2COOC_2H_5 + C_2H_5\bar{O} \xrightarrow{C_2H_5OH} CH_3CO\bar{C}HCOOC_2H_5$$

$$\xrightarrow{CH_3COOH} CH_3COCH_2COOC_2H_5$$

乙醇钠夺取乙酸乙酯的 α－H 产生碳负离子，该碳负离子对另一分子酯的羰基进行亲核加成，然后消除乙氧负离子得到乙酰乙酸乙酯。由于乙酰乙酸乙酯亚甲基氢的酸性($pK_a \approx 11$)明显强于乙醇($pK_a \approx 17$)，在乙氧负离子的作用下几乎不可逆地发生质子交换生成乙酰乙酸乙酯的钠盐。最后，用乙酸酸化得乙酰乙酸乙酯。总反应为：

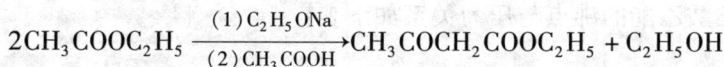

$$2CH_3COOC_2H_5 \xrightarrow[(2)CH_3COOH]{(1)C_2H_5ONa} CH_3COCH_2COOC_2H_5 + C_2H_5OH$$

乙酰乙酸乙酯在有机合成上有重要应用。工业上主要由乙烯酮的二聚体通过乙醇醇解得到。

$$H_2C\!-\!C\!-\!O \xrightarrow{\ C_2H_5OH\ } CH_3COCH_2COOC_2H_5$$

【仪器与试剂】

仪器：回流装置，减压蒸馏装置（见实验 2 中图 2-5）。

试剂：乙酸乙酯（沸点：77℃，相对密度 0.89）；Na（熔点：97.5℃），二甲苯（沸点：140℃；相对密度：0.8678），50% 醋酸，饱和 NaCl 溶液，无水 Na_2SO_4，1% 三氯化铁溶液。

【操作步骤】

在 50 mL 干燥的圆底烧瓶中，放置 2 g（0.087 mol）金属钠[1]和 10 mL 干燥好的二甲苯。装上回流冷凝管，在冷凝管上端装上一个氯化钙干燥管。加热回流使钠熔融，停止回流，**迅速拆除冷凝管，用橡皮塞塞住烧瓶，趁热用力振摇**[2]，得到细粒状钠珠。

倾出二甲苯，快速加入 22 mL（0.227 mol）乙酸乙酯[3]，重新装好带有干燥管的冷凝管，通冷凝水。反应立即开始，逸出氢气。如果反应慢，可以稍微加热。待激烈反应过后，缓缓加热，保持微沸，直到金属钠全部反应[4]（约需 1 h），此时生成的乙酰乙酸乙酯钠盐为桔红色透明溶液，有时因溶液饱和析出淡黄色沉淀。待反应液冷至室温后，**在振摇下缓慢滴加 50% 醋酸直到溶液为弱酸性**（约需 15 mL），此时固体全部溶解[5]。

将反应液移入分液漏斗中，加入等体积的饱和氯化钠溶液，用力振摇，静置分层，分出乙酰乙酸乙酯层，用无水硫酸钠干燥。然后滤入烧瓶，用少量乙酸乙酯冲洗干燥剂。先水浴常压蒸馏除去未发生反应的乙酸乙酯后，将剩余液移入干燥的 25 mL 烧瓶中，安装减压蒸馏装置进行减压蒸馏，收集一定压力下的馏分[6]（**减压蒸馏时必须缓慢升温，待残留的低沸点物蒸出以后，再升高温度**），收集产品，称重，产量约 4.8 g。

纯净乙酰乙酸乙酯的沸点 180.4℃，无色透明液体，具有水果香味。折射率 n_D^{20} 1.4192。

乙酰乙酸乙酯的沸点与压力关系如下表：

压力/mmHg	760	80	60	40	30	20	18	14	10
沸点/℃	181	100	97	92	88	82	78	74	67

1 mmHg≈133 pa

本实验约需 6 h。

【注释】

[1] 钠遇水即燃烧、爆炸，使用时严禁与水接触！实验中，所有钠碎片及沾有钠碎片的滤纸或瓶塞均需置于专用的烧杯中，待用乙醇处理。用镊子取金属钠块，滤纸抹干，在垫有木板的滤纸上用小刀切取，并称重。动作应迅速，钠块可切成较大的块状，以免氧化。钠的用量可酌予增减，其幅度控制在1.8～2.2 g。产率按钠用量计算。

[2] 如果用玻璃塞，须在瓶口夹一纸条，否则塞子难以打开。振摇时注意安全，可用布手套或干布裹住瓶颈，要握紧烧瓶并护住塞子，**快速而有力地来回振摇**，往往最初的数下有力振摇即可达到要求。**钠珠的颗粒大小决定着与酯反应的速度**，钠珠越细越好，应呈小米粒状，否则须重新加热熔融再摇。

[3] 乙酸乙酯必须绝对无水（可以含1%～3%乙醇），如果含较多水或乙醇，必须进行提纯：将需提纯的乙酸乙酯用饱和氯化钙溶液洗涤数次，再用焙烧过的无水碳酸钾干燥，蒸馏，收集76～78℃馏分。

[4] 如果还有少量钠，不影响下一步操作，但酸化时须小心操作。

[5] 酸化时，开始有固体乙酰乙酸乙酯钠盐，继续酸化，固体逐渐转化为游离的乙酰乙酸乙酯而成为澄清的液体。如果最后还有少量固体未完全溶解，可加少量水溶解，但不要加过量的醋酸，否则会因为乙酰乙酸乙酯的溶解度增加而降低产量。

[6] 可以用磁力搅拌代替毛细管法进行减压蒸馏。乙酰乙酸乙酯在常压蒸馏时易分解，产生"去水乙酸"。本实验最好连续进行，间隔时间太久再减压蒸馏，也会由于去水乙酸的形成而使产量降低。反应式如下：

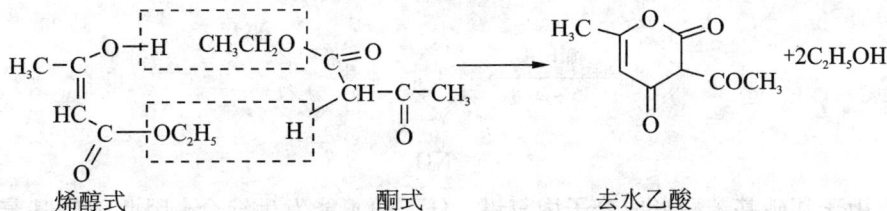

关于"去水乙酸"名称的由来可参看：张本才. 化学通报. 1991.12.51－54。

实验指导

【预习要求】

1. 复习 Claisen 酯缩合反应及其反应机理。
2. 认真阅读实验注释，熟悉安全使用金属钠的操作方法和注意事项。
3. 参看"实验2"，了解减压蒸馏基本操作。

【思考题】

1. 为什么与羰基相连碳上的氢有酸性？如何用实验方法证明乙酰乙酸乙酯是两种互变异构的平衡混合物？
2. 制备钠珠时，为什么使用二甲苯做溶剂，而不用苯或甲苯？
3. 为什么用醋酸酸化，而不用稀盐酸或稀硫酸酸化？酸化时，为什么要调至弱酸性，而不是中性？
4. 分离提纯时，使用饱和氯化钠溶液的目的是什么？

（编写：陈国辉　校核：罗一鸣）

实验 26　邻硝基苯酚和对硝基苯酚的制备
Preparation of *o*-Nitrophenol and *p*-Nitrophenol

【目的要求】

1. 学习苯酚硝化反应的原理及方法。
2. 学习水蒸气蒸馏操作；进一步练习重结晶操作。

【基本原理】

苯酚在较低温度下硝化，生成邻硝基苯酚和对硝基苯酚。反应式：

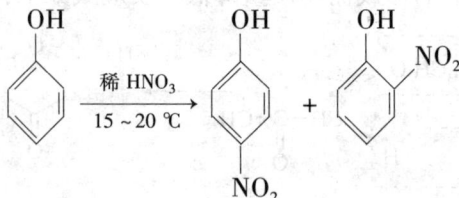

由于邻硝基苯酚形成分子内氢键，分子间不能发生缔合，因此邻硝基苯酚难溶于水，且沸点较低，挥发性较大，可用水蒸气蒸馏法将邻硝基苯酚（沸点：

216℃)和对硝基苯酚(沸点：279℃)分离。

【仪器与试剂】

仪器：水蒸气蒸馏装置(见实验3：图2-9)。

试剂：苯酚，浓硫酸，硝酸钠，95%乙醇，浓盐酸，活性炭。

【操作步骤】

1. 邻硝基苯酚和对硝基苯酚的制备

在500 mL圆底烧瓶中加入11.5 g(约0.27 mol)硝酸钠及30 mL水，然后小心加入10.5 mL(约0.17 mol)浓硫酸，将混合物用冰水浴冷却。在冷却过程中称取7 g(约0.07 mol)苯酚置于50 mL烧杯中，加入2 mL水，温热搅拌至溶[1]。在冷却状态下，将苯酚用滴管逐滴加入烧瓶中，滴加过程中要不断旋摇反应瓶。**控制滴加速度，使反应温度维持在10~15℃之间**[2]。滴完后，将反应混合物放置30 min，并经常摇动，使反应完全。然后用冰水冷却，此时有黑色块状物及针状晶体析出。用倾泻法除去酸液，残余固体物再用水以倾泻法洗涤2~3次(每次约20 mL水)，尽量除去剩余的酸[3]。

安装水蒸气蒸馏装置对反应混合物进行水蒸气蒸馏，馏出物为邻硝基苯酚。当馏出液中无黄色油滴出现时，停止蒸馏。稍冷，拆去水蒸气蒸馏装置。将馏出物置于冰水浴中冷却，有黄色固体析出。抽滤，干燥，即得邻硝基苯酚粗品，约3 g。

将蒸馏瓶中的残余物倒入400 mL烧杯中，加入5 mL浓盐酸，0.5 g活性炭及适量水，使总体积约为80 mL，然后直火加热煮沸10 min。趁热过滤，所得滤液再用活性炭脱色一次，热过滤，冷却滤液，使固体析出，抽滤，干燥后，即得对硝基苯酚粗品，约2 g。

2. 重结晶提纯

将所得邻硝基苯酚粗品溶于温热(40~50℃)的乙醇中，制成热的饱和溶液(约需乙醇6~8 mL，若有不溶物可过滤除去)，向醇溶液中滴入适量温水至出现浑浊。然后再温水浴温热至溶液澄清，冷却，析出亮黄色针状晶体。抽滤，即得邻硝基苯酚纯品，干燥，称重。

将所得对硝基苯酚粗品用2%的稀盐酸重结晶(稀盐酸用量约为20~30 mL)。先制成热的饱和溶液，加入活性炭脱色，趁热过滤，冷却滤液析晶，抽滤得对硝基苯酚纯品，干燥，称重。

纯邻硝基苯酚为亮黄色针状晶体，熔点为45.3~45.7℃；对硝基苯酚为白色针状晶体，熔点为114.9~115.6℃。

本实验约需 6 h。

【注释】

[1] 苯酚为低熔点固体(熔点 41℃),加水可降低苯酚的熔点,使之呈液态,便于反应进行。苯酚对皮肤有腐蚀性,若不慎触及皮肤,应立即用肥皂水冲洗,然后用乙醇擦洗至无苯酚味。

[2] 若温度高于 20℃,多硝化产物及氧化副产物增加,单硝基酚产率降低。

[3] 若有残余酸存在,则在下一步水蒸气蒸馏中由于温度升高,可使硝基苯酚进一步硝化。

实验指导

【预习要求】

1.复习芳环上亲电取代反应的反应机理、取代基的定位规律。

2.了解苯酚硝化的反应条件。

3.了解水蒸气蒸馏的原理和操作技术。

【思考题】

1.为什么水蒸气蒸馏的馏出物是邻硝基苯酚而不是对硝基苯酚?若水蒸气蒸馏时发现冷凝管中出现固体,应如何操作?

2.反应过程中为什么要控制反应温度?

3.试比较苯、苯酚、硝基苯进行硝化的难易程度。

(编写:王蔚玲　校核:罗一鸣)

实验 27　2 – 硝基 – 1, 3 – 苯二酚的制备
Preparation of 2 – Nitro – 1, 3 – Benzendiol

【目的要求】

1.学习亲电取代反应的定位规律以及磺化反应的应用。

2.掌握水蒸气蒸馏的原理、装置的安装与操作。

3.学习电动搅拌装置的安装和操作。

【基本原理】

由 1,3 - 苯二酚(间苯二酚；俗名：雷琐辛 resorcinol)合成 2 - 硝基 - 1,3 - 苯二酚(又名 2 - 硝基雷琐辛)时，由于酚羟基是较强致活的邻对位定位基，加之空间效应，硝基优先进入 4、6 位，很难进入 2 位。

本实验利用磺酸基的强吸电子性和磺化反应的可逆性，先磺化，在 4、6 位引入磺酸基，既降低了芳环的活性，又占据了活性位置。再硝化时，受定位规律的支配，硝基只有进入 2 位，最后进行水蒸气蒸馏，即把磺酸基水解掉，又同时把产物随水一起蒸出来。本反应中，磺酸基起到了占位、定位和钝化的多重作用。

本实验采取的合成路线如下：

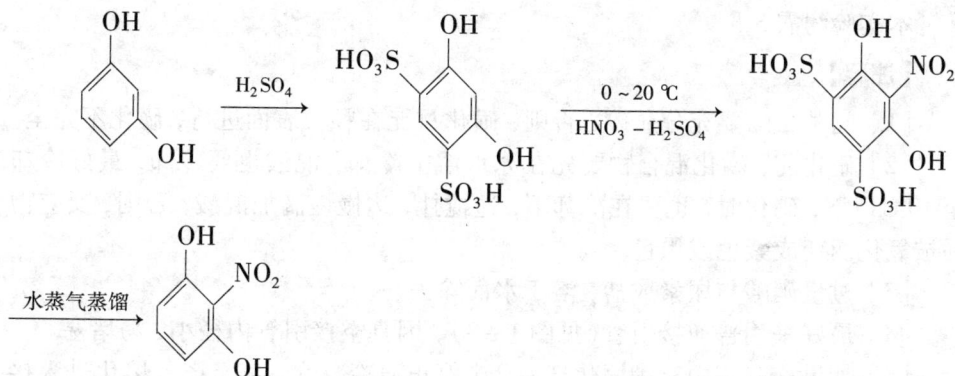

【仪器与试剂】

仪器：电动搅拌器，恒压滴液漏斗，250 mL 三颈瓶，水蒸气蒸馏装置等。

试剂：间苯二酚(熔点：109℃)，浓硫酸，浓硝酸，95% 乙醇，尿素。

【操作步骤】

1. 磺化

在装有电动搅拌和滴液漏斗的 250 mL 干燥的三颈瓶中放置 7.7g (0.07 mol)粉末状间苯二酚[1]，迅速加入 28 mL 浓硫酸，立即生成白色固体或粘稠的磺化产物(若无反应，则搅拌下将混合物在约 60℃ 的水浴下温热)，室温放置 15 min 使反应完全，然后冰水浴冷却至 5~10℃ 待用。

2. 硝化

在一干燥的锥形瓶中，将 6.2 mL 浓硫酸与 4.4 mL 浓硝酸混合(**硫酸倒入**

硝酸中），冰浴冷却后，转移到恒压滴液漏斗中，用冰水浴冷却三颈瓶，**搅拌下缓慢滴入上述浆状物中，反应温度控制在20℃以下**[2]，得黄色混合物（不应呈蓝色或紫色）。放置15 min后，分批加入（建议滴加）15 mL冰水稀释，保持温度在50℃以下（**剧烈放热!**）。

3. 去磺化

往反应混合物中加入0.2 g尿素[3]，进行水蒸气蒸馏[4]。水蒸气蒸馏几分钟后，通常有产物出现[5]，至冷凝管上无桔红色的产物出现时，停止蒸馏。

4. 分离提纯

馏出液冰水浴冷却，抽滤，粗产物用5 mL冷的50%的乙醇洗涤[6]，得桔红色片状结晶，60℃干燥后，称重。产量约2g。测熔点。

纯粹2-硝基-1，3-苯二酚的熔点为84～85℃。

本实验约需5 h。

【注释】

[1] 间苯二酚要充分研碎，否则，磺化只能在颗粒表面进行，磺化不完全。

[2] 硝化前，磺化混合物要先在冰水浴中冷却，混酸也要冷却，最好冷却至10℃以下；硝化时，也要在冷却下，边搅拌，边慢慢滴加混酸，否则，反应物易被氧化而变成紫色或黑色。

[3] 过量硝酸与尿素成盐，溶于水而除去。

[4] 最好采用普通接引管（见图1-3），因真空接引管内径小，易堵塞。

[5] 如果冷凝管中充满固化产品，应停止通冷凝水，直至产品熔化进入接受瓶。若长时间无产物出现，加热蒸馏瓶，除去部分水，以增加蒸馏瓶中酸的浓度，使之足以催化脱磺酸基反应。

[6] 洗涤溶剂不要太多，最好事先在冰水中冷却，否则溶解产品。洗涤时，应将固体压碎。

实验指导

【预习要求】

1. 复习苯环上进行亲电取代反应的定位规律，复习磺化反应的特点及其在有机合成上的应用。

2. 参看图1-6和1.4.4相关内容，了解电动搅拌器装置的安装和使用方法。

3. 复习水蒸气蒸馏的操作方法。

【思考题】

1. 为什么不能直接硝化，而要先磺化？

2. 为什么在水蒸气蒸馏前，要除去过量的硝酸？

3. 本实验产率低（一般 10% 左右，文献报道为 30~35%），为什么？

（编写：王蔚玲　校核：罗一鸣）

实验 28　苯亚甲基苯乙酮的制备
Preparation of Benzalacetophenone

【目的要求】

1. 学习通过交叉羟醛缩合反应制备苯亚甲基苯乙酮的原理和方法。

2. 进一步熟悉电动搅拌操作。

3. 巩固冷却、结晶和有机溶剂重结晶的操作。

【基本原理】

苯甲醛和苯乙酮在稀氢氧化钠溶液存在下通过交叉羟醛缩合反应生成 β - 羟基酮，室温下羟基酮自发脱水生成稳定的反亚苄基乙酰苯（又名：苯亚甲基苯乙酮，俗称查尔酮）。

反应式：

$$C_6H_5-\overset{\overset{O}{\|}}{C}-CH_3 \ + \ C_6H_5-\overset{\overset{O}{\|}}{C}-H \ \xrightarrow{\ OH^-\ } \ C_6H_5-\overset{\overset{OH}{|}}{CH}-CH_2-\overset{\overset{O}{\|}}{C}-C_6H_5$$

$$\xrightarrow[-H_2O]{\text{自发}} \quad \begin{array}{c} C_6H_5 \qquad\qquad H \\ \diagdown\quad\diagup \\ C=C \\ \diagup\qquad\diagdown \\ H \qquad\quad \overset{\overset{O}{\|}}{C}-C_6H_5 \end{array}$$

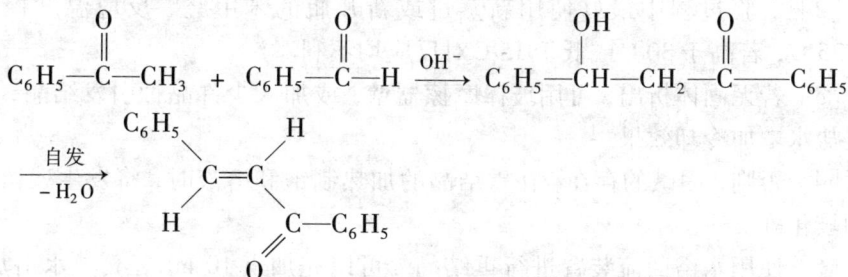

为了减少苯乙酮的自身缩合和苯甲醛的歧化等副反应发生，预先将苯乙酮的碱溶液冷却，再在搅拌下滴加苯甲醛。同时加入乙醇助溶，并采用电动搅拌，有利于水相和油相的混合，以提高反应速率。

【仪器与试剂】

仪器：电动搅拌器，恒压滴液漏斗。

试剂：苯乙酮(熔点20.5℃，沸点202.3℃，相对密度1.0281)；苯甲醛(熔点 −26℃，沸点179℃，相对密度1.046)；10%氢氧化钠溶液；95%乙醇；活性炭。

【操作步骤】

在装有电动搅拌、温度计和恒压滴液漏斗的250 mL三颈瓶中加入5.8 mL (6 g，0.05 mol)苯乙酮[1]、15 mL 95%乙醇和25 mL 10% NaOH溶液。将混合物在冰水浴中冷至5℃以下，然后移开冰浴锅，在搅拌下滴加5 mL(5.3 g)苯甲醛[2]。室温(20~25℃)搅拌80 min，有油状物出现，将反应混合物转入100 mL 烧杯中，冰水浴冷却后有固体析出[3]。继续冷却使结晶完全，抽滤，**用适量冷水洗涤产品至中性**[4]，抽干。

将粗产品用95%乙醇重结晶提纯[5，6]，得浅黄色结晶。抽干，**室温晾干后称重**，计算产率。

纯亚苄基乙酰苯的熔点57~59℃。

本实验约需4 h。

【注释】

[1] 苯乙酮的凝固点约20℃，若使用时已固化，可温热熔化。量筒中残留的苯乙酮可用少量乙醇转移至反应瓶中。苯乙酮对皮肤有刺激作用，若不小心粘在皮肤上要及时清洗。

[2] 实验过程中最好使用新蒸过或新开瓶的苯甲醛。反应温度控制在 20~25℃，若高于30℃或低于15℃对反应均不利。

[3] 若无固体析出，可用玻棒摩擦器壁，或加入少许晶种引发结晶，或用冰−盐水增加冷却效果。

[4] 否则，因碱的存在，在重结晶的加热制饱和溶液时，将发生残留苯甲醛的歧化副反应。

[5] 使用水浴回流装置进行重结晶。可以先加入10 mL乙醇，水浴加热，如果接近沸腾还有晶体没有溶解，再从冷凝管口补加溶剂，至沸腾时刚好全溶(呈均匀一相，器壁上没有晶体)，可不加活性炭脱色，若无不溶性杂质，可省去热过滤步骤。在抽滤收集晶体时，可用少量冷的乙醇洗涤晶体1~2次，一般可将有色杂质洗去。

[6] 苯亚甲基苯乙酮能使某些人皮肤过敏，处理时注意勿与皮肤接触。

实验指导

【预习要求】

1. 复习交叉羟醛缩合反应的原理、反应条件及其应用。

2. 参看图 1-6 和 1.4.4 相关内容，了解电动搅拌器的安装和使用。

3. 了解投料方式对交叉羟醛缩合反应结果的影响。

【思考题】

1. 本实验中可能产生哪些副反应？如何避免副反应的发生？

2. 苯甲醛与苯乙酮加成后为什么会自动失水且生成单一的反式异构体？

（编写：王蔚玲　　校核：罗一鸣）

实验 29　苯甲醇和苯甲酸的制备
Preparation of Benzylalcohol and Benzoic Acid

【目的要求】

1. 了解 Cannizzaro 反应的基本原理和实验方法。

2. 掌握苯甲醇和苯甲酸的分离纯化方法。

3. 巩固萃取、蒸馏和重结晶等基本操作。

【基本原理】

在浓的强碱作用下，不含 α-活泼氢的醛类可以发生分子间自身氧化还原反应，一分子醛被氧化成酸，而另一分子醛则被还原为醇，此反应称为康尼查罗（Cannizzaro）反应。

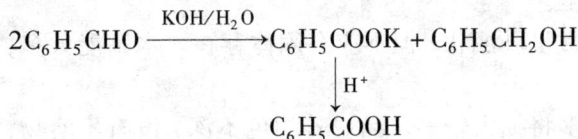

$$2C_6H_5CHO \xrightarrow{KOH/H_2O} C_6H_5COOK + C_6H_5CH_2OH$$
$$\downarrow H^+$$
$$C_6H_5COOH$$

因苯甲醇溶于乙醚，采用乙醚萃取苯甲醇。分液后，水相用无机酸酸化，水溶性的苯甲酸钾转化为苯甲酸，从水溶液中析出。

【仪器与试剂】

仪器：分液漏斗、抽滤装置，蒸馏装置。

试剂：苯甲醛(熔点 -26℃，沸点 179℃，相对密度 1.046)，氢氧化钾，乙醚、饱和亚硫酸氢钠溶液、浓盐酸、10%碳酸钠溶液，无水硫酸镁，活性炭。

【操作步骤】

在 100 mL 锥形瓶中配置 9g（0.16 mol）氢氧化钾和 9 mL 水的溶液，冷却至室温后，加入 10 mL 新蒸苯甲醛（10.5 g，0.1 mol）。**用橡皮塞塞紧瓶口，用力振摇，使反应混合物充分混合**，最后成为白色浆状物，放置 24 h 以上[1]。

向反应混合物中逐渐加入足够量的水（最多 18 mL 左右），塞上橡胶塞，不断振摇使其中的**苯甲酸盐全部溶解**[2]。将溶液倒入分液漏斗，用乙醚萃取三次，每次 10 mL（**萃取什么？乙醚萃取后的水溶液保留!**）。合并乙醚萃取液，依次用 5 mL 饱和亚硫酸氢钠溶液、5 mL 10%碳酸钠溶液及 5 mL 水洗涤，乙醚层用无水碳酸钾干燥。

干燥后的乙醚溶液，先水浴蒸去乙醚，再油浴或空气浴蒸出苯甲醇，收集 198～204℃的馏分，称重，产量约 4 g。

纯粹苯甲醇的沸点为 205.4℃。折射率 n_D^{20} 1.5396。

乙醚萃取后的水溶液，用浓盐酸酸化（约需 18 mL）至 pH 2～3。冰水冷却使苯甲酸析出完全，抽滤，收集固体，粗产物用水重结晶[3]，放入烘箱中在 100℃下干燥，称重，产量约 5 g。测熔点。

纯粹苯甲酸的熔点为 122.4℃。

本实验约需 5 h。

【注释】

[1] 本实验可在前次实验时先反应，放置一周后处理。也可当次实验完成制备和分离：在 100 mL 圆底烧瓶中配制 9 g（0.16 mol）氢氧化钠和 25 mL 水的溶液，冷却至室温后，加入 10 mL（10.5 g，0.1 mol）新蒸苯甲醛。装回流冷凝管，加热回流约 50 min，间歇振摇，直至苯甲醛油层消失，反应物变成白色固体。后续处理同上。

[2] 溶解时常呈乳浊状，但不应有固体存在。水不能太多，否则酸化时苯甲酸难于析出。

[3] 加水过多将损失较多产品。若颜色不深，没有不溶物，可省去脱色与热过滤步骤。

苯甲酸在水中的溶解度见下表：

$t/℃$	25	40	60	80	95
$s/(g/100\ mL)$	0.34	0.6	1.2	2.75	6.8

实验指导

【预习要求】

1. 复习 Cannizzaro 反应的原理与反应条件。

2. 了解从混合物中提取、分离难溶于水的醇和羧酸的一般操作过程。

3. 复习水作溶剂重结晶、蒸馏乙醚和蒸馏高沸点有机物的操作。

【思考题】

1. 在 Cannizzaro 反应中用的醛和在羟醛缩合反应中所用醛各有什么结构特征？

2. 本实验中两种产物是根据什么原理来分离提纯的？醚层各步洗涤的目的是什么？

3. 乙醚萃取后的水溶液，用浓盐酸酸化时为什么要酸化到至 pH 2～3 而不是酸化至中性？若不用试纸检测，怎样判断酸化已经适当？

4. 写出下列化合物在浓碱存在下发生 Cannizzaro 反应的主要产物？

（1） 邻苯二甲醛 (CHO / CHO)　　　（2） C_6H_5—CO—CHO

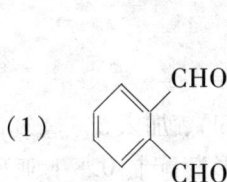

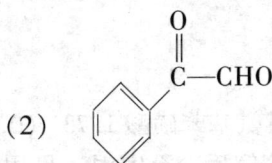

5. 如何用红外光谱来鉴别苯甲醛、苯甲酸和苯甲醇？

（编写：唐瑞仁　校核：罗一鸣）

实验 30　甲基橙的制备
Preparation of Methyl Orange

【目的要求】

1. 熟悉重氮化反应和偶联反应的原理。

2. 掌握甲基橙的制备方法。

【基本原理】

甲基橙是一种酸碱指示剂，变色范围 pH 3.2～4.4。通常配置成 0.01 mol 水溶液，在浓度较高的碱溶液中，甲基橙显橙色。甲基橙为有色的偶氮化合物，采用重氮化–偶联反应制备。反应式如下：

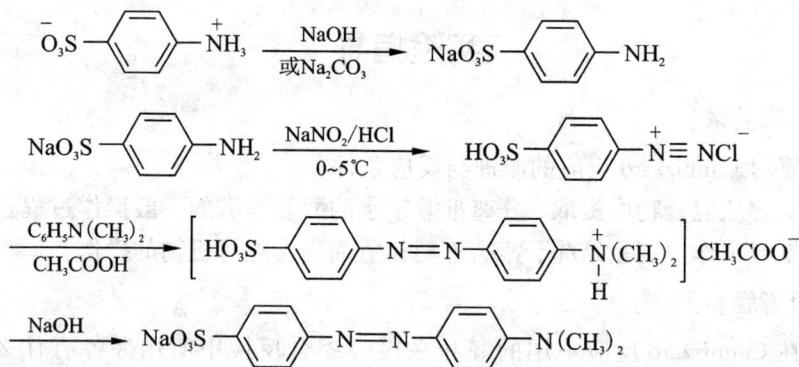

$$^-O_3S-\!\!\!\bigcirc\!\!\!-\overset{+}{N}H_3 \xrightarrow[\text{或}Na_2CO_3]{NaOH} NaO_3S-\!\!\!\bigcirc\!\!\!-NH_2$$

$$NaO_3S-\!\!\!\bigcirc\!\!\!-NH_2 \xrightarrow[0\sim5℃]{NaNO_2/HCl} HO_3S-\!\!\!\bigcirc\!\!\!-\overset{+}{N}\equiv N\ Cl^-$$

$$\xrightarrow[CH_3COOH]{C_6H_5N(CH_3)_2} \left[HO_3S-\!\!\!\bigcirc\!\!\!-N=N-\!\!\!\bigcirc\!\!\!-\underset{H}{\overset{+}{N}}(CH_3)_2\right]CH_3COO^-$$

$$\xrightarrow{NaOH} NaO_3S-\!\!\!\bigcirc\!\!\!-N=N-\!\!\!\bigcirc\!\!\!-N(CH_3)_2$$

【仪器与试剂】

仪器：抽滤装置。

试剂：无水碳酸钠，对氨基苯磺酸，亚硝酸钠，浓盐酸，N，N-二甲基苯胺（沸点193℃，相对密度0.9557）；冰乙酸；5%氢氧化钠水溶液，10%的盐酸，氯化钠。

【操作步骤】

1.重氮盐的制备

在100 mL烧杯中放置对氨基苯磺酸1.73 g（0.01 mol），加入5%氢氧化钠溶液10 mL[1]，温水浴温热溶解后冷至室温。另用一锥形瓶配制0.8 g亚硝酸钠（0.01 mol）和6 mL水的溶液，将此配制液也加入烧杯中。再将混合液用冰-盐浴冷却至5℃以下[2]。在搅拌下，将10 mL 10%的盐酸慢慢滴入其中，**控制滴加速度以维持温度在5℃以下**，直至用淀粉-碘化钾试纸检测呈现蓝色为止[3]。滴完后，继续在冰-盐浴中放置15分钟使反应完全（不时搅拌），这时往往有白色细粒状晶体析出。

2.偶联

在试管中加入1.3 mL（0.01 mol）N，N-二甲基苯胺和1 mL冰醋酸，混匀。在剧烈搅拌下将此混合液缓慢滴加到上述冷却的重氮盐溶液中，加完后继续在冰浴中搅拌10 min使偶合完全[4]。向反应物中，缓缓加入约25 mL 5%氢氧化钠溶液并搅拌，直至反应物变为橙色（**此时反应液应为碱性，用试纸检查**），甲基橙粗品呈红色细粒状沉淀析出。将反应物置80℃左右水浴中加热5~10 min，不时搅拌，冷至室温后，再放置冰浴中冷却，使甲基橙晶体析出完全。抽滤，依次用少量水、乙醇和乙醚洗涤，压紧抽干，室温下晾干[5]后得片状结晶，产量约3 g。若产品颜色深或者粘团，可用1%氢氧化钠溶液进行重结晶[6]。

将少许甲基橙溶于水中，加几滴稀盐酸，然后再用稀碱中和，观察颜色变化[7]。

本实验约需 4 h。

【注释】

[1] 若用含结晶水的对氨基苯磺酸，则应按摩尔质量换算。对氨基苯磺酸是两性化合物，酸性比碱性强，以酸性内盐存在，所以它能与碱作用成盐。

[2] 本反应温度控制相当重要，制备重氮盐时，温度应保持在 5℃ 以下。如果重氮盐的水溶液温度升高，重氮盐会水解生成酚，降低产率。

[3] 淀粉 – 碘化钾试纸如果不变蓝，可以再补加亚硝酸钠溶液，若过量可加尿素以减少亚硝酸氧化以及亚硝化等副反应。

[4] 若含有未作用的 N，N – 二甲基苯胺醋酸盐，在加入氢氧化钠后，就会有难溶于水的 N，N – 二甲基苯胺析出，影响纯度。

[5] 由于产物呈碱性，温度高易变质，颜色变深。用乙醇、乙醚洗涤便于迅速干燥。

[6] 重结晶时，不必脱色和热过滤。

[7] 作为酸碱指示剂时，颜色变化的结构示意图如下：

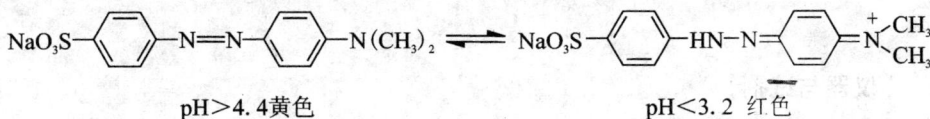

pH>4.4黄色　　　　　　　　　　　　pH<3.2 红色

实验指导

【预习要求】

1. 复习重氮盐在有机合成中的应用。

2. 复习偶联反应及偶氮化合物的特点，并注意偶联反应条件。

3. 了解温度对重氮化反应的影响。

【思考题】

1. 为什么 N，N – 二甲基苯胺与重氮盐的偶联发生在苯环的对位？并且要在弱酸性溶液中进行？

2. 写出重氮盐与苯酚偶联的反应式并标明反应条件。

3. 如何判断重氮化反应的终点，如何除去过量的亚硝酸？

（编写：陈国辉　校核：罗一鸣）

实验 31　二苯酮的制备
Preparation of diphenyl ketone

【目的要求】

1. 学习 Friedel-Crafts(付 – 克)反应制备芳酮的原理和方法。
2. 巩固电动搅拌、蒸馏和减压蒸馏操作。

【基本原理】

二苯酮是一种重要的有机合成中间体,工业上有多种制备方法。实验室则以苯和四氯化碳为原料采用 Friedel-Crafts(付 – 克)反应制备。

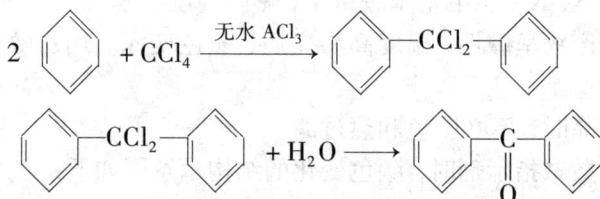

【仪器与试剂】

仪器:电动搅拌回流装置,蒸馏装置

试剂:无水氯化铝;苯(沸点 80℃,相对密度 0.8786),四氯化碳(沸点 76.8℃,相对密度 1.595),无水硫酸镁

【操作步骤】

在 100 mL 干燥的三颈瓶上[1],分别装上电动搅拌器,滴液漏斗和 Y 型管,Y 型管上分别装上温度计和回流冷凝管,冷凝管上安装氯化钙干燥管,干燥管再接上氯化氢气体吸收装置,(见图 1 – 6)。

迅速称取 3 g 无水氯化铝[2],放入三颈瓶中,再加入 7 mL 四氯化碳[3]。三颈瓶用冰水浴冷却到 10 ~ 15℃,**在搅拌下滴入** 4 mL(0.033 mol)无水苯和 4 mL 四氯化碳的混合液,维持温度[4]在 5 ~ 10℃ 之间约 10 min。加完后,在 10℃ 左右继续搅拌 30 ~ 40 min。再将三颈瓶置于冰水浴,在搅拌下慢慢滴加 40 mL 水[5]。加完后改成蒸馏装置,水浴加热尽量蒸出过量的四氯化碳,再在石棉网上加热蒸馏 20 min,除去残留的四氯化碳,并使二氯二苯甲烷水解完全。

分出上层粗产物,水层用 5 mL 苯萃取一次,合并粗产物与苯的萃取液,无水硫酸镁干燥。常压蒸馏除去苯,当温度升至 90℃ 左右停止加热,稍冷后进行减压蒸馏[6]。收集 187 ~ 190℃/15 mmHg 的馏分。产物冷却后固化,产量纯粹2.5 ~ 3 g。

纯粹二苯酮的熔点为49℃[7]。

本实验约需 6 h。

【注释】

[1] 仪器必须充分干燥,否则影响反应。

[2] 无水氯化铝的质量是实验成败的关键之一。应研细,无水氯化铝极易吸水,称量和投料时动作要快。

[3] 所用溶剂也必须是干燥的。四氯化碳和苯要重蒸,并弃去前 10% 的馏分。

[4] 反应温度控制很重要,温度低于5℃,反应很慢,高于10℃,则会产生焦油状物质,反应中出现的棕色固体是二氯二苯甲烷和三氯化铝形成的络盐。

[5] 加水后,络盐水解深颜色褪去可得到较清的两层液体。

[6] 冷却后有时不易立即得到晶体,这是由于形成低熔点(26℃)的 β – 二苯甲酮之故。可以用石油醚(60 ~ 90℃)进行重结晶,代替减压蒸馏。

[7] 二苯酮有多种晶型,它们的熔点是:α – 型 49℃,β – 型 26℃,γ – 型45 ~ 48℃,δ – 型,51℃。其中以 α – 型最稳定。

实验指导

【预习要求】

1. 复习 Friedel-Crafts 反应的原理和方法。

2. 参看搅拌回流装置(见图 1 – 4 和图 1 – 6)。

3. 复习减压蒸馏操作。

【思考题】

1. 本实验为什么是四氯化碳过量而不是苯过量? 如苯过量会有什么结果?

2. 如何用 Friedel-Crafts 反应制备二苯甲烷?

(编写:陈国辉　校核:罗一鸣)

实验 32　乙酰二茂铁的制备
Preparation of Acetylferrocene

【目的要求】

1. 通过乙酰二茂铁的合成，了解 Friedel-Crafts 酰基化反应制备芳酮的原理和方法。

2. 熟悉结晶、重结晶和熔点测定基本操作。

【实验原理】

二茂铁是一种很稳定的具有芳香性的有机过渡金属配合物，其衍生物可作为火箭燃料的添加剂，还可以作为汽油的抗震剂、硅树脂和橡胶的防老剂及紫外线吸收剂等。二茂铁具有类似苯的一些芳香性，比苯更容易发生亲电取代反应，由于二茂铁分子中存在亚铁离子，对氧化剂的敏感限制了它在合成中的应用，如不能用混酸对其硝化。

二茂铁与乙酐反应可制得乙酰二茂铁，但根据反应条件的不同可形成单取代或双取代的酰化产物。如以乙酸酐为酰化剂，三氟化硼、氢氟酸、磷酸等为催化剂，主要生成一元取代物；如用无水三氯化铝为催化剂，酰氯或酸酐为酰化剂，当酰化剂与二茂铁物质的比为 2:1 时，反应产物以 1,1'-二元取代物为主。反应进程可通过薄层色谱跟踪[1]。

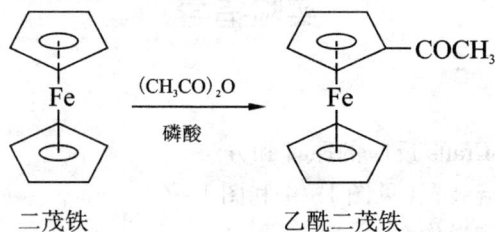

二茂铁　　　　　　　　　　　　乙酰二茂铁

【仪器与试剂】

仪器：烧瓶，干燥管，磁力搅拌器，抽滤装置，熔点仪。

试剂：二茂铁（熔点 172 ~ 174℃），乙酸酐（（沸点 139℃，相对密度 1.080）），磷酸，碳酸氢钠，石油醚（60 ~ 90℃）

【操作步骤】

在 50 mL 干燥的圆底烧瓶中，加入 1 g 二茂铁（0.0054 mol）和 10 mL（10.8 g，0.1 mol）乙酸酐，在磁力搅拌和水浴冷却下滴加 2 mL 85% 的磷酸。加完后，用装有无水氯化钙的干燥管的塞住瓶口，60℃ 水浴[2]上加热搅拌 20 min。将反应混合物倾入盛有 40 g 碎冰的 400 mL 烧杯中，并用 10 mL 冷水荡洗烧瓶，将涮洗液并入烧杯。在搅拌下，分批加入固体碳酸氢钠，到溶液呈中性为止[3]。将中和后的反应混合物置于冰浴中冷却 15 min，抽滤收集析出的橙黄色固体，每次用 30 mL 冷水洗两次，压干后在空气中干燥得粗品。粗品用石油醚（60～90℃）重结晶，得红色针状晶体。产物约 0.3 g。

纯乙酰二茂铁的熔点：84～85℃。

本实验约需 4 h。

【注释】

[1] 本反应进程可通过薄层色谱跟踪，可采用二氯甲烷作为溶解乙酰二茂铁的溶剂和展开剂（或用 3∶1 石油醚/乙醚混合溶剂），经展开后，移动距离最大的是二茂铁，依次为乙酰二茂铁，1,1′-二乙酰基二茂铁。也可用薄层色谱鉴定产物的纯度。

[2] 反应温度升高会导致副产物 1,1′-二乙酰基二茂铁的增加和产品颜色加深。

[3] 为避免溶液溢出和碳酸氢钠过量，充分搅拌，并用 pH 试纸检验。

实验指导

【预习要求】

1. 了解二茂铁的结构特点和性质。
2. 复习重结晶和熔点测定操作技术。

【思考题】

1. 二茂铁酰化时，第二个酰基为什么不能进入同一个茂环？
2. 二茂铁比苯更易发生亲电取代，为什么不能用混酸进行硝化？
3. 乙酰二茂铁的纯化除重结晶法外，还可用什么方法？它们各有什么优缺点？

（编写：罗一鸣　校核：唐瑞仁）

实验 33　肉桂酸的制备
Preparation of Cinnamic Acid

【目的要求】

1. 通过肉桂酸的制备学习并掌握 Perkin 反应。
2. 熟悉水蒸气蒸馏的原理、用途和操作。
3. 巩固提纯固体有机化合物的重结晶方法。

【基本原理】

芳香醛和酸酐在碱性催化剂的作用下，发生类似羟醛缩合的反应，生成 α，β - 不饱和的芳香酸，称为 Perkin 反应。催化剂通常是相应酸酐的羧酸钾或钠盐，有时也可以用碳酸钾或叔胺代替。典型的例子是肉桂酸的制备，其反应式如下：

$$C_6H_5CHO + (CH_3CO)_2O \xrightarrow[170\sim180℃]{K_2CO_3} \xrightarrow{H^+} C_6H_5CH = CHCOOH + CH_3COOH$$

碱的作用是促使酸酐发生烯醇化反应，生成乙酸酐碳负离子，接着碳负离子与芳醛发生亲核加成，然后中间产物的酰基发生交换产生更稳定的 β - 酰氧基丙酸型负离子，最后经 β - 消除产生肉桂酸盐。该盐经酸化得反式肉桂酸（虽理论上有顺式异构体，但 Perkin 反应条件下只得热力学上更稳定的反式产物）。反应过程如下：

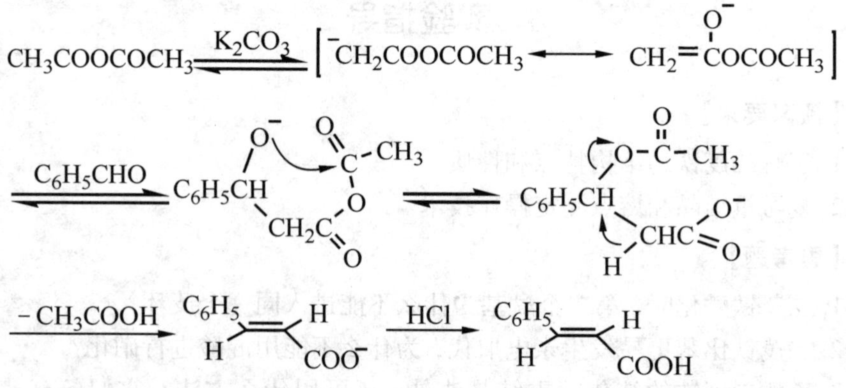

【仪器与试剂】

仪器：回流装置，水蒸气蒸馏装置，抽滤装置。

试剂：无水碳酸钾，苯甲醛(沸点179℃，相对密度1.046)，乙酸酐(沸点139℃，相对密度1.080)，碳酸钠；活性炭，浓盐酸。

【操作步骤】

在250 mL干燥的三口烧瓶[1]中加入研细并干燥的无水碳酸钾4.1 g(0.03 mol)，新蒸馏的苯甲醛3.0 mL(3.14 g，0.03 mol)和新蒸馏的乙酸酐8 mL(8.64 g，0.085 mol)[2]，振荡使其混合均匀。三口烧瓶中间口接上空气冷凝管，侧口其一装上温度计，另一侧口用塞子塞上。**用空气浴控温加热回流，反应液始终保持在170～180℃**[3]，反应进行1 h。反应初期由于产生二氧化碳而出现泡沫。

冷却反应混合物，取下三口烧瓶，向其中加入20 mL水，10.0 g(0.094 mol)碳酸钠，用玻棒轻轻捣碎固体。安装好水蒸气蒸馏装置，进行水蒸气蒸馏，**从混合物中除去未反应的苯甲醛**(瓶内可能有些焦油状聚合物)，要尽可能使蒸气产生速度快，水蒸气蒸馏蒸到流出液中无油珠为止[4]。

稍冷，卸下水蒸气蒸馏装置，向三口烧瓶中加入约1.0 g活性炭[5]，加热沸腾2～3 min，趁热过滤。将滤液转移至干净的200 mL烧杯中，冷却后，**慢慢地滴加浓盐酸酸化至明显的酸性**[6](大约用25 mL浓盐酸)。用冰水浴冷却使肉桂酸充分结晶，抽滤。晶体用少量冷水洗涤，抽干。在100℃下干燥，可得2～2.5 g粗品。若要得到较纯的肉桂酸，可将粗品用水重结晶。

纯粹肉桂酸的熔点为133℃。

本实验约需5 h。

【注释】

[1] Perkin反应所用仪器必须彻底干燥(包括量取试剂的量筒)。

[2] 所用苯甲醛及乙酸酐必须在实验前进行重新蒸馏，苯甲醛收集170～180℃的馏分，乙酸酐收集137～140℃馏分，无水碳酸钾需烘烤。

[3] 回流时加热强度不能太大，否则会产生较多的焦油状聚合物(苯乙烯的聚合物)。为了节省时间，可以在回流结束之前20 min左右开始加热水蒸气发生器。

[4] 为避免过多的水冷凝，可在三颈瓶下助热。

[5] 加入活性炭前，看是否黄色固体已溶解，否则应补加适量水，待加热溶解后再加活性炭。

[6] 进行酸化时要慢慢滴加浓盐酸，边加边搅拌，否则因放出大量气泡使溶液逸出。待不再有气泡放出时，用pH试纸检查酸度，调至pH 2～3。

实验指导

【预习要求】

1. 熟悉 Perkin 的反应的机理和 α, β – 不饱和芳酸的制备方法。
2. 复习水蒸气蒸馏操作和重结晶操作。

【思考题】

1. 在制备中，回流完毕后加入 Na_2CO_3，使溶液呈碱性，此时溶液中有几种化合物，各以什么形式存在?
2. 用水蒸气蒸馏除去什么? 水蒸气蒸馏前，如果用氢氧化钠溶液代替碳酸钠碱化有什么不好?
3. 若用丙酸酐代替乙酸酐与苯甲醛反应，得到什么产物? 写出反应式。

（编写：陈国辉　校核：罗一鸣）

实验 34　对硝基苯甲酸的制备
Preparation of *p*-Nitrobenzoic Acid

【目的要求】

1. 学习运用烷基芳烃的侧链氧化合成芳香羧酸的方法。
2. 巩固固体有机化合物的重结晶操作。

【基本原理】

制备芳香羧酸常用侧链氧化法。即用高锰酸钾 – 硫酸或重铬酸钾 – 硫酸等氧化剂氧化芳环上具有 α – H 的烷基侧链。如：

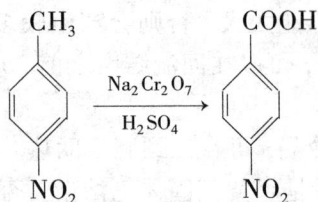

【仪器与试剂】

仪器：搅拌回流装置(图 1 – 6)，滴液漏斗，抽滤装置。

试剂：对硝基甲苯（熔点 51.7℃，沸点 238.5℃），重铬酸钾（$Na_2Cr_2O_7 \cdot 2H_2O$）；浓硫酸；氢氧化钠；活性炭。

【操作步骤】

在装有搅拌器、回流冷凝管和滴液漏斗的 100 mL 三颈瓶中，加入 3 g（0.02 mol）对硝基甲苯、9 g 重铬酸钾粉末（0.03 mol）和 15 mL 水。在搅拌下从滴液漏斗慢慢滴加 14 mL 浓硫酸。反应放热，溶液颜色逐渐加深变黑。微沸回流 30 min。反应过程中冷凝管里可能会有白色针状对硝基甲苯出现，可适当减小冷凝水，使其熔融滴下。

将反应液倒入盛有 25 mL 冷水的烧杯中，析出沉淀，抽滤，固体用 15 mL 水分两次洗涤，得到黑色粗品。将粗产品加入到 12.5 mL 5% 硫酸溶液中，加热溶解铬盐，冷却抽滤。再将得到的沉淀溶于温热的 25 mL 5% 氢氧化钠溶液中，50℃ 左右抽滤[1]。滤液加 0.3 g 活性炭脱色，热过滤。冷却后，在不断搅拌下将滤液缓缓倒入 30 mL 15% 硫酸溶液中[2]，析出浅黄色沉淀。抽滤，固体用冷水洗涤。干燥，称重，产量 2.5～3 g。

纯粹对硝基苯甲酸的熔点为 237－238℃。

本实验约需 6 h。

【注释】

[1] 该步除去未作用的对硝基甲苯（熔点 51.3℃）和铬盐，铬盐成分为氢氧化铬或亚铬酸钠。如果温度太低，则对硝基苯甲酸钠析出而被滤去。

[2] 硫酸溶液不能反加至滤液中，否则生成沉淀会包含一些钠盐而影响产物的纯度，中和时应使溶液呈强酸性。

实验指导

【预习要求】

1. 熟悉芳烃的侧链氧化反应原理。
2. 熟悉带滴液漏斗的搅拌回流反应装置的安装与操作。
3. 复习"实验 6　重结晶"中的基本原理和操作技术。

【思考题】

1. 滴加完硫酸，回流 30 min 后，为何加入 25 mL 冷水？
2. 在后处理过程中，有抽滤、热抽滤等操作步骤，每次的目的是什么？

（编写：陈国辉　校核：罗一鸣）

实验 35　樟脑的还原反应
Reduction of Camphor

【目的要求】

1. 学习用 NaBH$_4$ 还原樟脑的原理及操作方法。

2. 了解薄层色谱在合成反应中的应用。

【实验原理】

用硼氢化钠还原樟脑得到冰片和异冰片两个非对映异构体。由于立体选择性较高，得到的产物以异冰片为主。冰片和异冰片具有不同的物理性质，两者极性不同。

反应式：

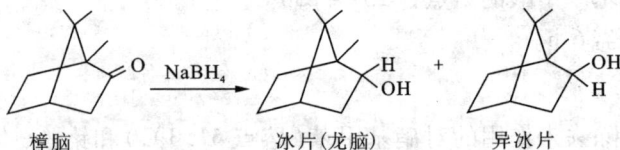

【仪器与试剂】

试剂：樟脑；硼氢化钠；甲醇；乙醚；无水硫酸钠或无水硫酸镁。

【操作步骤】

1. 樟脑的还原

在 25 mL 圆底烧瓶中将 1 g(0.0071 mol)樟脑溶于 10 mL 甲醇中，室温下小心分批加入 0.6 g(0.0016 mmol)硼氢化钠[1]，边加边振摇。必要时可用冰水浴控制反应温度。当所有硼氢化钠加完后，将反应混合物加热回流至硼氢化钠消失。冷却到室温，搅拌下将反应液倒入 20 mL 冰水中，待冰全部熔化后，抽滤收集白色固体，洗涤数次，晾干。将固体转移至 100 mL 干净的锥形瓶中，加入 25 mL 乙醚溶解固体[2]，无水硫酸镁干燥，5 min 后将溶液转移至预先称重的圆底烧瓶中。在通风橱中水浴加热蒸除溶剂得到白色固体，并用无水乙醇重结晶。产量约为 0.6 g，熔点 212℃。

2. 产物的鉴别

取一片 5 cm × 15 cm 的薄层板[3]，分别用冰片、异冰片、樟脑和樟脑还原产物的乙醚溶液点样，置于层析缸中展开[4]。取出层析板，待薄层上尚残留少许展开剂时，立即用另一块与薄层板同样大小并均匀地涂上浓硫酸的玻璃板覆盖在薄层板上，即可显色。将 4 个点的 R_f 值对比，证明樟脑已被还原成冰片和异冰片。也可用溴化钾压片测产物的红外光谱。

本实验约需 4 h。

【注释】

[1] $NaBH_4$ 吸水后易变质，放出氢气，故开封后的试剂需置干燥器内保存。

[2] 乙醚易燃，应远离明火。

[3] 薄层板的制法参照"实验 9　薄层色谱"中相关内容。

[4] 以氯仿 - 苯（2:1，v/v）为展开剂。

实验指导

【预习要求】

1. 复习 $NaBH_4$ 的还原羰基的反应原理。

2. 复习熔点测定和薄层色谱操作。

【思考题】

1. 除薄层层析外，还可用其他什么方法来鉴别冰片和异冰片？

2. 原冰片酮用 $NaBH_4$ 还原时，预计得到的主要产物是什么？

原冰片酮

3. 薄层层析在合成反应中的应用有哪些？

（编写：刘丰良　校核：罗一鸣）

实验 36　环己酮肟的贝克曼重排
Beckmann Rearrangement
of Cyclohexanone Oxime

【目的要求】

1. 学习用贝克曼重排反应制备己内酰胺的原理。
2. 学习用贝克曼重排反应制备己内酰胺的操作方法。

【实验原理】

反应式：

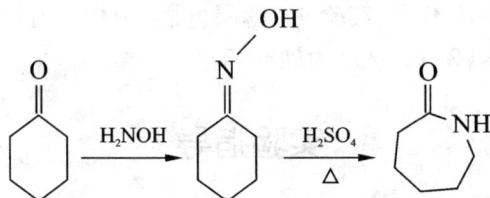

脂肪酮和芳香酮都可以和羟胺作用生成肟。肟在酸性催化剂如五氯化磷、硫酸或苯磺酰氯等作用下，发生分子重排生成酰胺，这个反应称贝克曼（Beckmann）重排。

本实验就是用环己酮肟在硫酸存在下经贝克曼重排反应制备己内酰胺。

【仪器与试剂】

仪器：搅拌器，滴液漏斗，熔点仪，减压蒸馏装置。

试剂：环己酮；羟胺盐酸盐；结晶乙酸钠；70% 硫酸；氨水。

【操作步骤】

1. 环己酮肟的制备

在 250 mL 锥形瓶中，加入 7 g 羟胺盐酸盐和 10 g 结晶乙酸钠，加 30 mL 水溶解。用热水浴加热此溶液至 35～40℃。分批加入 7.5 mL(0.07 mol) 环己酮，边加边振荡，即有固体析出。加完后，用橡皮塞塞紧瓶口，激烈振荡，白色粉状结晶析出表明反应完全[1]。冷却后，抽滤，用少量水洗涤，抽干[2]，于空气中晾干，得白色环己酮肟结晶，熔点 89～90℃，产量 8 g。

2. 环己酮肟重排制备己内酰胺

称取 5 g 干燥环己酮肟(0.044 mol)，加 5 mL 70% 硫酸溶解备用。然后在装有搅拌器、温度计和滴液漏斗的三颈瓶中放 3 mL 70% 硫酸[3]，加热至 130～135℃，缓缓搅拌。将环己酮肟溶液放入滴液漏斗，原容器用 2 mL 70% 硫酸洗涤，洗液并入滴液漏斗。保持温度在 130～135℃，将环己酮肟溶液缓缓加入三颈瓶中，大约 20 min 滴完[4]。滴加完毕后继续搅拌 5 min，移去热源，冷却至室温，再用冰盐水冷却三颈瓶至 0～5℃。搅拌下滴加浓氨水至 pH 为 8（大约需 18 mL）。在此过程中温度应低于 20℃，大约需 40 min。将反应产物转移至分液漏斗中，三颈瓶用 10 mL 水洗涤，洗液并入产物[5]。用氯仿萃取 3 次，每次 8 mL。氯仿萃取液用无水硫酸镁干燥，放置澄清后滤入蒸馏瓶中。先常压回收氯仿，残余物进行减压蒸馏。收集 b. p. 137～140℃/12 mmHg 馏分[6]，馏出物很快固化为无色晶体[7]，产量 4～5 g。

纯粹己内酰胺的熔点为 69～70℃。

本实验约需 7 h。

【注释】

［1］如环己酮肟呈白色小球珠，表明反应尚未完全，需继续强烈振荡，约 5～10 min。也可采用下列加料方式：先将羟胺盐酸盐溶于 30 mL 水中，加入 7.5 mL 环己酮；再用 15 mL 水溶解 10 g 结晶乙酸钠。将乙酸钠溶液滴加到上述溶液中，边加边振荡便得粉末状环己酮肟产物。

［2］产品最好先在滤纸上挤压，然后再置空气中晾干，否则不易干燥。

［3］用 70%、85% 硫酸和浓硫酸分别控温在 130℃、120℃和 100℃时，产率依次为 78%、70% 和 50%，以用 70% 硫酸产率最高。

［4］用 70% 硫酸反应，滴加环己酮肟时若控制温度在 125～130℃，则重排反应进行不完全，产物中含有未反应的原料。若温度过高，可能导致产物聚合。故重排温度应为 130～135℃。

［5］用浓氨水中和结束后有白色硫酸铵固体析出，加入 10 mL 水可洗下烧瓶中残余物并溶解此固体。

［6］也可收集 127～133℃/7 mmHg 或 140～144℃/14 mmHg 馏分。

［7］减压蒸馏时，为防止己内酰胺在冷凝管中凝结，最好不用冷凝管，即将蒸馏瓶直接与接液管相连接。

实验指导

【预习要求】

1. 复习贝克曼重排反应的机理。

2. 复习减压蒸馏操作的注意事项。

【思考题】

1. 制备环己酮肟时，为什么要加乙酸钠？

2. 贝克曼重排的催化剂一般为何种类型？

3. 用氨水中和时，把温度控制在20℃以下的目的是什么？

4. 在进行减压蒸馏时，哪一种操作是可取的？

(1)先加热后抽气

(2)先抽气后加热

（编写：刘丰良　校核：罗一鸣）

实验37　（＋）－（S）－3－羟基丁酸乙酯的制备
Preparation of（＋）－（S）－Ethyl 3－Hydroxybutyrate

【目的要求】

1. 学会用发酵的方法制备（＋）－（S）－3－羟基丁酸乙酯。

2. 复习减压蒸馏操作。

【实验原理】

羰基化合物的选择性还原是有机反应中的重要反应，也是制备手性醇类化合物的重要方法。目前钌配合物、硼杂噁唑烷、酶催化体系是选择性还原羰基化合物的较好催化体系。但前两类催化剂的成本较高、产物的分离较难并且不符合绿色化学的要求。用酶催化反应体系反应条件温和、立体选择性高，是一种理想的环境友好的选择性还原剂，在当前提倡绿色化学的时代有广阔的工业生应用前景。本实验利用面包酵母作为手性还原试剂还原乙酰乙酸乙酯的羰基制备（＋）－（S）－3－羟基丁酸乙酯。

反应式：

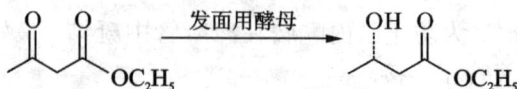

【仪器与试剂】

仪器：计泡器；电动搅拌器；玻璃沙漏斗。

试剂：蔗糖；乙酰乙酸乙酯(沸点180℃；相对密度1.0213)；硅藻土；发面酵母。

【操作步骤】

在一个 1 L 的三口瓶上安装一个计泡器、温度计和机械搅拌器,向烧瓶中加入 50 g 发面用的酵母和温热到 30℃的蔗糖水溶液(75 g 未经精致的蔗糖溶于 400 mL 新鲜自来水中),将此混合物在 25 ~ 30℃慢慢搅拌。1 h 后,把 5 g (0.15 mol)新蒸馏的乙酰乙酸乙酯(沸点 74℃/1.87 kPa)加到强烈搅拌的悬浮液(每秒放出 2 个气泡)中,剧烈振荡,在室温下慢慢地搅拌 24 h 以后,把 50.00 g 新的蔗糖溶液在 250 mL 自来水中的溶液温热到 40℃,加到三口瓶中。放置1 h(每秒放出 2 个气泡),加入 5.00 g(0.038 mol)乙酰乙酸乙酯,再在室温慢慢搅拌 48 h。

向反应混合物中加入 20 g 硅藻土,用玻璃沙漏斗(G₄, 12 cm)过滤,水层用氯化钠饱和,用乙醚提取 3 次,每次 100 mL。如出现乳浊液,可加少量甲醇。分出有机层,用无水硫酸镁干燥。在 40℃减压蒸馏后,用 20 cm 长的Vigreux柱减压蒸馏残余物,得无色液体,约 6 g,产率 64%,bp 73 ~ 74℃/1.87 kPa,测旋光度[1-2]。文献值:$[\alpha]_D^{20} = +38.6(c = 1,$ 氯仿$)$,$n_D^{20} = 1.4182$。

本实验需 3 ~ 4 d。

【注释】

[1] 使用发面酵母使羰基被还原,生成光学活性的醇。还原反应并不完全是对映选择性的,ee 值约为 90% : (S) - 对映体 95% ; (R) - 对映体 5%,其原因是乙酰乙酸乙酯并不是天然的底物。

[2] (S) - 对映体的纯化:把产物(混合物)用 3,5 - 二硝基苯甲酸酯进行结晶即可。

实验指导

【预习要求】

1. 复习对映异构体的命名方法。

2. 了解微生物发酵在有机合成中的应用。

3. 复习进行减压蒸馏操作时的注意事项。

【思考题】

1. 发面酵母在反应中起什么作用?

2. 反应中为什么要用新鲜自来水?

(编写:刘丰良 校核:罗一鸣)

第四章　天然有机物的提取及分离

　　天然有机化学在化学领域占有越来越重要的地位，近几十年来发展相当迅速。许多天然有机物显示了惊人的生理效能，可以直接作为药物。如从菊科植物黄花蒿中提取分离出来的青蒿素，就是一个很好的抗疟药，它比奎宁类抗疟药毒性低、疗效好；从红豆杉树皮中提取的紫杉醇对移植性肿瘤有良好抑制作用，临床上用于治疗卵巢上皮癌和乳腺癌的效果很好。另一些天然有机物则是有价值的调味品、香料和染料，有些则为新结构药物、农药的研究提供模型化合物。

　　天然有机物种类繁多，根据它们的结构特征一般可分为生物碱、黄酮、醌类、多糖、萜类和甾族化合物等几大类，其中生物碱是种类和变化最多的含氮碱性有机化合物。

　　天然有机物的提取、分离纯化和结构鉴定，一直是天然有机化学的重要课题，也是一项颇为复杂的工作。因为任何天然物质都是由很多复杂的有机物组成，要从这一复杂的混合物中得到所要求的纯品，自然需要进行很多的分离纯化工作。提取天然有机物的方法一般是将植物切碎成均匀的细颗粒，然后用溶剂或混合溶剂提取。有机化学中常用的萃取、蒸馏、结晶等分离纯化方法在天然有机物的分离过程中发挥着重要的作用，现在各种色谱法如薄层色谱、柱色谱、气相色谱和液相色谱等已越来越多地用来纯化天然有机物。在天然有机物的结构鉴定中，经典的方法仍具有一定的重要性，如对各种官能团的定性试验，熔沸点的测定等，但质谱、红外光谱、核磁共振谱和紫外光谱等方法的采用已使天然有机物结构的鉴定大为方便。

　　为了使学生对天然有机物的提取分离有一个初步的概念，本章选取了从茶叶中提取咖啡因、绿色植物色素的提取及色谱分离等实验。

实验 38　从茶叶中提取咖啡因
Extraction of Caffeine from Tea

【目的要求】

1. 学习咖啡因的提取原理和提取方法。
2. 掌握索氏提取器的操作技能。
3. 掌握升华的操作技能。

【基本原理】

茶叶中含有多种生物碱，其中以咖啡因(又称咖啡碱，caffeine)为主，约占 1%~5%。另外丹宁酸(或称鞣酸)约占 11%~12%，色素、纤维素、蛋白质等约占 0.6%。咖啡因是弱碱性化合物，易溶于氯仿(12.5%)、水(2%)、乙醇(2%)及热苯(5%)等。丹宁酸易溶于水和乙醇，但不溶于苯。

咖啡因是杂环化合物嘌呤的衍生物，其化学名称为 1, 3, 7, – 三甲基 – 2, 6 – 二氧嘌呤，其结构式如下：

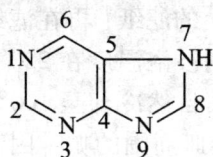
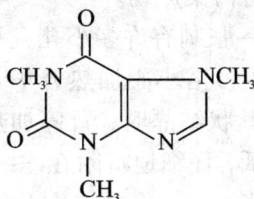

　　　　7H–嘌呤　　　　　　　　　　咖啡因

含有结晶水的咖啡因是无色针状结晶，味苦，能溶于水、乙醇、丙酮、氯仿等，微溶于石油醚。在 100℃时失去结晶水并开始升华，120℃时升华相当显著，178℃时升华很快。无水咖啡因的熔点为 234.5℃。

咖啡因具有刺激心脏、兴奋大脑神经和利尿等作用，因此主要用作中枢神经兴奋药。咖啡因也是复方阿司匹林(APC)等药物的组分之一。

咖啡因可以通过测定熔点及光谱法加以鉴定。此外，还可以通过制备咖啡因水杨酸盐衍生物进一步得到确证。因为作为生物碱，咖啡因可与水杨酸成盐，此盐的熔点为 137℃。

从茶叶中提取咖啡因，实验室常采用适当的溶剂(氯仿、乙醇、苯等)在索氏提取器中连续抽提，然后浓缩而得到粗咖啡因。粗咖啡因中还含有一些其他的生物碱和杂质，可利用升华进一步提纯(方法一)。也可用碱液浸煮，然后用二氯甲烷萃取，再蒸去溶剂得粗品，用重结晶法进一步提纯(方法二)。

实验方法一：连续提取法

【仪器与试剂】

仪器：索氏提取器，圆底烧瓶，蒸馏装置，蒸发皿。

试剂：茶叶，95%乙醇，生石灰。

【操作步骤】

称取 10 g 干茶叶末，放入索氏提取器的滤纸套筒中[1]，在烧瓶中加入 120 mL 95% 乙醇，用水浴加热，连续回流提取 2 ~ 3 h[2]。待冷凝液刚刚虹吸下去时，停止加热。稍冷后，将提取液转移到 250 mL 蒸馏瓶中，蒸馏回收大部分乙醇[3]。趁热把瓶中的残液倒入蒸发皿中，拌入 3 ~ 4 g 生石灰粉[4]，使成糊状，然后在蒸气浴上蒸干，其间应不断搅拌，并压碎块状物。最后将蒸发皿放在石棉网上，用小火焙炒片刻，使水分全部除去[5]。冷却后，擦去沾在边上的粉末，以免升华时污染产物。

蒸发皿上盖一张刺有许多小孔且孔刺向上的滤纸，再在滤纸上罩一口径合适的玻璃漏斗，用沙浴小心加热升华[6]，控制沙浴温度在 220℃ 左右。当滤纸上出现许多白色针状结晶时，暂停加热，让其自然冷却至 100℃ 左右。小心揭开漏斗，取下滤纸，仔细地将附在滤纸上及器皿周围的咖啡因刮下。残渣经拌和后，再加热升华一次。合并二次升华收集的咖啡因，称重并测定熔点。产品约 45 ~ 65 mg。

纯咖啡因的熔点为 234.5℃。

本实验约需 4 ~ 6 h。

实验方法二：浸煮法

【仪器与试剂】

仪器：蒸馏装置，分液漏斗，玻璃漏斗。

试剂：茶叶，碳酸钠，二氯甲烷，无水硫酸镁。

【操作步骤】

在 500 mL 烧杯中，将 10 g 碳酸钠溶于 130 mL 蒸馏水中。称取 12 g 干茶叶，用纱布袋包好后放入烧杯中约90℃下煮0.5 h，注意勿使溶液起泡溢出。稍冷，取出茶叶包，轻轻挤压。待溶液冷至室温后，转入250 mL的分液漏斗。加入20 mL二氯甲烷轻轻振摇[7] 1 min，静置分层，此时在两相界面处产生乳化层[8]。在一玻璃漏斗的颈口放置一小团棉花，棉花上放置约1 cm厚的无水硫酸镁，从分液漏斗直接将下层的有机相通过干燥剂滤入一干燥的锥形瓶，并用2～3 mL二氯甲烷淋洗干燥剂。水相再用20 mL二氯甲烷萃取一次，分层后通过**重新加入的干燥剂**。如过滤后的有机相混有少量水，可重复上述操作一次（或直接加入少量干燥剂），收集于锥形瓶中的有机相应是**清亮透明**的。

将干燥后的有机相转入预先干燥并称重（加入沸石后称重）的50 mL圆底烧瓶中，在水浴上蒸馏（可不加沸石）回收二氯甲烷。将烧瓶外壁抹干，称重，得粗咖啡因量。

含咖啡因的残渣用丙酮－石油醚重结晶提纯。将蒸去二氯甲烷的残渣在温水浴中溶于最少量的丙酮[9]，慢慢向其中加入石油醚（60～90℃），到溶液恰好混浊为止，冷却结晶，用微型玻璃漏斗抽滤收集产物。干燥后称重并计算收率。

本实验约需4～6 h。

附：

（1）咖啡因水杨酸盐衍生物的制备　在试管中加入50 mg咖啡因、37 mg水杨酸和4 mL甲苯，在水浴上加热振摇使其溶解，然后加入约1 mL石油醚（60～90℃），在冰浴中冷却结晶。如无晶体析出，可用玻棒磨擦管壁。用微型玻璃漏斗抽滤收集产物，测定熔点。

纯盐的熔点为137℃。

（2）提取液的定性检验　取样品液滴于干燥的白色磁板上，喷上酸性碘－碘化钾试剂，可见到棕色、红紫色、蓝紫色化合物生成。棕色表示有咖啡因存在，红紫色表示有茶碱存在，蓝紫色表示有可可豆碱存在。

【注释】

[1] 滤纸套大小既要紧贴器壁又能方便放置，其高度不得超过虹吸管；滤纸包茶叶末时要严防漏出而堵塞虹吸管，纸套上面盖一层滤纸，以保证回流液均匀浸润被提取物。

[2] 若提取液的颜色很淡时，即可停止提取。

[3] 乙醇不可蒸得太干，否则残液很粘，转移时损失较大。

[4] 生石灰起吸水和中和作用，以除去部分酸性杂质。

[5] 如留有少量水分，会在下一步升华开始时带来一些烟雾。

〔6〕升华操作是实验成功的关键。升华过程中始终都应严格控制用小火间接加热，如温度太高，会发生炭化，从而将一些有色物带入产物；温度低，咖啡因又不能升华。注意温度计应放在合适的位置而正确反映出升华的温度。

如无沙浴，也可用简易空气浴加热升华，即将蒸发皿底部稍离开石棉网进行加热。并在附近悬挂温度计指示升华温度。

〔7〕振摇时，务必缓慢，多次，可来回晃动，否则乳化严重，分层困难。

〔8〕乳化层通过干燥剂无水硫酸镁时可被破坏。

〔9〕温水浴下加约 2 ~ 3 mL 丙酮使之溶解，再滴加石油醚至浑浊。

实验指导

【预习要求】

1. 了解咖啡因的结构、提取原理和提取方法。

2. 温习索氏提取器的使用、升华和萃取等基本操作。

【思考题】

1. 提取咖啡因时，方法一中用到生石灰，方法二中用到碳酸钠，它们各起什么作用？

2. 从茶叶中提取出的粗咖啡因有绿色光泽，为什么？

3. 方法二中蒸馏回收二氯甲烷时，有时馏出液出现混浊，为什么？

（编写：蒋新宇　校核：罗一鸣）

实验 39　绿色植物色素的提取及色谱分离
Extration of Phytochrom from Plants and Chromatographic Separation

【目的要求】

1. 学习绿色植物色素的提取原理和提取方法。

2. 了解色谱分离的原理。

3. 掌握柱色谱的操作技能。

【基本原理】

绿色植物的茎、叶中含有胡萝卜素（橙）、叶黄素（黄）和叶绿素（绿）等多种天然色素。

　　植物色素中的胡萝卜素($C_{40}H_{56}$)是具有长链结构的共轭多烯，有三种异构体，即 α-、β- 和 γ- 胡萝卜素。其中 β- 体含量较多，也最重要。生长期较长的绿色植物中，异构体中 β- 体的含量多达 90%。β- 体具有维生素 A 的生理活性，其结构是两分子的维生素 A 在链端失去两分子水结合而成的。在生物体内，β- 体受酶催化氧化即形成维生素 A。目前 β- 体亦可工业生产，可作为维生素 A 使用，同时也作为食品工业中的色素。

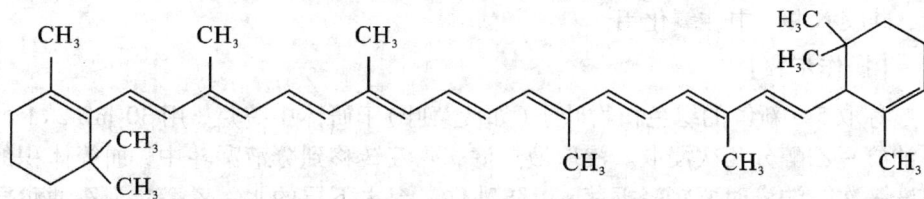

α-胡萝卜素

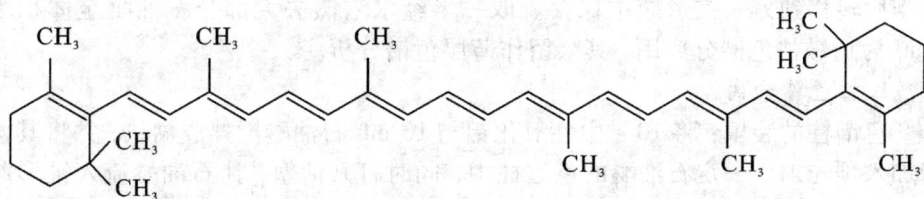

β-胡萝卜素

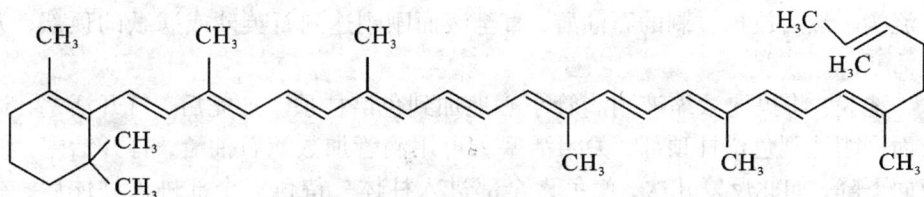

γ-胡萝卜素

　　叶黄素($C_{40}H_{56}O_2$)最早是从蛋黄中析离的，它是胡萝卜素的羟基衍生物，它在绿叶中的含量通常是胡萝卜素的两倍。与胡萝卜素相比，叶黄素较易溶于醇而在石油醚中溶解度较小。

　　叶绿素有两个异构体：叶绿素 a，$C_{55}H_{72}MgN_4O_5$；叶绿素 b，$C_{55}H_{70}MgN_4O_6$，其差别仅是 a 中卟啉环上的一个甲基被甲酰基所取代形成 b。它们都是吡咯衍生物与金属镁的络合物，是植物光合作用所必需的催化剂。植物中叶绿素 a 的含量通常是 b 的 3 倍。尽管叶绿素分子中含有一些极性基团，但大的烃基结构使它易溶于醚、石油醚等一些非极性的溶剂。

本实验将从菠菜叶中提取上述几种色素，并通过柱色谱分离和薄层色谱分析鉴定。

【仪器与试剂】

仪器：研钵，分液漏斗，锥形瓶，滴管，色谱柱。

试剂：绿色植物叶 5.0 g，95% 乙醇，石油醚（60～90℃），丙酮，正丁醇，苯，硅胶 G 板，中性氧化铝。

【操作步骤】

称取 5 g 新鲜的绿色植物叶子（如菠菜叶）于研钵中捣烂，用 30 mL 2∶1 的石油醚－乙醇分几次浸取。浸取液过滤，滤液转移到分液漏斗中，加等体积的水洗一次。**洗涤时要轻轻振荡，以防乳化。**弃去下层的水－乙醇层，石油醚层再用等体积的水洗二次，以除去乙醇和其他水溶性物质。有机相用无水硫酸钠干燥后转移到另一锥形瓶中保存。取一半经水浴蒸去大部分石油醚至体积为 5 mL 为止做柱色谱分离用，其余留作薄层色谱分析。

1. 柱色谱分离

色谱柱的装填：将 10 g 中性氧化铝与 10 mL 石油醚搅拌成糊状，并将其慢慢加入预先加了一定石油醚的色谱柱中，同时打开活塞，让石油醚流入锥形瓶中。以稳定的速度装柱，不时用橡胶棒敲打色谱柱，使色谱柱装得均匀[1]。在装好的柱子上放 0.5 cm 厚的石英砂一片滤纸，并不断用石油醚洗脱，以使色谱柱流实。然后放掉过剩的石油醚，直至液面刚刚达到石英砂或滤纸的顶部，关闭活塞。

洗脱：将提取浓缩液用滴管小心地加到色谱柱顶。加完后，打开活塞，让液面刚刚达到色谱柱顶部，关闭活塞。再用滴管加数滴石油醚，打开活塞，使液面下降，如此反复几次，使色素全部进入柱体。待色素全部进入柱体后，在柱顶小心加约 1.5 cm 高度的洗脱剂（9∶1 的石油醚－丙酮溶液）。然后在色谱柱上面装一分液漏斗，内装 20 mL 洗脱剂。打开上下两个活塞，让洗脱剂逐滴放出，分离即开始进行。当第一个橙黄色色带即将流出时，换一锥形瓶接收，此为胡萝卜素，约用洗脱剂 50 mL（若流速慢，**可用洗耳球稍加压，注意不能在柱内吸气！**）。再用 7∶3 的石油醚－丙酮洗脱，当第二个棕黄色色带即将滴出时，换一锥形瓶接收，此为叶黄素[2]。再换用 3∶1∶1 的正丁醇－乙醇－水洗脱，分别接收叶绿素 a（蓝绿色）和叶绿素 b（黄绿色）。

2. 薄层色谱分析

在 10 cm×3 cm 的硅胶 G 板[3]上，用分离后的胡萝卜素点样，7∶3 的石油醚－丙酮展开，可出现 1～3 个黄色斑点。用分离后的叶黄素点样，7:3 的石油醚－丙酮展开，一般可呈现 1～4 个点。取 2 块硅胶 G 板，一边点色素提取液样点，另一边分别点柱色谱分离后的 4 个试液，用 8:2 的苯－丙酮展开，或用 6:4 的石油醚－乙酸乙酯展开，观察斑点的位置，并依 R_f 由大到小的次序将胡萝卜素、叶黄素和叶绿素排列出来。

本实验约需 6 h。

【注释】

[1] 装好的柱子不能有裂缝和气泡。

[2] 叶黄素易溶于醇而在石油醚中溶解度较小，从嫩绿植物叶得到的提取液中，叶黄素含量少，柱色谱中不易分出黄色带。

[3] 硅胶 G 板可参照"实验 9　薄层色谱"中的方法自行制备。

实验指导

【预习要求】

1. 了解绿色植物色素的提取原理和提取方法。

2. 温习色谱分离的原理及柱色谱和薄层色谱的基本操作。

【思考题】

试比较胡萝卜素、叶黄素和叶绿素的极性，为什么胡萝卜素在色谱中移动最快？

（编写：蒋新宇　校核：王微宏）

实验 40　银杏叶中黄酮类有效成分的提取
Extraction of the Flavorloid from Leaf of Gingrko

【目的要求】

1. 了解银杏叶的主要有效成分，掌握黄酮类有效成分的提取方法。

2. 进一步熟悉索氏提取器的使用。

【基本原理】

银杏的果、叶、皮等具有很高的药用和保健价值。银杏叶的提取物对于治疗心脑血管和周边血管疾病、神经系统障碍、头晕、耳鸣、记忆损失有显著效果。

银杏叶中的化学成分很多，主要有黄酮类、萜内酯类、聚戊烯醇类，此外还有酚类、生物碱和多糖等药用成分。目前银杏叶的开发主要是提取银杏内酯和黄酮类等药用成分。黄酮类化合物由黄酮醇及其苷、双黄酮、儿茶素三类组成，它们具有广泛的生理活性。黄酮类化合物的结构较复杂，其中黄酮醇及其苷的结构表示如下：

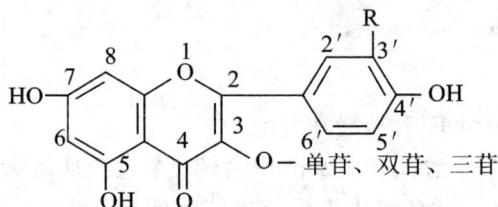

R ＝H 茮非醇，R ＝OH 戊羟黄酮，R ＝OCH$_3$异鼠李亭衍生物

黄酮类化合物广泛分布在自然界，它们是苯并 γ – 吡喃酮（色酮）最重要的一类衍生物。在黄酮分子中 C3 位上的氢被羟基取代，得到 3 – 羟基黄酮，它是黄酮类色素，存在于许多种植物色素中。黄酮与黄烷酮是具有显著生理活性和药用价值的化合物，具有杀菌和抗炎作用，在植物体内具有抗病作用，相当于植物卫士，但有的是植物的毒素成分。

目前提取银杏叶有效成分的方法主要有水蒸气蒸馏法、有机溶剂萃取法和超临界流体萃取法。本实验采取的是溶剂萃取法。

【仪器与试剂】

仪器：索氏提取器，圆底烧瓶，分液漏斗。

试剂：银杏叶，95% 乙醇，无水硫酸钠，二氯甲烷。

【操作步骤】

称取干燥的银杏叶粉末 25 g，放进索氏提取器的滤纸袋，圆底烧瓶中加入 130 mL 60% 的乙醇，连续提取 3 h，待银杏叶颜色变浅，停止提取。将提取物转入蒸馏装置，减压蒸去溶剂得膏状粗提取物。

将粗提取物加 120 mL 水搅拌，转入分液漏斗，用 180 mL 二氯甲烷分三次萃取，萃取液用无水硫酸钠干燥，蒸去二氯甲烷，残留物干燥，称重，计算收率[1]。

本实验约需 5 h。

【注释】

[1] 粗提取物的精制方法很多，如用 D101 树脂和聚酰胺树脂 1∶1 混合装柱，吸附，然后用 70% 乙醇洗脱，经浓缩得到精制品。

实验指导

【预习要求】

1. 了解银杏叶的主要有效成分及黄酮类有效成分的提取方法。
2. 参看实验 5 中相关内容,复习索式提取器的操作。

【思考题】

从黄酮类化合物的结构看,其可否用分光光度法分析?

（编写：蒋新宇　校核：钟世安）

实验 41　从牛乳中分离提取酪蛋白和乳糖
Separation and Extraction of Casein
and Lactose from Milk

【目的要求】

1. 了解从牛乳中分离提取酪蛋白和乳糖的原理及操作方法。
2. 掌握结晶、减压过滤等操作方法。
3. 学会酪蛋白和乳糖的鉴定方法。

【基本原理】

酪蛋白是牛奶[1]中的主要蛋白质,并以酪蛋白钙胶束形式[2]存在,其浓度约为 35 g/L。蛋白质也是两性化合物,当调节牛乳的 pH 值达到酪蛋白的等电点(pI)4.6 左右时,酪蛋白的溶解度最小,从牛乳中析出。

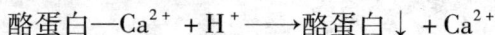

$$酪蛋白—Ca^{2+} + H^+ \longrightarrow 酪蛋白\downarrow + Ca^{2+}$$

牛乳经脱脂和去掉蛋白质后,所得溶液即为乳清。乳清内含有的糖类物质主要为乳糖,乳糖是一种还原性二糖,它的水溶液有变旋光现象,达到平衡时的比旋光度是 $+53.5°$。乳糖不溶于乙醇,在乳清中加入乙醇,乳糖即可结晶析出。酪蛋白的鉴定可通过电泳或蛋白质的颜色反应;乳糖则可通过旋光仪、薄层色谱(TCL)或糖脲的生成来鉴定。

【仪器与试剂】

仪器:离心机、旋光仪、熔点仪、水浴锅。

试剂:去脂牛乳、醋酸溶液(1:9)、95%乙醇、1:1(V:V)的乙醇－乙醚混合液、乙醚、0.4 mol/L NaOH 的生理盐水、5% NaOH、1% 硫酸铜、浓硝酸、茚三酮。pH 试纸，蒸发皿。

【实验内容】

1. 牛乳中酪蛋白的分离与鉴定

（1）酪蛋白的分离　取 50 mL 去脂牛乳置于 150 mL 烧杯内，在水浴锅中小心加热至 40℃，保持温度，边搅拌边慢慢滴加醋酸溶液（1∶9），即有白色的酪蛋白沉淀析出，继续滴加稀醋酸溶液，直至酪蛋白不再析出为止（约加 2 mL），混合液的 pH 值为 4.6[3]。冷却到室温，将混合物转入离心杯中，3000 r/min 离心 15 min。上清液经漏斗过滤于蒸发皿中，作乳糖的分离与鉴定。沉淀（酪蛋白）转移至另一烧杯中，加 95% 乙醇 20 mL，搅匀后用布氏漏斗抽气过滤，以 1∶1（V∶V）的乙醇－乙醚混合液小心洗涤沉淀 2 次（每次约 10 mL），最后再用 5 mL 乙醚洗涤 1 次，吸滤至干。将干粉铺于表面皿上，烘干，称重并计算牛乳中酪蛋白的含量。

取 0.5 g 酪蛋白溶于 0.4 mol/L NaOH 的生理盐水 5 mL 中，用于蛋白质的颜色反应。

（2）酪蛋白的颜色反应

1）缩二脲反应　在一支小试管中加入酪蛋白溶液 5 滴和 5% NaOH 溶液 5 滴，摇匀后加入 1% 硫酸铜溶液 1~2 滴[4]。振摇试管，观察颜色变化。

2）黄蛋白反应　在一支小试管中加入酪蛋白溶液 10 滴和浓硝酸 3 滴，水浴中加热，生成黄色硝基化合物。冷却后再加入 5% NaOH 溶液 15 滴，溶液呈橘黄色。

3）茚三酮反应　在一支小试管中加入酪蛋白溶液 10 滴，然后加茚三酮试剂 4 滴，加热至沸，即有蓝紫色出现。

2. 乳糖的分离与鉴定

（1）乳糖的分离　将上述实验中所得的上清液（即乳清）置于蒸发皿中，用小火浓缩至 5 mL 左右，冷却后，加入 95% 乙醇 10 mL，冰浴中冷却，用玻璃棒搅拌摩擦，使乳糖析出完全，经布氏漏斗减压过滤，用 95% 乙醇将乳糖晶体洗涤 2 次（每次 5 mL），即得粗乳糖晶体。

将粗乳糖晶体溶于 8 mL 的 50~60℃ 的热水中，滴加乙醇至产生浑浊，水浴加热至浑浊消失，冷却，过滤，用 95% 乙醇洗涤晶体，干燥后得含一分子结晶水的纯乳糖。

（2）乳糖的变旋光现象　精确称取 1.25 g 乳糖用少量蒸馏水溶解，转入 25 mL 容量瓶中定容，将溶液装入旋光管中，每隔 1 min 测定 1 次，至少测定 6 次，

8 min 内完成，记录数据。10 min 后，每隔 2 min 测定 1 次，至少测 8 次，20 min 内完成。记录数据并计算比旋光度。

本实验约需 4 h。

【注释】

[1] 牛乳的平均百分组成为：水 87.1%、蛋白质 3.4%、脂肪 3.9%、糖 4.9%、矿物质 0.7%。

[2] 酪蛋白是一种磷蛋白，蛋白质肽链中丝氨酸、苏氨酸残基的羟基和磷酸结合，并以钙盐形式存在。酪蛋白是一种混合物，由 α、β 和 κ 酪蛋白三种组成。在牛乳中三种酪蛋白均为钙盐，并形成胶束。α 和 β - 酪蛋白钙盐胶束不溶于牛乳，但 κ - 酪蛋白溶于水，并可增溶 α 和 β - 酪蛋白，构成溶于水的酪蛋白胶束。

[3] 酪蛋白的等电点(pI)为 4.6，在做酪蛋白分离时，加醋酸溶液要慢，控制溶液的 pH 值在 4.6 附近，否则酪蛋白沉淀不充分。

[4] 硫酸铜不能加多了，否则产生蓝色的氢氧化铜沉淀，干扰实验现象的观察。

实验指导

【预习要求】

1. 复习等电点的概念及蛋白质在等电点时的特性；复习蛋白质的性质、颜色反应。

2. 了解旋光仪的构造与使用方法；熟悉乳糖的结构与性质。

【注意事项】

1. 酪蛋白的颜色反应，可根据实验时间的安排，选做 1 ~ 2 个。

2. 在使用旋光仪时，切不可将旋光管随意放在实验桌上，以免滚落地上摔碎。

【思考题】

1. 为了将牛乳中的酪蛋白尽可能多地沉淀析出，应控制 pH 在什么范围？为什么？

2. 为什么乳糖具有变旋光现象？

（编写：王微宏　　校核：罗一鸣）

实验 42 卵磷脂的提取及其组成鉴定
Extraction of Lecithin and Identification of the Compositions

【目的要求】

1. 掌握物质在不同溶剂中溶解度的不同，分离提取物质的方法。

2. 验证卵磷脂水解后的产物，巩固对卵磷脂组成及结构的认识。

【基本原理】

卵磷脂是一种在动植物中分布很广的磷脂，是天然的乳化剂和营养补品。磷脂可以降血脂，治疗脂肪肝、肝硬化，使老年动脉血管壁有增强现象，且减少坏死。卵磷脂因其首先是从鸡蛋中提取出来而得名。

蛋黄中的主要成分为水 50%、蛋白质 20%、脂肪 20%、卵磷脂 8% 及少量脑磷脂。以上各组分在不同溶剂中溶解情况如下：

溶剂 ＼ 组成	蛋白质	脂肪	卵磷脂	脑磷脂
乙醇	不溶	溶	溶	不溶
氯仿	不溶	溶	溶	溶
丙酮	不溶	溶	不溶	不溶

利用上表从蛋黄中提取卵磷脂的流程如下：

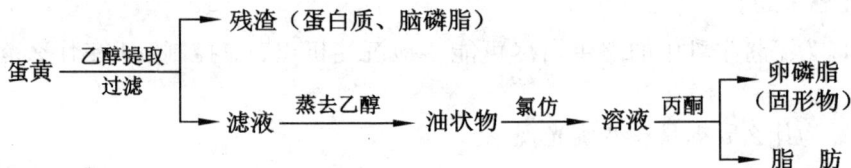

蛋黄 —乙醇提取 过滤→ 残渣（蛋白质、脑磷脂）
滤液 —蒸去乙醇→ 油状物 —氯仿→ 溶液 —丙酮→ 卵磷脂（固形物） / 脂肪

卵磷脂属类脂，具有酯的结构。在碱性条件下彻底水解可得甘油、脂肪酸、磷酸和胆碱。

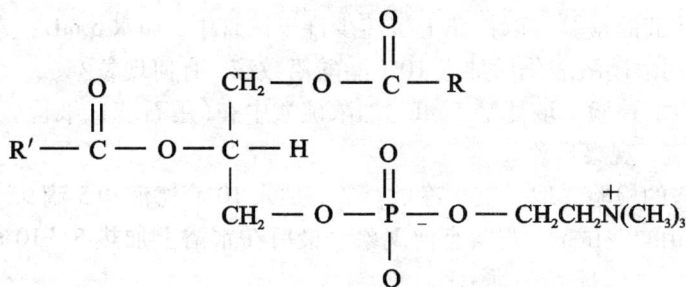

$$
\begin{array}{l}
\qquad\qquad\quad\ \overset{\displaystyle O}{\underset{\displaystyle \parallel}{}} \\
\qquad\qquad CH_2-O-C-R \\
\ \overset{\displaystyle O}{\underset{\displaystyle \parallel}{}}\qquad\quad | \\
R'-C-O-C-H \\
\qquad\qquad |\qquad\ \overset{\displaystyle O}{\underset{\displaystyle \parallel}{}} \\
\qquad\qquad CH_2-O-P-O-CH_2CH_2\overset{+}{N}(CH_3)_3 \\
\qquad\qquad\qquad\quad | \\
\qquad\qquad\qquad\quad O
\end{array}
$$

卵磷脂的结构

甘油与硫酸氢钾共热,生成具有特殊臭味的丙烯醛。脂肪酸在碱性溶液中生成肥皂,酸化后析出游离脂肪酸,遇 Pb^{2+} 生成白色沉淀。磷酸可与钼酸铵生成黄色沉淀。胆碱则与克劳特试剂生成砖红色沉淀。利用上述反应可以进行各组分的鉴定。

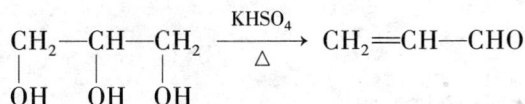

$$
\begin{array}{ccc}
CH_2-CH-CH_2 & \xrightarrow[\triangle]{KHSO_4} & CH_2=CH-CHO \\
|\quad\ \ |\quad\ \ | & & \\
OH\ \ OH\ \ OH & &
\end{array}
$$

【仪器与试剂】

仪器:研钵,蒸发皿,抽滤装置,水浴锅。

试剂:95% 乙醇,氯仿,丙酮,10% NaOH 溶液,10% 醋酸铅,浓硝酸,浓硫酸,克劳特试剂(碱式硝酸铋 + 碘化钾),10% 钼酸铵试剂,硫酸氢钾,托伦试剂,石蕊试纸,熟鸡蛋黄。

【实验内容】

1. 卵磷脂的提取

取熟鸡蛋黄约 2 g,研细,加 5 mL 热的 95% 乙醇继续研磨,再加 10 mL 热的 95% 乙醇,边加边搅拌均匀,冷却后抽滤,收集滤液。残渣移入研钵内再加 15 mL 95% 乙醇研磨过滤。两次滤液合并于蒸发皿内,用水浴蒸去乙醇,得黄色油状物。冷却后加 5 mL 氯仿,搅拌使其溶解。在搅拌下慢慢加入 10 ~ 15 mL 丙酮,即有卵磷脂析出,搅动使成团粘附在玻棒上,溶液倒入回收瓶中。

2. 卵磷脂组成的鉴定

在一支干燥的试管中,加入卵磷脂少许,再加 2 ~ 5 mL 10% NaOH 溶液,水浴加热 10 min,并搅动使卵磷脂水解。将其倒入滤斗中用棉花过滤。保存滤液与滤渣，进行下面的实验：

（1）脂肪酸的检验　取棉花上沉淀少许于试管中，加水 5 mL 搅动观察有无泡沫产生。用浓硝酸酸化后加入 10% 醋酸铅数滴，有何现象？

（2）胆碱的检验　取滤液 1 mL，加浓硫酸中和（用石蕊试纸检验），加入克劳特试剂 1 滴，观察现象。

（3）磷酸的检验　取一支干净的试管，加入 10 滴滤液和 5 滴 95% 乙醇，然后加入 5 滴钼酸铵试剂，观察有何现象？最后在水浴上加热 5~10 min 至有黄色沉淀产生。

（4）甘油的检验　取一支干燥的硬质试管，加入少许卵磷脂和 0.2 g 硫酸氢钾，微热使其混溶。然后加强热，待有水蒸气放出时，嗅有何气味产生。稍冷后，加托伦试剂数滴，水浴加热几分钟，观察现象。

本实验约需 4 h。

实验指导

【预习要求】

1. 掌握卵磷脂的结构与组成。

2. 复习酯、高级脂肪酸和醛的化学性质。

【注意事项】

1. 蒸去乙醇时，应在水浴锅上蒸气浴，切不可用明火（如酒精灯）直接加热，以免发生火灾。

2. 用棉花过滤时，宜用一小团棉花将漏斗颈轻轻堵住，不要塞得太紧，以免过滤太慢或过滤不出。

【思考题】

1. 写出卵磷脂的水解产物之一胆碱的结构式。

2. 在甘油的检验实验中，加托伦试剂的目的是什么？写出有关的反应方程式。

（编写：王微宏　校核：罗一鸣）

第五章 有机化合物的定性鉴定

有机化合物的定性鉴定包括元素和官能团两方面的定性分析内容。通过元素的定性分析可判断某一纯净有机化合物的元素组成，为元素定量分析及官能团分析奠定基础。官能团分析则是通过其特征反应来确定某官能团是否存在于试样分子中，它对确定有机物分子的结构有很大帮助。

随着科学技术的不断发展，在有机分析领域中已涌现出多种现代化仪器分析技术，如紫外、红外光谱、核磁共振、质谱、色谱等，因其试样用量少，且具快速、准确等特点而被广泛应用于有机化合物的分离、纯化及结构测定。但是，经典的化学分析方法，因其成本低廉，且操作简便、适用性强，在目前仍不失为一种有效的分析方法，是学习有机化学所必须掌握的内容之一。

实验 43 钠熔法鉴定氮、硫和卤素
Identification of Nitrogen, Sulphur and Halogen by Sodium Fusion Method

【目的要求】
1. 掌握钠熔法的操作技术。
2. 熟悉氮、硫、卤素的元素分析方法。

【基本原理】
氮、硫、卤素在有机化合物中以共价键与其他原子结合，难于在水中形成相应的离子，不能直接进行元素的定性测定，故常需将化合物分解，使之转变为相应的无机离子型化合物，再用无机定性分析来检测。分解有机化合物有多种方法，最常用的是钠熔法。钠熔法是将有机化合物与金属钠一起加热，使其中的氮、硫、卤素转变成 $NaCN$，Na_2S，$NaCNS$，NaX 等可溶于水的离子型化合物，再对它们的水溶液进行检测。

【仪器与试剂】

仪器：硬质试管，酒精喷灯。

试剂：金属钠，蔗糖，蒸馏水，5% 硫酸亚铁(新配)，10% 氢氧化钠，5% 盐酸，5% 三氯化铁，10% 醋酸，醋酸铜-联苯胺试剂，2% 醋酸铅，0.5% 亚硝酰铁氰化钠，铜丝，稀硝酸，5% 硝酸银，四氯化碳，氯水(新配)，0.1% 氨水，过硫酸钠，浓硫酸；对氨基苯磺酸(加入适量硫脲、尿素、溴苯、碘仿，应混合均匀)。

【实验内容】

1.样品的钠熔分解

取 10 mg 研细的固体样品或 2~3 滴液体样品及少许蔗糖[1]备用。取一支 10 mm×85 mm 干燥洁净的试管用铁夹垂直固定在铁架台上。用镊子从煤油中取出金属钠，用滤纸吸干煤油，以小刀刮去其氧化层，切取绿豆大小的钠块放入试管中[2]，用小火慢慢加热试管底部使钠熔融。当钠蒸气充满试管底部时，迅速加入备好的样品及少许蔗糖，样品与蔗糖应直接落入试管底部，勿粘在管壁上。然后加强热使试管底部呈暗红色，持续约 2 min。停止加热，冷却至室温后慢慢加入 1 mL 无水乙醇以除去过量的金属钠。当无氢气放出时，再重新加热试管[3]。当试管重新又烧红时，趁热将试管底部浸入盛有 10 mL 蒸馏水的小烧杯中，试管底部当即破裂。将小烧杯内的混合物煮沸，过滤。滤渣用蒸馏水洗两次，滤液和洗涤液为无色或淡黄色澄清溶液，共约 20 mL，留作元素鉴定试验之用。

2.氮的鉴定

(1)普鲁士蓝试验[4]　取 2 mL 滤液于一洁净试管中，加入 5 滴新配制的 5% 硫酸亚铁溶液及 5 滴 10% 氢氧化钠溶液，使溶液呈碱性。将溶液煮沸，如有黑色沉淀析出(此沉淀为硫化亚铁或氢氧化亚铁)，可待冷却后加入 5% 盐酸至沉淀恰好溶解。然后加入 2~5 滴 5% 三氯化铁溶液，有普鲁士蓝沉淀析出，说明样品含氮。若沉淀很少不易观察，可用滤纸过滤并用水洗涤，检查滤纸上有无蓝色沉淀。若无沉淀只得到蓝色或绿色的溶液，则可能是钠熔法分解样品不完全，需重新进行钠熔试验。

(2)醋酸铜-联苯胺试验[5]　氮的检验：取钠熔法所得滤液 1 mL 于试管中，用 5~6 滴 10% 醋酸酸化，沿试管壁慢慢加入数滴醋酸铜-联苯胺试剂(不要摇动试管)若在两层交界处出现蓝色环[6]，则说明样品中含氮。若样品中含硫时应加 1 滴 2% 醋酸铅(不可多加)后进行分离,取上层清液进行试验。样品中含碘时也有此反应。本试验的灵敏度要高于普鲁士蓝试验。

3. 硫的鉴定

(1) 硫化铅试验[7]　取钠熔法所得滤液 1 mL,加入醋酸使呈酸性,再加 3 滴 2% 醋酸铅溶液,如生成黑色或棕色沉淀则表明样品含硫。如出现白色或灰色沉淀,则是碱式醋酸铅,说明酸化不够,需再加入醋酸后观察。

(2) 亚硝酰铁氰化钠试验[8]　取钠熔法所得滤液 1 mL,加入 2~3 滴新配制的 0.5% 亚硝酰铁氰化钠溶液,如呈紫红色或深红色则表明样品含硫。

4. 硫和氮同时鉴定

取钠熔法所得滤液 1 mL,用 5% 盐酸酸化,再加 1~2 滴 5% 三氯化铁溶液,若出现血红色即表明样品中含有硫和氮[9]。

5. 卤素的鉴定

(1) 铜丝火焰燃烧法(Beilstein test)[10]　将铜丝的一端弯成圆圈状,先在火焰上灼烧,直至火焰不显绿色为止.冷却后在铜丝圈上沾少量样品,放在火焰边缘上灼烧,若有绿色火焰出现,则表明样品中含有卤素。

(2) 卤化银试验[11]　取钠熔法所得滤液 1 mL,加稀硝酸使其呈酸性,在通风橱中加热微沸数分钟(如已确知样品中不含硫和氮,则可省去加热步骤),滴入数滴 5% 硝酸银溶液,若有大量的黄色或白色沉淀析出,则表明样品中含有卤素。

6. 溴和碘分别鉴定

取钠熔法所得滤液 2 mL,加稀硝酸使其呈酸性,在通风橱中加热煮沸数分钟(如已确知样品中不含硫和氮,则可不必加热)。冷却后加入 0.5 mL 四氯化碳,逐滴加入新配制的氯水,边滴边摇动。若四氯化碳层显棕黄色表示样品含溴;若四氯化碳层显紫色,表示样品含碘;若四氯化碳层先出现紫色,继续滴加氯水并摇动,紫色褪去,出现棕黄色,则表示样品中同时含有溴和碘。

若样品中同时含有溴和碘,而碘含量较多时,常使溴不易检出。此时可用滴管小心吸去紫色的四氯化碳层,再加入纯净的四氯化碳并摇动,如仍显紫色,再吸去。重复操作直至四氯化碳层无色,再逐滴加入新鲜氯水摇动,若四氯化碳层显棕黄色,表明样品含溴。

7. 氯的鉴定

方法一:取钠熔法所得滤液 10 mL,①加入稀硝酸使呈酸性。在通风橱中加热煮沸数分钟以除去氮和硫。②加入过量的硝酸银溶液使全部卤化银沉淀出来，过滤，弃去滤液，用 30 mL 水洗涤沉淀。将洗过的沉淀投入 20 mL 0.1% 氨水中煮沸 2 min，过滤除去不溶物(AgBr和AgI)。③在所得滤液中加硝酸酸化，然后滴加硝酸银溶液，若出现白色沉淀或白色浑浊，则表明样品中含氯。

如已确知样品中不含硫、氮，则第①步可以省去；如已知样品中不含溴、碘，则第②步可以省去；如已知样品中不含硫、氮、溴、碘，则可直接用钠熔法所得滤液 1 mL 进行硝酸银试验。

方法二：取钠熔法所得滤液 2 mL，加入 2 mL 浓硫酸和 0.5 g 过硫酸钠(或过硫酸铵)，煮沸数分钟以除去溴和碘，取其清液滴加 5% 硝酸银溶液，若出现白色沉淀或白色浑浊，则表明样品含氯。

本实验约需 4 h。

【注释】

[1] 加入少许蔗糖，使氮有较多机会与碳(来自蔗糖)、钠形成氰化物便于鉴定。

[2] 金属钠有强碱性和强腐蚀性，遇水会猛烈燃烧和爆炸，在空气中会迅速氧化。故操作应迅速，慎勿触及皮肤，防止与水接触。应取有金属光泽的钠粒做实验，剩下的金属钠放回原瓶。

[3] 小火加热以除去乙醇，以免起火。

[4] 反应式：
$$2NaCN + FeSO_4 \longrightarrow Fe(CN)_2 + Na_2SO_4$$
$$Fe(CN)_2 + 4NaCN \longrightarrow Na_4[Fe(CN)_6]$$
$$3Na_4[Fe(CN)_6] + 4FeCl_3 \longrightarrow Fe_4[Fe(CN)_6]_3$$

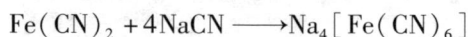

[5] 醋酸铜-联苯胺试剂配制　A 液：取 150 mg 联苯胺溶于 100 mL 水及 1 mL 醋酸中；B 液：取 286 mg 醋酸铜溶于 100 mL 水中。A，B 液分别储存于棕色瓶中，使用前临时等体积混合即为醋酸铜-联苯胺试剂。

[6] 本试验的机理是醋酸铜与联苯胺混合后存在以下平衡：

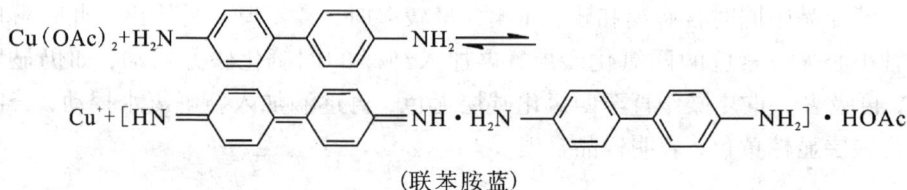

(联苯胺蓝)

当溶液中有 CN^- 时，CN^- 与 Cu^+ 形成络离子 $[Cu_2(CN)_4]^{2-}$，使 Cu^+ 离子

浓度减小，平衡向右移动，试验中有联苯胺蓝的蓝色环出现。

[7] 反应式：

$$Na_2S + Pb(OAc)_2 \longrightarrow PbS_2\downarrow + 2NaOAc$$

[8] 反应式：$Na_2S + Na_2[Fe(CN)_5NO] \longrightarrow Na_4[Fe(CN)_3NOS]$
（紫红色）

[9] 反应式：$3NaCNS + FeCl_3 \longrightarrow Fe(CNS)_3 + 3NaCl$

若在钠熔步骤中用钠量较少，硫和氮常以硫氰离子（CNS^-）形式存在，使硫和氮的分别检验出现负结果，则必须重作本试验。

[10] 含有氯、溴、碘的有机化合物在铜丝上燃烧时产生相应的卤化铜，具挥发性，使火焰显绿色，且非常灵敏。由于氟化铜在试验温度下不挥发，不能使火焰显色，故此法不适于检验含氟化合物。

[11] 由于氟化银溶于水，故本试验不适合于含氟化合物的鉴定。若样品中含有硫或氮，在钠熔过程中生成的 NaCN 或 NaS 会干扰本试验的结果，所以在加入稀硝酸后需在通风橱中加热煮沸以除去生成的氰化氢或硫化氢。

$$NaCN + HNO_3 \longrightarrow HCN\uparrow + NaNO_3$$
$$Na_2S + 2HNO_3 \longrightarrow H_2S\uparrow 2NaNO_3$$

[12] 反应式：$2H^+ + ClO^- + 2I^- \longrightarrow H_2O + Cl^- + I_2(CCl_4)$紫色
$$I_2 + 5ClO^- + H_2O \longrightarrow 2IO_3^- + 5Cl^- + 2H^+ 紫色褪去$$
$$2H^+ + ClO^- + 2Br^- \longrightarrow H_2O + Cl^- + Br_2(CCl_4)棕黄色$$

实验指导

【预习要求】

1. 复习氮、硫、卤素等元素的定性分析鉴定方法。

2. 认真阅读实验内容特别是注释部分的内容。

【注意事项】

1. 取金属钠时，所用的仪器一定要干燥，切勿用手接触。用滤纸吸干煤油后，刮去氧化层，切取有金属光泽的钠粒，大小约为有机试样体积的二分之一。

2. 灼热的试管底部接触冷水后，若不能破碎，可用小锤击碎，但要注意不可让碎片浅出烧杯外，以免试样损失，影响检测。

3. 制取钠熔滤液时，应控制好洗涤残渣的蒸馏水用量。太多则所得离子总浓度降低，导致有些元素检测不出；太少则不够后面的元素分析实验之用。

【思考题】

1. 钠熔时有机试样为什么不能粘在试管壁上？

2. 钠熔法的缺点之一是试样常分解不完全，为了分解完全，能不能加过量的金属钠？为什么？

（编写：王微宏　校核：罗一鸣）

实验44　卤代烃、醇、酚、醛、酮的鉴定
Identification of Alkyl Halides，Alcohols，
Phenols，Aldehydes and Ketones

【目的要求】

1. 熟悉卤代烃、醇、酚、醛、酮的化学性质

2. 掌握这些化合物的特征反应和鉴定方法。

【仪器与试剂】

试剂：饱和硝酸银的乙醇溶液，氯化苄，氯苯，1－氯丁烷，2－氯丁烷，2－甲基－2－氯丙烷，1－溴丁烷，Lucas 试剂，叔丁醇，仲丁醇，正丁醇，异丙醇，乙二醇，丙三醇，$7.5\ mol \cdot L^{-1}$ 酸，5%重铬酸钾，2%硫酸铜，$2\ mol \cdot L^{-1}$ 氢氧化钠，95%乙醇，浓盐酸，苯酚饱和溶液，固体苯酚，$1\ mol \cdot L^{-1}$ 硫酸，1%苯酚，1%间苯二酚，1%萘酚，1%对苯二酚，2%三氯化铁，溴水，2，4－二硝基苯肼，甲醛，乙醛，丙醛，苯甲醛(30%乙醇溶液)，丙酮，苯乙酮，饱和亚硫酸氢钠，10%盐酸，碘－碘化钾溶液，5%硝酸银，$6\ mol \cdot L^{-1}$ 氨水，Fehling 试剂甲，Fehling 试剂乙，Schiff 试剂，亚硝酰铁氰化钠，浓氨水。

未知物试样：Ⅰ　氯化苄、氯苯、2－氯丁烷；

　　　　　　　Ⅱ　丙三醇、叔丁醇、正丁醇；

　　　　　　　Ⅲ　丙三醇、对苯二酚、正丁醇；

　　　　　　　Ⅳ　苯乙酮、甲醛、苯甲醛。

仪器：水浴锅。

【实验内容】

1. 卤代烃的鉴定——硝酸银试验

在小试管中加入饱和硝酸银的乙醇溶液5滴，再加入1～2滴样品，充分振荡，观察有无沉淀析出？在5 min 后仍无沉淀析出时，可在水浴中加热后再观察。分别比较各组试样的活泼性次序，并写出反应式。

试样：Ⅰ　氯化苄、氯苯；

　　　　Ⅱ　1 - 氯丁烷、2 - 氯丁烷、2 - 甲基 - 2 - 氯丙烷；

　　　　Ⅲ　1 - 氯丁烷、1 - 溴丁烷。

2. 醇的鉴定

(1) 卢卡斯(Lucas)试验[1]　在三支干燥的小试管中，各加入 Lucas 试剂 6 滴，再分别加入叔丁醇、仲丁醇、正丁醇 1 滴，振荡后，立即出现浑浊的是叔丁醇。若不出现浑浊，则将试管放在水浴(50 ℃以下)中温热 2~3 min，静置，溶液中慢慢出现浑浊的为仲丁醇。伯醇(正丁醇)难起反应。

(2) 氧化试验　在试管中加入 1 mL 7.5 mol·L^{-1}硝酸，再加入 3~5 滴 5% 重铬酸钾溶液，然后加入数滴样品，振摇后观察。若溶液由橙红色变为蓝绿色[2]，则样品为伯醇或仲醇；若无颜色变化，则样品为叔醇。

样品：正丁醇、仲丁醇、叔丁醇、异丙醇。

(3) 氢氧化铜试验　在一支试管中加入 2% 硫酸铜溶液 15 滴及 2 mol·L^{-1} 氢氧化钠溶液 15 滴，将此悬浊液等分于三支试管中，分别加入 95% 乙醇、乙二醇、丙三醇 4 滴，摇匀后，观察实验现象并写出反应式。最后向试管中加入 2 滴浓盐酸，振摇并记录现象变化[3]。

3. 酚的鉴定

(1) 苯酚的弱酸性　在点滴板的凹孔中放置蓝色石蕊试纸，再在石蕊试纸上滴加 1 滴苯酚饱和溶液，观察试纸颜色的变化，用乙醇做同样的试验，对照之。

取固体苯酚(约绿豆大小)于试管中，加水 10 滴，振荡使其成乳浊液(为什么?)，在此乳浊液中逐滴加入 2 mol·L^{-1}氢氧化钠溶液至澄清为止。再在此澄清液中加入 1 mol·L^{-1}硫酸至溶液呈酸性，观察有何变化，写出反应方程式。

(2) 三氯化铁试验　在点滴板的凹孔中，分别加入 1% 苯酚、1% 间苯二酚、1% 萘酚、1% 对苯二酚溶液各 1 滴，再在各孔中加 2% 三氯化铁溶液 1~2 滴，观察颜色变化并记录。

(3) 溴水试验　在四支试管中分别加入 1% 苯酚、1% 间苯二酚[4]、1% 对苯二酚溶液各 5 滴，再逐滴滴加溴水 5 滴，并不断振摇，观察现象，并写出有关反应方程式。

4. 醛和酮的鉴定

(1) 2,4 - 二硝基苯肼试验　取三支试管各加入 2,4 - 二硝基苯肼试剂 5 滴，分别加入甲醛、乙醛、丙酮各 1 滴，振荡后，观察有无沉淀产生，并注意其颜色，写出反应式。

（2）亚硫酸氢钠试验[5]　　**取干燥试管**三支分别加入苯甲醛、丙酮、苯乙酮各 2 滴，再加入新配制的饱和亚硫酸氢钠溶液 10 滴，充分振摇后，在冰水中放置 5 min，观察有什么现象，为什么？

倾出苯甲醛与亚硫酸氢钠加成产物中的上层溶液，在此结晶中加入 20 滴 10% 盐酸，水浴加热，观察有什么现象？为什么？此反应有何实际意义？

（3）碘仿试验——活泼甲基的检验　　取两支试管分别加入乙醛、丙酮各 2 滴，再加入 2 mol·L^{-1} 氢氧化钠溶液 2 滴，再逐滴滴加碘 - 碘化钾溶液（碘液），边滴边摇，直到溶液保持淡黄色为止，若溶液颜色褪去，可再加几滴碘 - 碘化钾溶液，直到溶液不褪色为止。然后再加 1 滴氢氧化钠溶液分解过量的碘，随之出现浅黄色碘仿沉淀，写出反应式。**若出现白色乳浊液，还不能说是碘仿**，应将此试管放到 50～60 ℃的水浴中温热几分钟，再观察之。

（4）托伦（Tollens）试验[6]　　**取一支洁净的试管**，加入 1 mL 水，1 滴 5% 硝酸银溶液及 6 mol·L^{-1} 氨水 2 滴，摇匀，再加入甲醛 2 滴，摇匀后在水浴上温热 2 min，观察银镜的生成。所生成的银镜用稀硝酸洗涤。

（5）斐林（Fehling）试验　　取三支试管，在每支试管中都加入 Fehling 试剂甲、乙各 5 滴，然后在一支试管中加甲醛 5 滴，摇匀；在另一支试管中加丙酮 5 滴，摇匀；再在第三支试管中加苯甲醛 5 滴，摇匀。将三支试管同时放入沸水浴中加热约 2 min，观察各试管中的现象有何不同？为什么？写出反应式。

（6）希夫（Schiff）试验[7]　　取三支试管，分别加入甲醛、苯甲醛、丙酮各 2 滴，再在每支试管中加入 Schiff 试剂 10 滴，充分振摇（苯甲醛难溶于 Schiff 试剂，须用力振摇），观察颜色变化。在呈正性反应的试管中再加入几滴浓硫酸，摇动，观察有何变化。

（7）亚硝酰铁氰化钠试验[8]　　取丙酮 2 滴于离心试管中，加入冰醋酸 5 滴及新配制的饱和亚硝酰铁氰化钠 Na[Fe(NO)(CN)$_5$] 溶液 2 滴，混合后，**倾斜试管，沿试管壁慢慢加入浓氨水 10 滴**，静置，观察两层液面交界处是否出现紫色环。

5. 未知物鉴定

从指导老师处领取一组未知试样，试鉴别之。

本实验约需 4 h。

【注释】

［1］Lucas 试剂系浓盐酸 - 无水氯化锌的溶液，所用试管必须干燥，否则影响鉴别效果。该法适宜鉴别 C$_3$～C$_6$ 的醇，因大于 6 个碳的醇不溶于 Lucas 试

剂，而 C_1、C_2 醇所得卤代烃是气体，故不适用。

[2] 硝酸与重铬酸钾混合溶液在常温下能氧化大多数伯醇和仲醇，同时橙红色的 $Cr_2O_7^{2-}$ 离子转变为蓝绿色的 Cr^{3+} 离子，溶液由橙红色变为蓝绿色；而叔醇不能被氧化。

[3] 邻位二醇或邻位多元醇可与新制的氢氧化铜形成络合物而使沉淀溶解，变成绛蓝色溶液。加入盐酸后络合物分解为原来的醇和铜盐。

[4] 间苯二酚的溴代物在水中的溶解度较大，需加入较多的溴水才能产生沉淀。

[5] 醛、酮与亚硫酸氢钠亲核加成是可逆的，用过量的亚硫酸氢钠使平衡向右移动，使加成产物结晶析出。如冷却后仍没有结晶析出，可用玻棒摩擦试管壁或加几滴乙醇。加成产物 α - 羟基磺酸钠是盐，易溶于水，但在饱和亚硫酸氢钠溶液中或乙醇中难溶，能结晶析出，遇到酸或碱又分解为原来的醛或酮。

[6] Tollens 试验所用试管必须十分洁净，否则正性反应也不能形成银镜，而只能析出黑色的絮状沉淀。试管可依次用温热的浓硝酸、水、蒸馏水洗涤干净。

[7] Schiff 试剂为桃红色的品红盐酸盐与亚硫酸作用得的无色溶液。醛可与 Schiff 试剂加成，生成带蓝影的紫红色，脂肪醛反应很快，芳香醛反应较慢。甲醛的反应产物遇硫酸不褪色，其他醛的反应产物遇硫酸褪色。丙酮在此实验中可产生很淡的颜色，其他酮则不反应。所以可用本试验鉴别醛和酮，也可区分甲醛和其他的醛。

[8] 临床上常用此法测定糖尿病患者尿中丙酮的存在。冰醋酸可排除尿中其他物质(如肌酸)的干扰。

实验指导

【预习要求】

1. 复习卤代烃、醇、酚、醛、酮的化学性质，特别是一些特征反应。

2. 认真阅读实验内容特别是注释部分的内容。

【注意事项】

1. 在醇的氧化和 Tollens 试验中试管一定要清洗干净，否则将影响实验结果。

2. 酚与三氯化铁的显色反应中，若颜色太深不好判断时，可加少量水稀释后再观察。

3. 在 Schiff 试验中，由于 Schiff 试剂的组成中有亚硫酸，故在碱性或加热的情况下，会产生假阳性反应，这是在实验和实际运用中应该特别注意的，可做空白对照。

4. 实验中所用的试剂较多，取用试剂时要特别注意避免滴瓶上胶头滴管的"张冠李戴"，造成试剂交叉污染，并导致实验失败。

5. 2，4 – 二硝基苯肼有毒，使用时应注意避免皮肤直接接触和吸入。

6. 做未知物鉴定时，应先设计好鉴定方案，再进行实验操作。取样量参照"实验内容"。

【思考题】

1. 将 NaOH 水溶液和对氯苄基氯加热煮沸，生成什么样的化合物？为什么？

2. 有三瓶液体试剂，知道是 1 – 溴丙烷、溴乙烯和烯丙基溴，试用简单的化学方法鉴别它们。

3. 某化合物能发生下列反应：①与 Na 反应放出 H_2；②与氧化剂 $K_2Cr_2O_7$ 作用生成酮；③与浓硫酸共热生成烯，如将生成的烯催化加氢，得到 2 – 甲基丁烷。试根据以上反应写出此化合物的名称及结构。

4. 哪些试剂可用来区别醛类和酮类化合物？

5. 什么叫碘仿反应？在乙醇、丁酮、异丙醇、3 – 戊酮、苯乙酮这些化合物中哪些可发生碘仿反应？

6. 如何分离及鉴定苯甲醛和苯乙酮的混合溶液？（注意分离与鉴定的区别）

（编写：王微宏　校核：罗一鸣）

实验 45　胺类和羧酸衍生物的鉴定
Identification of Amines and
Carboxylic Acid Derivatives

【目的要求】

1. 熟悉胺及尿素的重要性质和鉴别方法。

2. 熟悉羧酸衍生物特别是乙酰乙酸乙酯的性质。

【仪器与试剂】

试剂：苯胺，10% 盐酸，2 mol·L^{-1}氢氧化钠，N – 甲基苯胺，N，N – 二甲

基苯胺，饱和亚硝酸钠，饱和苯酚溶液，饱和醋酸钠，2%硫酸铜，固体尿素，苯磺酰氯，5%氢氧化钠，10%乙酰乙酸乙酯，2，4-二硝基苯肼，2%三氯化铁，溴水，饱和亚硫酸氢钠，饱和碳酸钠，红色石蕊试纸碎片，冰。

未知物试样：Ⅰ　苯胺，苯酚溶液，N，N-二甲基苯胺；
　　　　　　Ⅱ　苯甲醛，乙酰乙酸乙酯，乙酸乙酯。

【实验内容】

1. 胺及尿素的性质

(1) 苯胺的碱性　在试管中滴入苯胺2滴和水10滴，振摇，则成苯胺和水的乳浊液，再加入10%盐酸数滴，则可得一澄清液，然后逐滴加入 2 mol·L^{-1} 氢氧化钠，振摇，又出现浑浊，为什么？

(2) 重氮化与偶联反应　取试管一支，加入苯胺4滴及10%盐酸2 mL(约40滴)，把试管放入冰水中，冷却至5℃以下，然后慢慢滴加饱和亚硝酸钠溶液4滴，切记注意边加边摇边冷却，充分摇匀即得淡黄色重氮苯溶液，保存于冰水中[1]，留作下面实验用。写出上述变化的反应方程式。

1) 取试管一支，加入上面制得的氯化重氮苯溶液2滴，在灯焰上加热，是否有气泡发生，溶液颜色有什么变化？写出反应式。

2) 取试管一支，加入蒸馏水1 mL，2 mol·L^{-1}氢氧化钠溶液2滴，摇匀，得澄清液，然后加入氯化重氮苯溶液5滴，发生什么现象？写出反应式。

3) 取试管一支，加入 N，N-二甲基苯胺3滴，滴加10%盐酸至 N，N-二甲基苯胺溶解为止，再加入氯化重氮苯溶液3滴，然后逐滴加入饱和醋酸钠溶液至有黄色沉淀为止，写出反应式。

(3) 苯磺酰氯(Hinsberg)试验　取3支试管，分别加入3滴苯胺、N-甲基苯胺、N，N-二甲基苯胺。再向各试管中加入3滴苯磺酰氯，用力振摇试管，用手摸管底，哪支试管发热？然后加5mL 5%氢氧化钠溶液，塞住管口，并在水浴中温热(不高于70℃)至苯磺酰氯特有的气味消失为止。按下列现象区分伯、仲、叔胺：

1) 溶液中无沉淀析出，或有少量沉淀，经过滤，滤液用盐酸酸化后有沉淀析出，为伯胺；

2) 溶液中析出油状物或沉淀，而此油状物或沉淀不溶于酸，则为仲胺；

3) 溶液中有油状物，加数滴浓盐酸酸化后即溶解，则为叔胺。

(4) 缩二脲的生成和缩二脲反应[2]　取干燥试管一支，加入尿素约0.3 g(一颗蚕豆大)，小心加热试管内固体，首先见到尿素熔化，继而有氨味的气体放出，嗅其气味并用湿的红色石蕊试纸试验。继续加热至试管内物质逐渐凝固为止，此时产生的物质为缩二脲，待试管冷却后，加入蒸馏水 2 mL 及 2 mol·L^{-1} NaOH 溶液 8 滴，振摇，尽量使缩二脲溶解，再加 2% CuSO$_4$ 溶液 2 滴，观察有何现象？

2. 乙酰乙酸乙酯的鉴定

乙酰乙酸乙酯存在酮式和烯醇式互变异构，既有甲基酮的性质又有烯醇结构的性质。

（1）2,4 - 二硝基苯肼试验　　往试管中加入 10 滴 10% 乙酰乙酸乙酯溶液，再加入 2 滴 2,4 - 二硝基苯肼，观察有无橙色沉淀生成？这说明了什么？

（2）三氯化铁 - 溴水试验　　在试管中加入 10 滴 10% 乙酰乙酸乙酯溶液，再加 1 滴 2% 三氯化铁溶液，是否出现紫红色？为什么？向此溶液中快速滴加溴水数滴，振动后溶液颜色有何变化？为什么？将此溶液放置片刻，颜色又有何变化？用反应式解释之。

（3）亚硫酸氢钠试验[3]　　在试管中加入 2 mL 10% 乙酰乙酸乙酯溶液和 0.5 mL 饱和亚硫酸氢钠溶液，振荡 5～10 min，析出胶状沉淀则表明有酮式结构存在。再向其中加入饱和碳酸钠溶液，振荡后沉淀消失。

3. 未知物鉴定

从指导老师处领取一组未知试样，试鉴别之。

本实验约需 3 h。

【注释】

[1] 重氮化反应要在低温(0～5 ℃)下进行，实验中试剂添加要慢，并不断搅拌以利于散热。否则重氮盐会分解。制备好的重氮盐溶液，也应保存在冰水浴中待用。

[2] 缩二脲反应中，硫酸铜的量不宜过多，否则，生成氢氧化铜蓝色沉淀，影响实验现象观察。

[3] 反应式：

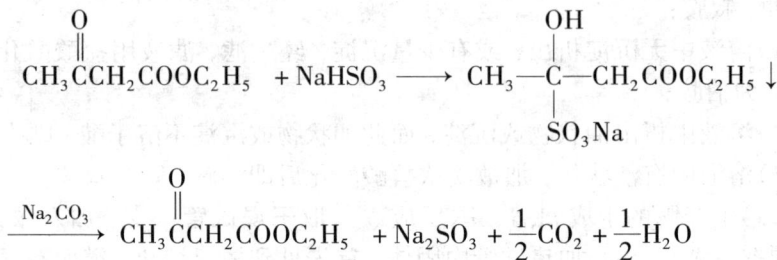

实验指导

【预习要求】

1. 熟悉胺类和羧酸衍生物的化学性质。

2. 掌握乙酰乙酸乙酯的酮式与烯醇式互变异构现象，特别是结构与性质的关系。

【注意事项】

1. 在缩二脲反应实验中，一定要等试管冷却后再加水及其他试剂，以防试管破裂。认真阅读注释[2]。

2. 在乙酰乙酸乙酯的鉴定实验中，一定要仔细观察现象并及时记录。

3. 做未知物鉴定时，应先设计好鉴定方案，再进行实验操作。

【思考题】

1. 脂肪族伯、仲、叔胺与芳香族伯、仲、叔胺在与亚硝酸反应时有和异同？

2. 重氮盐可与哪些化合物发生偶联反应？

3. 哪些物质能发生缩二脲反应？

4. 用反应式表示用苯磺酰氯（Hinsberg）试验鉴定伯、仲、叔胺的原理。

（编写：王微宏　　校核：罗一鸣）

实验46　糖类、氨基酸和蛋白质的鉴定
Identification of Saccharides,
Amino Acides and Proteins

【目的要求】

1. 加深对糖类主要化学性质的理解，掌握糖类的鉴别方法。

2. 熟悉氨基酸和蛋白质的特征颜色反应及其鉴别方法。

【仪器与试剂】

仪器：水浴锅，显微镜。

试剂：2%葡萄糖，2%果糖，2%蔗糖，2%淀粉，2%麦芽糖，15%麦芽糖，班氏试剂，苯肼试剂，莫利许试剂，浓硫酸，10%氢氧化钠，30%氢氧化钠，

0.1% 碘液，间苯二酚溶液（西里瓦洛夫试剂）。

1% 甘氨酸，1% 酪氨酸，1% 色氨酸，蛋白质溶液，茚三酮试剂，1% 硫酸铜，浓硝酸，硝酸汞试剂，红色石蕊试纸。

未知物试样：Ⅰ　2% 葡萄糖，果糖，蔗糖溶液；

　　　　　　　Ⅱ　2% 淀粉，麦芽糖，蔗糖溶液；

　　　　　　　Ⅲ　1% 甘氨酸，1% 酪氨酸和蛋白质溶液。

【实验内容】

1. 糖类的性质鉴定

（1）糖的还原性——Benedict 试验　取五支试管各加入班氏试剂 10 滴，再分别加入 5 滴 2% 葡萄糖、2% 果糖、2% 蔗糖、2% 麦芽糖、2% 淀粉，在沸水浴中煮沸 2 ~ 3 min，取出冷却，观察有无红色或黄色沉淀，比较其结果。

（2）成脎反应　取试管三支分别加入 5 滴 2% 葡萄糖、2% 果糖、2% 蔗糖[1]，再各加入 5 滴苯肼试剂。另取一支试管加入 5 滴 15% 麦芽糖溶液和 10 滴苯肼试剂，将四支试管充分振摇，置沸水中加热 20 min 后取出，若尚无结晶，可将试管放入冷水中冷却后再观察。比较各试管中成脎的速度和脎的颜色。取各种脎少许，在显微镜下观察糖脎的晶形。

（3）糖的颜色反应

1）莫利许（Molish）试验[2]：取四支离心试管，分别加入 2% 葡萄糖、2% 果糖、2% 麦芽糖、2% 淀粉各 5 滴，然后加入莫利许试剂 2 滴，摇匀，将试管倾斜，**沿管壁慢慢加入浓硫酸**约 5 滴，此时硫酸与糖溶液应很清楚地分成两层，观察两液面间紫色环的出现。若无紫色环，可将试管在热水浴中加热 3 ~ 5 min，再观察现象。

2）西里瓦洛夫（Seliwanoff）试验[3]：取四支试管，各加入间 - 苯二酚的盐酸溶液 10 滴，然后在三支试管中分别加入 2% 葡萄糖、2% 果糖、2% 蔗糖溶液各 5 滴，第四支试管留作对照用，摇匀后，同时放入水浴中加热两分钟，观察有无颜色变化，记录颜色的深浅，此实验有何意义？

3）淀粉与碘的作用[4]：取 1 支试管，加入 0.5 mL 2% 淀粉溶液，再加 1 滴 0.1% 碘液，溶液是否显蓝色？将试管在沸水浴中加热 5 ~ 10 min，观察有何变化？放置冷却，又有何变化？

2. 氨基酸和蛋白质的颜色反应

（1）与茚三酮的反应[5]　取 4 支试管，编号，分别加入 1 mL 1% 的甘氨酸、酪氨酸、色氨酸和蛋白质溶液，再分别滴加 3 ~ 4 滴茚三酮试剂，在沸水浴中加热 10 ~ 15 min，观察现象。

（2）缩二脲反应[6]　　在试管中加入 2 mL 蛋白质溶液，2 mL 10% 氢氧化钠溶液，然后加入 2 滴 1% 的硫酸铜溶液，摇动试管，观察现象。

（3）黄蛋白反应[7]　　取 1 支试管，加入蛋白质溶液 1 mL，再滴加浓硝酸 7 ~ 8 滴，此时浑浊或有白色沉淀，加热煮沸，溶液和沉淀都呈黄色，冷却，逐滴加入 10% 氢氧化钠溶液，颜色由黄色变成更深的橙色。

（4）蛋白质与硝酸汞试剂的反应[8]　　在试管中加入 2 mL 蛋白质溶液和硝酸汞试剂 2 ~ 3 滴，小心加热，此时原先析出的白色絮状物聚成块状，并显砖红色。

3. 碱分解蛋白质

在试管中加入 2 mL 蛋白质溶液和 4 mL 30% 的氢氧化钠溶液。在试管口放一湿润的红色石蕊试纸，把混合液加热煮沸 3 ~ 4 min，有何气体放出？试纸是否变色？

4. 鉴定未知物

从指导老师处领取一组未知试样，试鉴别之。

本实验约需 3 h。

【注释】

［1］蔗糖不能与苯肼作用生成脲，但长时间加热，可水解成葡萄糖和果糖，因而也有少量糖脲生成。

［2］糖类化合物与浓硫酸作用生成糠醛及其衍生物（如羟甲基糠醛等），糠醛及其衍生物与 α - 萘酚起缩合作用，生成紫色的物质。

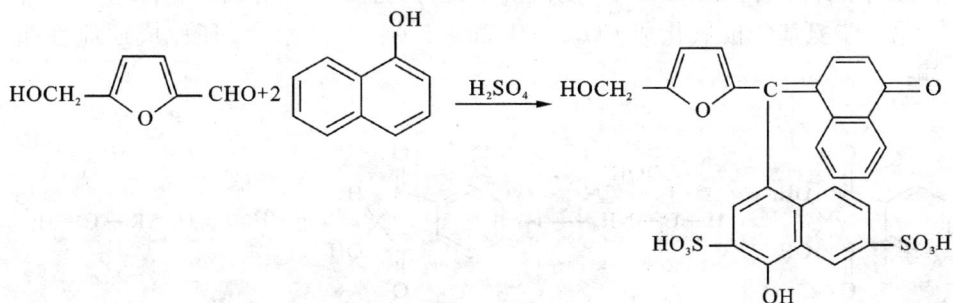

［3］酮糖在酸作用下失水生成 5 - 羟甲基呋喃甲醛，它与间苯二酚反应产生红色化合物，反应一般在半分钟内完成使溶液变为红色。醛糖形成羟甲基呋

喃甲醛较慢，只有在样品浓度较高或加热时间较长时才出现微弱的红色反应。二糖若能水解出酮糖，也会有阳性反应。以果糖为例的反应式如下：

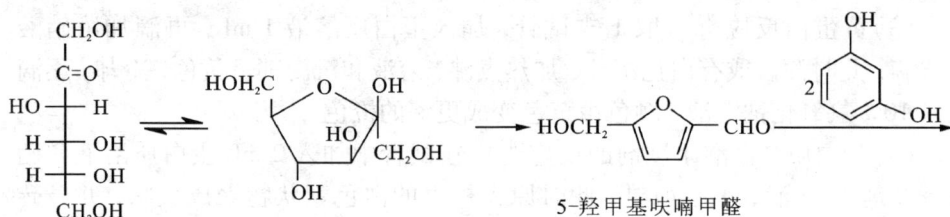

5-羟甲基呋喃甲醛

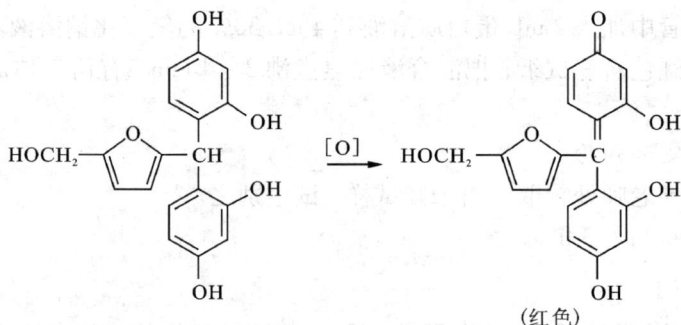

(红色)

[4] 淀粉与碘的作用是一个复杂的过程。主要是碘分子和淀粉之间经范德华力联系在一起形成一种配合物，加热时分子配合物不易形成而使蓝色褪去，这是一个可逆过程，是淀粉的一种鉴定方法。

[5] 氨基酸(脯氨酸和羟脯氨酸除外)和蛋白质都能与茚三酮作用，生成紫色，反应十分灵敏。在 pH 5~7 的溶液中进行为宜，反应分两步进行。

第一步氨基酸被氧化成 CO_2、NH_3 和醛，茚三酮(水合)还原成还原型茚三酮：

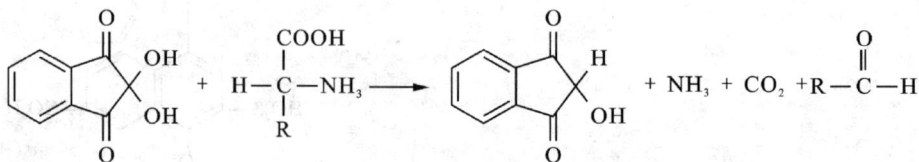

第二步还原型茚三酮与另一分子茚三酮和 NH_3 缩合成有色物质：

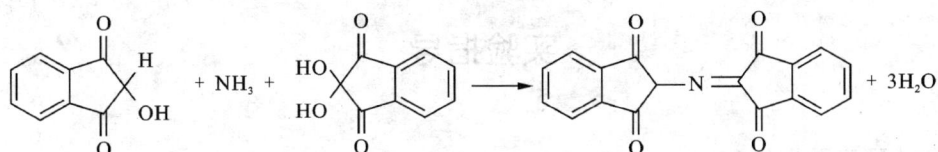

〔6〕任何蛋白质或其水解中间产物均有缩二脲反应，这表明蛋白质或其水解中间产物均含有肽键。蛋白质在缩二脲反应中常显紫色。显色反应是由于生成铜的配合物，基结构式可能为：

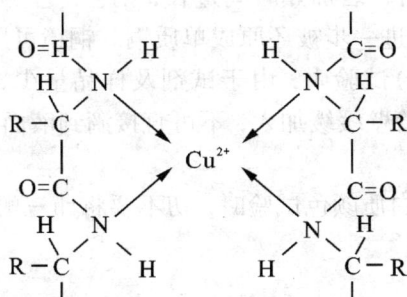

〔7〕黄蛋白反应表明蛋白质分子中含有单独的或并合的芳环，即含有 α - 氨基 - β - 苯基丙酸、酪氨酸、色氨酸等。这些结构单元中芳环能起硝化反用，生成硝基化合物，结果呈现黄色。加碱后颜色变为橙黄色，是由于形成醌式结构的缘故。例：

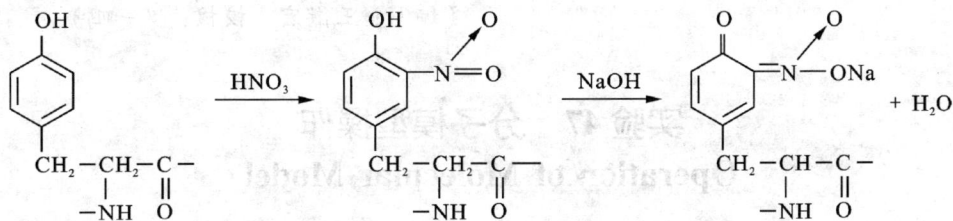

〔8〕只有组成中含有酚羟基的蛋白质，才与硝酸汞试剂显砖红色。在氨基酸中只有酪氨酸含有酚羟基，所以，凡能与硝酸试剂作用显砖红色的蛋白质，其组成中必定含有酪氨酸单位。

实验指导

【预习要求】

1. 熟悉糖类、氨基酸和蛋白质的化学性质。

2. 认真阅读实验内容特别是注释部分。

【注意事项】

1. 在 Benedict 试验中，若加热时间过长，则会产生铜镜，即二价的铜离子经还原成砖红色 CuO 后进一步被还原成单质铜。铜镜可用稀硝酸洗去。

2. 在莫利许(Molish)试验中，由于试剂及样品量少，最好使用离心试管。在加浓硫酸时，要沿试管壁缓缓加入，不可直接滴到液面上，切不可振摇试管，否则将看不到紫色环。

3. 在做氨基酸和蛋白质颜色试验时，切不要将茚三酮、浓硝酸等试剂弄到皮肤上，否则也会显色！

【思考题】

1. 什么叫还原糖？在葡萄糖、果糖、蔗糖、麦芽糖、纤维素中，哪些是还原糖？

2. 蔗糖是二糖，它是由哪两种单糖构成的？它有变旋光现象吗？为什么？

3. 要判断某多肽链中是否含有酪氨酸残基，应采用什么办法？

（编写：王微宏　　校核：罗一鸣）

实验 47　分子模型操作
Operation of Molecular Model

【目的要求】

通过分子模型操作，深入认识异构现象，牢固树立有机化合物的立体概念。

【基本原理】

异构现象在有机化学中存在非常普遍，可概括为：

$$
\text{异构现象}\begin{cases}
\text{构造异构}\begin{cases}\text{碳链异构}\\\text{位置异构}\\\text{官能团异构}\end{cases}\\
\text{立体异构}\begin{cases}\text{构象异构}\\\text{构型异构}\begin{cases}\text{顺反异构}\\\text{对映异构}\end{cases}\end{cases}
\end{cases}
$$

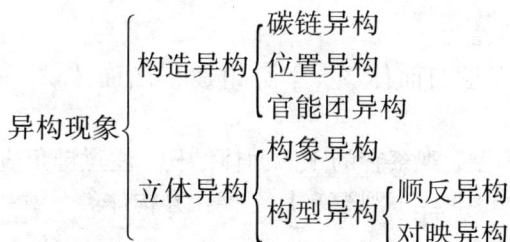

构造异构体具有相同的组成，但它们分子中原子互相联结的方式和次序不同，构造异构包括碳链异构、位置异构和官能团异构。

碳链异构是由碳链构成不同而引起的，如正丁烷和异丁烷。

位置异构是由于官能团在相同碳链上的位置不同而引起的，如 1 – 氯丙烷与 2 – 氯丙烷。

官能团异构体是不同类化合物，如乙醇与甲醚，由于氧原子的结合方式不同而形成不同的官能团。

立体异构体具有相同的组成及构造，但它们的原子或原子团在空间的方位不同，立体异构包括构象异构、顺反异构和对映异构。

构象异构体是由于分子中单链旋转而造成原子或原子团在空间位置的不同而形成的，各种构象异构体之间能量差别不大，一般无法将它们分离，各种化合物可看作是它的多个构象体的平衡混合物。

顺反异构体有时也叫几何异构体，产生的条件是：分子中存在着限制碳原子自由旋转的因素（如双键或脂环），而且每个不能自由旋转的碳原子上必须连接两个不同的原子或原子团；如顺 –2 – 丁烯和反 –2 – 烯。

对映异构产生的条件是：分子的手征性。一个手性分子，在镜子前面，必然会产生一个与实物相对映的镜像，正如人们的左右手一样，一只是实物，另一只手就是与之对映的镜像，两者不能重叠，而彼此对映。所以叫映异构体（简称对映体）。对映异构体能使平面偏振光发生偏转，但方向相反。

【材料与方法】

材料：球棍模型一套，五种不同颜色的小球，分别为 12，12，8，8，4 个，金属棒 30 根，双链金属棒 4 根。

方法：以不同颜色的小球代表不同的原子或原子团，如以黑色球代表碳、黄色球代表氢、蓝色球代表羧基等；金属棒代表单键，连接两个球；两根金属棒同时连接两个球代表一个 π 键。按要求分别组成下列分子模型并回答相应的问题。

【实验内容】

1.碳的正四面体结构

所有的饱和碳都是四面体碳,学会组成正四面体碳是做好模型作业的基础。

组成甲烷分子模型,观察它的正四面体结构,注意键角应为109.5°。

组成二氯甲烷分子模型,观察它是否存在异构体。

2.构造异构体

(1)组成戊烷所有异构体模型。

(2)组成二氯丙烷所有异构体模型。

画出以上的分子模型图。

指出哪些是碳链异构体,哪些是位置异构体。

3.构象异构体

(1)乙烷　组成乙烷的分子模型,旋转碳碳单键,使其分别构成重叠式和交叉式。注意前后两个碳上氢原子的相对位置,画出透视式和纽曼投影式。

(2)1,2-二氯乙烷　组成该分子模型,旋转碳碳单键,使其分别成全重叠式、邻位交叉式、部分重叠式和对位交叉式,画出它们的纽曼投影式,并指出其相对稳定性。

(3)环己烷　构建环己烷分子模型,分别扭成船式和椅式,注意观察:

1)船式构象　在船式构象中,船头船尾上的两个氢原子(旗杆氢)的距离如何?两条船边的两对碳原子上的碳氢键互呈交叉式还是重叠构象?画出纽曼投影式。

2)椅式构象　在椅式构象中,沿任一碳碳单键观察,这些碳原子上的C—H键是交叉式还是重叠式构象?找出模型中的六个a键和六个e键,画出其透视式并标明a、e键,说明为什么椅式比船式稳定。

3)椅式翻转　将椅式环己烷中的a、e键分别用不同颜色的球连接以便区别,然后朝上扭转椅子腿,得到船式构象,再朝下扭转椅子背,得到另一种椅式构象,注意原来的a键是否变成了e键,画出两种椅式的透视式。

(4)甲基环己烷　组成甲基环己烷的椅式构象。

观察甲基在a键还是e键,扭转模型得到另一种椅式,分析比较甲基是在a键还是在e键的构象较稳定?哪一种是优势构象?为什么?画出两种椅式构象的透视式。

4.顺反异构体

(1)2-丁烯　首先,组成一个sp²杂化的碳,连好键,然后组成2-丁烯的两个异构体(五个 σ 键处于同一平面，π 键与此平面垂直)，观察它们是否能完全重合？π 键能否自由旋转？分别画出它们的结构，注明顺/反及 Z/E 构型。

(2)1,3-环己烷二羧酸 先组成环己烷的椅式构象，然后分别将两个羧基(用同一种颜色的球表示)按三种方式连接：都连在 e 键上；都连在 a 键；一个连在 e 键，另一个连在 a 键。分别画出它们的椅式构象式，上述三种结构中，哪一种是最稳定结构？哪两者之间可通过单键扭转互相转化(属构象异构体)？将上述构象式用顺或反字头加以命名。

(3)十氢萘 组成十氢萘的两个异构体，注意两个环己烷的稠合方式，观察稠合碳原子上两个氢的相对位置，画出透视式，比较它们的稳定性。

5.对映异构体

(1)乳酸(CH$_3$—CH—COOH)
　　　　　　　|
　　　　　　 OH

在中心碳(手性碳)原子上，连有四个颜色不同的小球分别代表—COOH，—OH，—CH$_3$ 和—H，组成乳酸的一对对映体分子模型。

1)利用上述模型按规则写出乳酸的费歇尔投影式(书写费歇尔投影式规则：十字交点代表手性碳，碳链竖立，编号最小的碳放在最上端，横线所连的基团表示在纸平面前方，竖线所连的基团表示在纸平面后方)。用 D/L 及 R/S 命名法标明构型。

2)取上述模型之一，任取两种不同颜色的球(基团)交换位置，观察重新组成的分子是否为同一物质？和它的对映体进行比较，得出相应的结论。

3)费歇尔投影式在纸平面上旋转 90°后得到的构型是前者的对映体。旋转180°后得到的构型不改变。用模型对照说明。

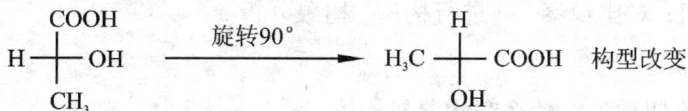

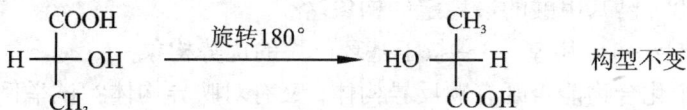

COOH　　　　　　　　　　　 H
|　　　　旋转90°　　　　　　　|
H—+—OH　────→　H$_3$C—+—COOH　构型改变
|　　　　　　　　　　　　　　 OH
CH$_3$

COOH　　　　　　　　　　　 CH$_3$
|　　　　旋转180°　　　　　　 |
H—+—OH　────→　HO—+—H　构型不变
|　　　　　　　　　　　　　　 COOH
CH$_3$

(2)酒石酸(HOOC—CH—CH—COOH)
　　　　　　　　　　|　 |
　　　　　　　　　 OH　OH

1) 组成两种具有旋光性的酒石酸模型，它们是对映体吗？

2) 组成没有旋光性的酒石酸模型，它是内消旋体，观察该分子模型中的对称面和对称中心。内消旋酒石酸与旋光性酒石酸之间是什么关系？画出三种酒石酸的费歇尔投影式，并用 R/S 标明构型。

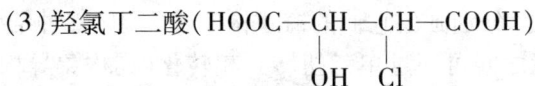

(3) 羟氯丁二酸(HOOC—CH—CH—COOH)
　　　　　　　　　　　　　　|　　|
　　　　　　　　　　　　　　OH　Cl

组成该化合物的两对对映体，画出费歇尔投影式。用 R/S 标出构型，指出它们对映与非对映的关系。

本实验约需 4 h。

实验指导

【预习要求】

1. 熟悉各种异构现象。

2. 熟悉费歇尔投影式的书写规则。

3. 熟练顺反异构和对映异构的构型命名方法。

【注意事项】

1. 自备有机化学教科书、直尺、铅笔。

2. 在实验完毕后，要清点好所使用的球、棍模型，摆放整齐。

3. 实验过程中，一边进行模型操作一边在记录卡上按要求画出结构式。

4. 对于较复杂的分子模型(如环己烷、含两个手性碳的对映异构体)，可两个同学一组，对比观察，并进行构型、构象分析。

【思考题】

1. 什么叫构象？什么叫构象异构体？

2. 画出环己基甲酸的最稳定的构象。

3. 画出反 - 1 - 甲基 - 3 - 叔丁基环己烷的优势构象。

4. 一个化合物能否既有顺反异构体，又有对映异构体？试举例说明。

（编写：王微宏　　校核：罗一鸣）

第六章 综合与应用实验

有机化合物的合成，除了少数情况外几乎都是相当复杂的，涉及的反应众多，操作要求严格。然而，无论多么复杂的有机化合物，尽管可以根据有机化学规律通过不同的反应，即不同的路线而获得，但剖析其合成过程却都是由一个个单元反应，按有机反应的规律巧妙地组合而成的。

在多步有机合成中，每步的实际产量常常低于其理论产量，一般产率在60% ~70%左右，产率在90%以上的反应是选择性较高的反应。在多步有机合成中，总收率是各步反应产率的乘积。如一个六步反应，假定每步的产率均为80%，则总产率为$(80\%)^6=26\%$。因此，要做好多步有机合成，研究获得高产率的反应并发展完善的实验技术以减少每一步的损失，是基本和必要的训练。

多步有机合成中，有的中间体必须经分离提纯，有的则可以不经提纯，直接用于下一步反应，这主要是根据对每一步反应的深入理解和实验的需要，恰当地做出选择。

实验 48　对二叔丁基苯的制备
Preparation of *p*-di-*t*-Butyl Benzene

（一）叔丁基氯的制备
Preparation of *t*-Butyl Chloride

【目的要求】

1. 学习以叔丁醇为原料，在浓盐酸作用下制备叔丁基氯的实验原理和操作过程。

2. 巩固液体的洗涤、干燥及蒸馏等基本操作。

【基本原理】

反应式：

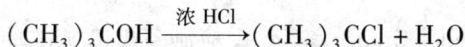

$$(CH_3)_3COH \xrightarrow{\text{浓 HCl}} (CH_3)_3CCl + H_2O$$

【仪器与试剂】

仪器：分液及蒸馏装置。

试剂：叔丁醇(含量≥99%, C. P.)，浓盐酸(含量36%~38%, A. R.)，5%碳酸氢钠溶液，无水氯化钙。

【实验步骤】

在 50 mL 干燥的圆底烧瓶中放入 6.2 g(8 mL, 0.08 mol)叔丁醇[1]和 21 mL浓盐酸，不断振荡反应 10~15 min 后，转入分液漏斗中，静置，待明显分层后，分出水层。有机层分别用水、5% NaHCO$_3$溶液、水各 5 mL 洗涤[2]。产品用无水 CaCl$_2$干燥后转入蒸馏烧瓶中，加入沸石，将接收瓶置于冰水浴中。在水浴上蒸馏，收集 50~51 ℃馏分，产量 5~6 g(产率约为70%)。

【注释】

[1] 叔丁醇凝固点为 25 ℃，温度较低时呈固态，需在温热水中熔化后取用。

[2] 用5% NaHCO$_3$溶液洗涤时，只需轻轻振荡几下，并注意放气。

实验指导

【预习要求】

1. 查阅叔丁醇及叔丁基氯的物理常数和物理化学性质；
2. 复习液体的洗涤、干燥及蒸馏等基本操作。

【思考题】

1. 洗涤粗产品时，如果 NaHCO$_3$溶液浓度过高，洗涤时间过长会有什么现象？
2. 本实验未反应的叔丁醇如何除去？

（二）对二叔丁基苯的制备
Preparation of *p*-di-*t*-Butyl Benzene

【目的要求】

1. 学习利用 Friedel-Crafts 烷基化反应制备烷基苯的原理和方法。

2. 练习带有有害气体吸收装置的回流以及蒸馏等基本操作。

【基本原理】

在无水氯化铝等催化剂作用下，芳烃与卤代烷作用，环上的氢原子被烷基取代的 Friedel-Crafts 烷基化反应是向苯环引入烃基最重要的方法之一，对二叔丁基苯的实验室制备，通常是用苯和叔丁基氯在无水 $AlCl_3$ 等 Lewis 酸催化下进行反应。

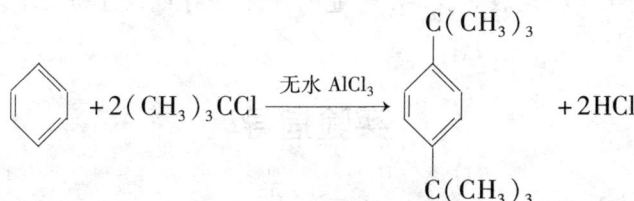

$$\text{（苯）} + 2(CH_3)_3CCl \xrightarrow{\text{无水 } AlCl_3} \text{（对二叔丁基苯）} + 2HCl$$

工业上通常用烯烃作烃化剂，三氯化铝－氯化氢－烃的配合物、磷酸、无水氟化氢及浓硫酸等作催化剂。利用分子内的 Friedel-Crafts 烷基化反应可以制备环状化合物。

【仪器与试剂】

仪器：机械搅拌装置，回流冷凝管和有害气体吸收装置。

试剂：无水无噻吩的苯，叔丁基氯，无水三氯化铝，乙醚，甲醇，饱和食盐水，无水硫酸镁。

【操作步骤】

向装有温度计、机械搅拌和回流冷凝管(上端通过一氯化钙干燥管与氯化氢气体吸收装置相连[1])的 50 mL 三颈圆底烧瓶中加入 3 mL(0.034 mol)无水、无噻吩的苯[2]、10 mL(0.09 mol)叔丁基氯，将烧瓶用冰水浴冷却至 5 ℃ 以下，迅速称取 0.8 g(0.006 mol)无水三氯化铝并加入烧瓶中[3]，在冰水浴下搅拌，使反应液充分混合。诱导期之后反应开始并冒泡，放出氯化氢气体[4]，同时控制反应温度在 5~10 ℃，待无明显的氯化氢气体放出时去掉冰水浴，使反应温度逐渐升高到室温，加入 8 mL 冰水分解生成物，冷却后用 20 mL 乙醚分两次萃取反应物，合并萃取液，用饱和食盐水溶液洗涤后用无水硫酸镁干燥。将干燥后的溶液滤入圆底烧瓶中，在水浴上蒸去乙醚，用 10 mL 甲醇溶解粗产物，然后在冰水浴中冷却，得到针状或片状结晶，减压过滤，用少量冷甲醇洗涤产物，干燥后得到对二叔丁基苯 2~3 g，对二叔丁基苯的熔点为 77~78 ℃。

【注释】

[1] 气体吸收装置的玻璃漏斗应略为倾斜，使漏斗口一半在水面上，以防气体逸出和水被倒吸到反应瓶中。

[2] 本实验所用仪器、试剂均须干燥无水；噻吩具有芳香性，易与叔丁基烷发生烷基化反应，因此要除去苯中的噻吩。

[3] 无水三氯化铝应呈小颗粒或粗粉状，暴露在湿空气中会水解冒烟。

[4] 烷基化反应是放热反应，但它有一个诱导期，且易发生多取代和重排等副反应。

实验指导

【预习要求】

1. 查阅苯及对二叔丁基苯的物理常数及物理化学性质；
2. 复习 Friedel-Crafts 烷基化反应的基本原理；
3. 复习带有有害气体吸收装置的回流以及蒸馏等基本操作。

【思考题】

1. 本实验的烷基化反应为什么要控制在 5～10 ℃ 进行？温度过高有什么不好？

2. 叔丁基是邻对位定位基，本实验为什么只得到对二叔丁基苯一种产物？如果苯过量较多，即苯与叔丁基氯的摩尔比为 4∶1，则产物为叔丁基苯，试解释之。

（编写：李芬芳　校核：唐瑞仁）

实验 49　对氨基苯磺酰胺的制备
Preparation of Sulfanilamide

磺胺药物是含磺胺基团合成抗菌药的总称，能抑制多种细菌和少数病菌的生长和繁殖，用于防治多种病菌感染。磺胺药曾在保障人类生命健康方面发挥过重要的作用，在抗菌素问世后，虽然失去了过去作为普遍使用的抗菌剂的重要性，但仍然可应用于某些治疗中。磺胺药的一般结构为：

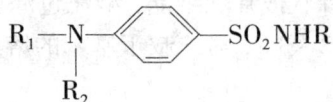

$$R_1 \text{—} \overset{\displaystyle |}{\underset{\displaystyle R_2}{N}} \text{—} \langle \rangle \text{—} SO_2NHR$$

由于磺胺基上氮原子取代基的不同而形成不同的磺胺类药物。合成的磺胺衍生物多达 1000 种以上，但真正用于临床的只有为数不多的十几种，而且大多数磺胺药的 R_1 和 R_2 为 H。

几个代表性的磺胺药物：

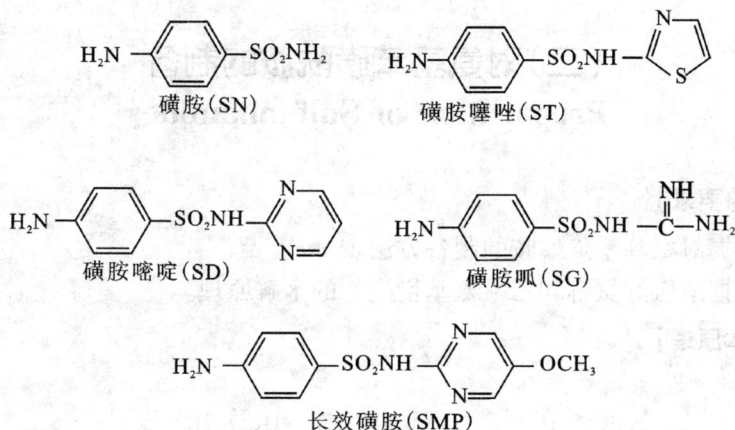

磺胺(SN)   磺胺噻唑(ST)

磺胺嘧啶(SD)   磺胺呱(SG)

长效磺胺(SMP)

本实验将要合成的磺胺是最简单的磺胺类。磺胺的制备一般从苯和简单的脂肪族化合物开始，其中包括许多中间体，这些中间体有的需要分离提纯出来，有的不需要精制就可直接用于下一步的合成。对氨基磺酰胺的合成路线如下：

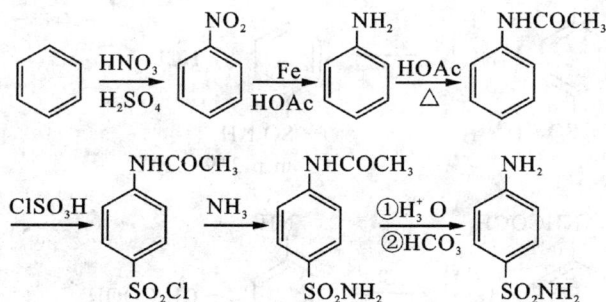

（一）乙酰苯胺的制备
Preparation of Acetanilide

乙酰苯胺的制备参照实验 22。

（二）对氨基苯磺酰胺的制备
Preparation of Sulfanilamide

【目的要求】

1. 掌握对氨基苯磺酰胺的制备方法。
2. 掌握酰氯的氨解和乙酰氨基衍生物的水解原理。

【基本原理】

反应式：

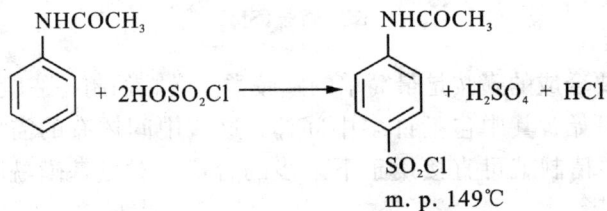

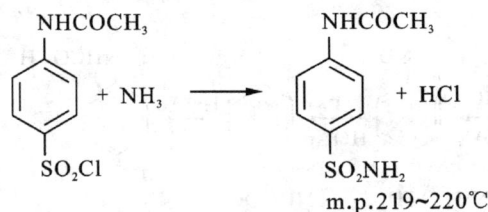

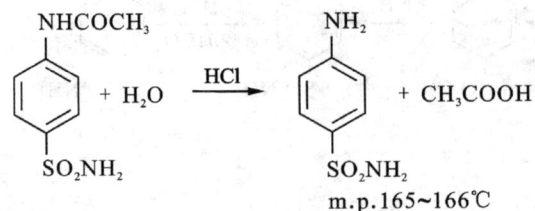

【仪器与试剂】

仪器：水浴加热装置，抽滤装置和熔点仪。

试剂：乙酰苯胺，氯磺酸，浓氨水，浓盐酸，碳酸钠，活性炭，冰。

【操作步骤】

1. 对乙酰氨基苯磺酰氯的制备

在 50 mL 干燥的锥形瓶中，加入 5 g(0.037 mol)干燥的乙酰苯胺，用小火加热熔化[2]。瓶壁上若有少量水气凝结，应用干净的滤纸吸去。冷却，使熔化物凝结成块。将锥形瓶置于冰水浴中冷却后，迅速加入 12.5 mL(22.5 g, 0.19 mol)氯磺酸，立即塞上带有氯化氢导气管的塞子。反应很快发生，若反应过于剧烈，可用冰水浴冷却。待反应缓和后，旋摇锥形瓶使固体全溶，然后再在温水浴中加热 10 min，使反应完全[3]。将反应瓶在冰水浴中完全冷却后，于通风橱中充分搅拌下，将反应液慢慢倒入盛有 75 g 碎冰的烧瓶中[4]，用少量冷水洗涤反应瓶，将洗涤液倒入烧杯中。搅拌数分钟，并尽量将大块固体粉碎[5]，使成颗粒小而均匀的白色固体。抽滤收集固体，用少量冷水洗涤，压干，立即进行下一步反应[6]。

2. 对乙酰氨基苯磺酰胺的制备

将上述粗产物移入烧杯中，在不断搅拌下慢慢加入 17.5 mL 浓氨水(在通风橱内)，立即发生放热反应并产生白色糊状物。加完后继续搅拌 15 min，使反应完全。然后加入 10 mL 水，缓缓加热 10 min，并不断搅拌，以除去多余的氨。得到的混合物可直接用于下一步反应[7]。

3. 对氨基苯磺酰胺(磺胺)的制备

将上述反应物加入到圆底烧瓶中，加入 3.5 mL 浓盐酸，加热回流 0.5 h。冷却后应得一几乎澄清的溶液，若有固体析出[8]，应继续加热，使反应完全。若溶液呈黄色并有极少量固体存在时，需加入少量活性炭，煮沸 10 min，过滤。将滤液转入大烧杯中，在搅拌下小心加入碳酸钠[9]至碱性(约 4 g)。在冰水浴中冷却，抽滤收集固体，用少量冰水洗涤，压干。粗产物用水重结晶(每克产物约需 12 mL 水)，产量 3 ~ 4 g，熔点 165 ~ 166 ℃。

【注释】

[1] 氯磺酸对皮肤和衣服有强烈的腐蚀性，暴露在空气中会冒出大量氯化氢气体，遇水会发生猛烈的放热反应，甚至爆炸，故取用时需特别小心。反应中所用仪器及药品皆需十分干燥，含有氯磺酸的废液不可倒入废液缸中。工业氯磺酸常呈棕黑色，使用前宜用磨口仪器蒸馏纯化，收集 148 ~ 150 ℃ 的馏分。

[2] 氯磺酸与乙酰苯胺的反应相当激烈，将乙酰苯胺凝结成块状，可使反应缓和进行，当反应过于剧烈时，应适当冷却。

[3] 在氯磺化过程中将有大量氯化氢气体放出，为避免污染室内空气，装

置应严密，导气管的末端要与接收器内的水面接近，但不能插入水中，否则可能倒吸而引发严重事故。

[4] 加入速度必须缓慢，并充分搅拌，以免局部过热而使对乙酰氨基苯磺酰氯水解。这是实验成功的关键。

[5] 尽量洗去固体所夹杂和吸附的盐酸，否则产物在酸性介质中放置过久，会很快水解，因此在洗涤后，应尽量压干，且在 1～2 h 内将它转变为磺胺类化合物。

[6] 粗制的对氨基苯磺酰氯久置容易分解，甚至干燥后也不可避免，若要得到纯品，可将粗产品溶于温热的氯仿中，然后迅速转移到事先温热的分液漏斗中，分出氯仿层，在冰水浴中冷却后即可析出结晶。纯的对氨基苯磺酰氯的熔点为 149 ℃。

[7] 为了节省时间，这一步的粗产品可不必分出。若要得到产品，可在冰水浴中冷却，抽滤，用冰水洗涤，干燥即得。粗品用水重结晶，纯品熔点为219～220 ℃。

[8] 对乙酰氨基苯磺酰胺在稀酸中水解成磺胺，后者又与过量的盐酸形成可溶性的盐酸盐，所以水解完成后，反应液冷却时应无晶体析出。由于水解前后溶液中氨的含量不同，加 3.5 mL 盐酸有时不够，因此，在回流至固体完全消失前，应测一下溶液的酸碱性，若酸性不够，应补加盐酸继续回流一段时间。

[9] 用碳酸钠中和滤液中的盐酸时，有二氧化碳气体产生，故应控制加入速度并不断搅拌使其逸出。

磺胺是一种两性化合物，在过量的碱性溶液中易变成盐类而溶解。故中和操作必须仔细进行，以免降低产量。

实验指导

【预习要求】

1. 查阅乙酰苯胺及氯磺酸的物理常数及物理化学性质；
2. 复习冰水浴控温的操作方法及活性炭脱色的操作过程；
3. 复习抽气过滤、重结晶及测熔点的基本操作。

【思考题】

1. 为什么在氯磺化反应完成以后处理反应混合物时，必须移入通风橱中，且在充分搅拌下缓缓倒入碎冰中？若在倒完前冰就化完，是否还应补加冰块？

为什么？

2. 为什么苯胺要乙酰化后再氯磺化？直接氯磺化行吗？

3. 如何理解对氨基苯磺酰胺是两性物质？试用反应式表示磺胺与稀酸和稀碱的作用。

（编写：李芬芳 校核：罗一鸣）

实验 50 对氨基苯甲酸乙酯的制备
Preparation of Ethyl p-Aminobenzoate

最早的局部麻醉药是从南美洲生长的古柯植物中提取古柯碱，或称柯卡因，它具有容易成瘾和毒性大等缺点。化学家们在弄清了古柯碱的结构和药理作用之后，充分显示了他们的才能，已合成和试验了数百种局部麻醉剂，多为羧酸酯类。这种合成品作用更强，副作用较小且较为安全。苯佐卡因和普鲁卡因是 1904 年前后发现的两种。已经发现的、有活性的这类药物均有如下共同的结构特征：分子的一端是芳环，另一端则是仲胺和叔胺，两个结构单元之间相隔 1～4 个原子连接的中间链。苯环部分通常为芳香酸酯，它与麻醉剂在人体内的解毒有着密切的关系；而氨基则有助于使此类化合物形成溶于水的盐酸盐，以制成注射液。羧酸酯类局部麻醉剂的通式可表示如下：

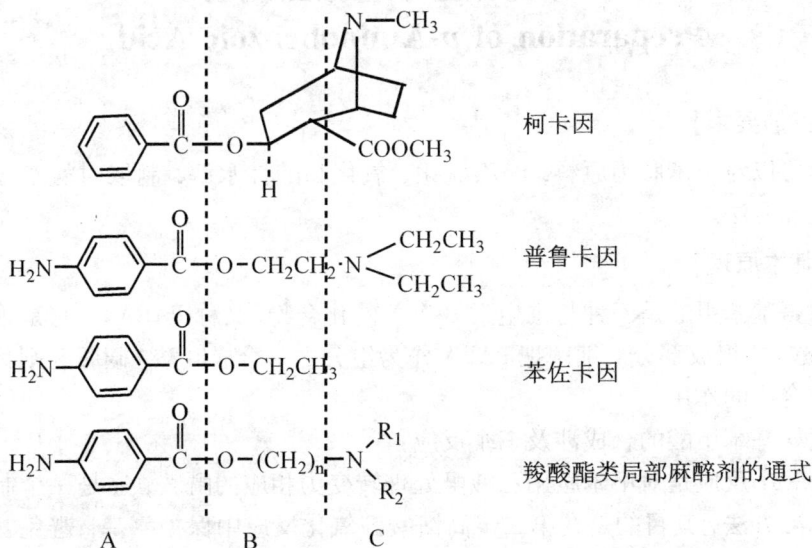

柯卡因

普鲁卡因

苯佐卡因

羧酸酯类局部麻醉剂的通式

A B C

　　本实验阐述了局部麻醉剂苯佐卡因的制备，它是一种白色的晶体粉末，制成散剂或软膏用于疮面溃疡的止痛。苯佐卡因通常由对硝基甲苯氧化成对硝基苯甲酸，再经酯化后还原而得。

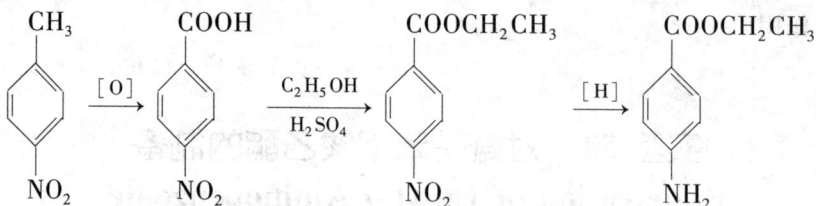

　　这是一条比较经济合理的路线。本实验采用对甲苯胺为原料，经酰化、氧化、水解、酯化一系列反应合成苯佐卡因。

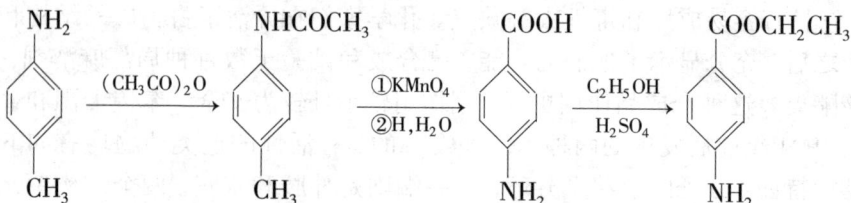

　　此路线虽比前述的对硝基甲苯为原料的长一些，但原料易得，操作方便，适合于实验室小量制备。

（一）对氨基苯甲酸的制备
Preparation of *p*-Aminobenzoic Acid

【目的要求】

　　学习以对甲苯胺为原料，经乙酰化、氧化和酸性水解，制取对氨基苯甲酸的原理和方法。

【基本原理】

　　对氨基苯甲酸是一种与维生素 B 有关的化合物（又称 PABA），它是维生素 Bc（叶酸）的组成部分。细菌把 PABA 作为组分之一合成叶酸，磺胺药则具有抑制这种合成的作用。

　　对氨基苯甲酸的合成涉及三个反应：

　　第一个反应是对甲苯胺用乙酸酐处理转变为相应的酰胺，这是一个制备酰胺的标准方法，其目的是在第二步高锰酸钾氧化反应中保护氨基，避免氨基被氧化，形成的酰胺在所用氧化条件下是稳定的。

第二个反应是对甲基乙酰苯胺中的甲基被高锰酸钾氧化为相应的羧基。氧化过程中，紫色的高锰酸盐被还原成棕色的二氧化锰沉淀。鉴于溶液中有氢氧根离子的生成，故要加入少量的硫酸镁作缓冲剂，使溶液碱性不致变得太强而使酰胺基发生水解。反应产物是羧酸盐，经酸化后可使生成的羧酸从溶液中析出。

最后一步反应是酰胺的水解，除去起保护作用的乙酰基，此反应在稀酸溶液中很容易进行。反应式：

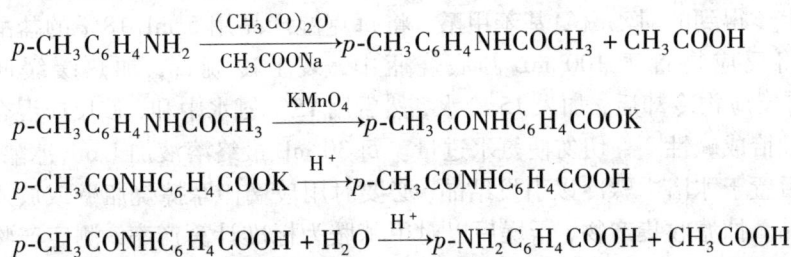

$$p\text{-}CH_3C_6H_4NH_2 \xrightarrow[CH_3COONa]{(CH_3CO)_2O} p\text{-}CH_3C_6H_4NHCOCH_3 + CH_3COOH$$

$$p\text{-}CH_3C_6H_4NHCOCH_3 \xrightarrow{KMnO_4} p\text{-}CH_3CONHC_6H_4COOK$$

$$p\text{-}CH_3CONHC_6H_4COOK \xrightarrow{H^+} p\text{-}CH_3CONHC_6H_4COOH$$

$$p\text{-}CH_3CONHC_6H_4COOH + H_2O \xrightarrow{H^+} p\text{-}NH_2C_6H_4COOH + CH_3COOH$$

【仪器与试剂】

仪器：可调电炉、熔点仪，抽滤装置，回流装置。

试剂：对甲苯胺，乙酸酐，高锰酸钾，三水合醋酸钠，七水合硫酸镁晶体[1]，20%硫酸，10%氨水，乙醇，18%盐酸。

【操作步骤】

1. 对甲基乙酰苯胺的制备

在 300 mL 烧杯中，加入对甲苯胺 3.75 g（0.035 mol），88 mL 水，3.7 mL 浓盐酸，必要时在水浴上温热搅拌促使溶解。若溶液颜色较深，可加适量的活性炭脱色后过滤。同时配置 6 g 三水合醋酸钠[1]溶于 10 mL 水的溶液，必要时温热至所有的固体溶解。将脱色后的盐酸对甲苯胺溶液加热至 50℃，加入 4 mL（0.043 mol）醋酸酐，并立即加入预先配置好的醋酸钠溶液，充分搅拌后将混合物置于冰浴中冷却，此时应析出对甲基乙酰苯胺的白色固体。抽滤，用少量冷水洗涤，干燥后称重，产量约 3.8 g。纯的对甲基乙酰苯胺的熔点为 154℃。

2. 对乙酰氨基苯甲酸的制备

在 500 mL 的烧杯中，加入上述制得的约 3.8 g 对甲基乙酰苯胺、10 g（0.04 mol）七水合结晶硫酸镁和 175 mL 水，将混合物在水浴上加热到约 85℃。同时配制 10.3 g（0.065 mol）高锰酸钾溶于 35 mL 沸水的溶液。在充分搅拌下，将热的高锰酸钾溶液在 20 min 内分批加到对甲基乙酰苯胺的混合物中，以免氧化剂局部浓度过高破坏产物。加完后，继续在 85℃ 搅拌 15 min。混合物变成深棕色，趁热用两层滤纸抽滤以除去二氧化锰沉淀，并用少量热水洗涤二氧化锰沉淀。若滤液呈紫色，可加入 2 ~ 3 mL 乙醇煮沸直至紫色消失，将滤液再用折叠滤纸过滤一次[2]。冷却无色滤液，加 20% 硫酸（或 18% 盐酸）酸化至溶液呈酸性，此时应生成白色固体，抽滤，压干，干燥后得对乙酰氨基苯甲酸约 5 ~ 6 g。纯化合物的熔点为 250 ~ 252℃。湿产品可直接进行下一步合成。

3. 对氨基苯甲酸的制备

称量上步得到的对乙酰氨基苯甲酸，将每克湿产品用 5 mL 18% 的盐酸进行水解。将反应物置于 100 mL 圆底烧瓶中，装上冷凝管，加热缓缓回流 30 min。待反应物冷却后，加入 15 冷水，然后用 15% 氨水中和，使反应混合物对石蕊试纸恰成碱性[3]，切勿使氨水过量。每 30 mL 最终溶液加 1 mL 冰醋酸，充分振摇后置于冰浴中骤冷以引发结晶，必要时用玻璃棒摩擦烧瓶壁或放入晶种引发结晶。抽滤收集产物，干燥后以对甲苯胺为标准计算产率，测定产物的熔点。纯对氨基苯甲酸的熔点为 186 ~ 187℃。实验得到的熔点略低一些[4]。

【注释】

[1] 若用醋酸钠代替水合醋酸钠，用量为 3.6 g；用硫酸镁代替水合硫酸镁，用量为 5.0 g。

[2] 由于此时产生的二氧化锰颗粒很细，若用抽滤，细小的固体很易进入滤液中，达不到分离目的。折叠滤纸的折叠方法参见"重结晶"。

[3] 调节酸碱度析出结晶这一步很关键，弄不好很难出现结晶，要注意溶液的体积不能过大，若加氨水调节时即出现大量沉淀，可不再加冰醋酸。结晶时的 pH 值约为 6。

[4] 对氨基苯甲酸不必重结晶，对产物重结晶的各种尝试均未获得满意的效果，产物可直接用于合成苯佐卡因。

实验指导

【预习要求】

1. 了解酰化、氧化和酸性水解反应的原理。
2. 复习抽滤、扇形滤纸的折叠和熔点测定的基本操作。

【注意事项】

1. 量取浓盐酸和浓氨水应在通风柜中进行。

2.用稀氨水中和时，先快后慢，小心调节，防止过量。

【思考题】

1.对甲苯胺用醋酐酰化反应中加入醋酸钠的目的何在？

2.对甲乙酰苯胺用高锰酸钾氧化时，为何加入硫酸镁结晶？

3.在氧化步骤中，若滤液有色，需加入少量乙醇煮沸，发生了什么反应？

4.在最后水解步骤中，用氢氧化钠代替氨水中和，可以吗？中和后加入醋酸的目的何在？

（二）对氨基苯甲酸乙酯的制备
Preparation of Ethyl *p*-Aminobenzoate

【目的要求】

学习以对氨基苯甲酸和乙醇，在浓硫酸催化下，制备对氨基苯甲酸乙酯的实验方法。

【基本原理】

反应式：

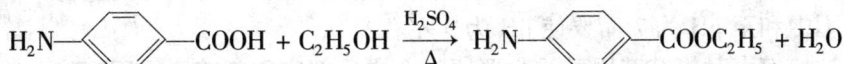

$$H_2N-\!\!\!\!\bigcirc\!\!\!\!-COOH + C_2H_5OH \xrightarrow[\Delta]{H_2SO_4} H_2N-\!\!\!\!\bigcirc\!\!\!\!-COOC_2H_5 + H_2O$$

【仪器与试剂】

回流装置，分液漏斗，蒸馏装置；对氨基苯甲酸（自制），浓硫酸，乙醚，碳酸钠

【操作步骤】

在 50 mL 圆底烧瓶中，加入 1 g（0.0073 mol）对氨基苯甲酸和 12.5 mL 95% 乙醇，旋摇烧瓶使大部分固体溶解。将烧瓶置于冰水浴中冷却，加入 1 mL 浓硫酸，立即产生大量沉淀（在接下来的回流中沉淀将逐渐溶解），将反应混合物在水浴上回流 1 h，并不时加以振荡。将反应混合物转入烧瓶中，冷却后，分批加入 10% 的碳酸钠溶液中和（约需 6 mL），可观察到有气体逸出，并产生泡沫（发生了什么反应？），直至加入碳酸钠溶液后无明显气体放出。反应混合物接近中性时，检查溶液 pH，再加入少量碳酸钠溶液制 pH 为 9 左右。在中和过程中产生少量固体沉淀（生成什么物质？）。将溶液小心倾入分液漏斗中，用 2 ~ 3 mL

乙醚洗涤固体后并入分液漏斗中，再往分液漏斗加入 20 mL 乙醚，振荡萃取，分液，乙醚层经无水硫酸镁干燥后水浴蒸去乙醚和大部分乙醇，至残余油状物约 1 mL 为止。往残余液中加入 2～3 mL 乙醇溶解再滴加冷水至沉淀析出完全，抽滤，干燥，产量约 0.5 g，测定其熔点。纯的对氨基苯甲酸乙酯的熔点为91～92℃。

实验指导

【预习要求】

1. 拟出产品分离提纯的流程，并理解其原理。
2. 复习液体的干燥、乙醚萃取和蒸馏乙醚的基本操作。

【注意事项】

1. 小心使用浓硫酸，防止灼伤。
2. 蒸馏乙醚注意放火。为便于产物的分离，蒸馏乙醚时可不加沸石。

【思考题】

1. 本实验中加入浓硫酸的量远多余催化量，为什么？加入浓硫酸时产生的沉淀是什么物质？试解释之。
2. 酯化反应结束后，为什么要用碳酸钠溶液而不用氢氧化钠进行中和？为什么不中和至 pH 为 7 而要使 pH 为 9 左右？
3. 如何由对氨基苯甲酸为主要原料合成局部麻醉剂普鲁卡因（Procaine）？

（编写：罗一鸣　校核：唐瑞仁）

实验51　安息香缩合及安息香的转化
Condensation and Conversion of Benzoin

芳香醛在氰化钠（钾）作用下，分子间发生缩合生成 α - 羟酮，称为安息香缩合反应。氰离子几乎是专一的催化剂。反应共同使用的溶剂是醇的水溶液。使用氰化四丁基铵作催化剂，则反应可在水中顺利进行。安息香缩合最典型、最简单的例子是苯甲醛的缩合反应。

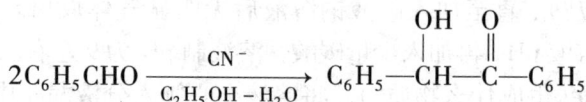

$$2C_6H_5CHO \xrightarrow[C_2H_5OH - H_2O]{CN^-} C_6H_5-\overset{OH}{\underset{\,}{CH}}-\overset{O}{\underset{\,}{C}}-C_6H_5$$

这是一个碳负离子对羰基的亲核加成反应,氰化钠(钾)是反应的催化剂,其机理如下:

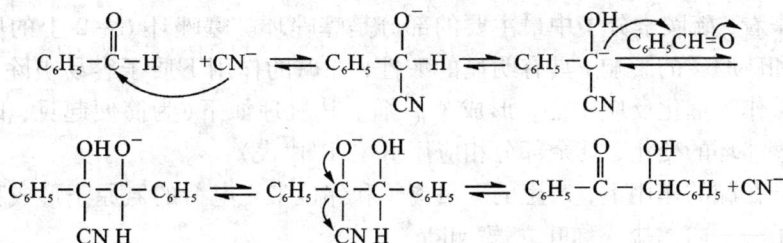

$$C_6H_5-\overset{\overset{O}{\parallel}}{C}-H +CN^- \rightleftharpoons C_6H_5-\overset{\overset{O^-}{|}}{\underset{CN}{C}}-H \rightleftharpoons C_6H_5-\overset{\overset{OH}{|}}{\underset{CN}{C}}\overset{C_6H_5CH=O}{-} $$

$$C_6H_5-\overset{\overset{OH}{|}}{\underset{\overset{|}{CN}}{C}}-\overset{\overset{O^-}{|}}{\underset{H}{C}}-C_6H_5 \rightleftharpoons C_6H_5-\overset{\overset{O^-}{|}}{\underset{\overset{|}{CN}}{C}}-\overset{\overset{OH}{|}}{\underset{H}{C}}-C_6H_5 \rightleftharpoons C_6H_5-\overset{\overset{O}{\parallel}}{C}-\overset{\overset{OH}{|}}{C}HC_6H_5 +CN^-$$

其他取代芳醛(如对甲基苯甲醛、对甲氧基苯甲醛和呋喃甲醛等)也可以发生类似的缩合,生成相应的对称性二芳基羟乙酮。

从反应机理可知,当苯环上带有强的供电子基(如对二甲氨基苯甲醛)或强的吸电子基(如对硝基苯甲醛)时,均很难发生安息香缩合应。因为供电子基降低了羰基的正电性,不利于亲核加成反应;而吸电子基则降低了碳负离子的亲核性,同样不利于与羰基发生亲核加成反应。但分别带有供电子基和吸电子基的两种不同的芳醛之间,则可以顺利发生混合的安息香缩合并得到一种主要产物,即羟基连在含有活性羰基芳香醛一端,例如:

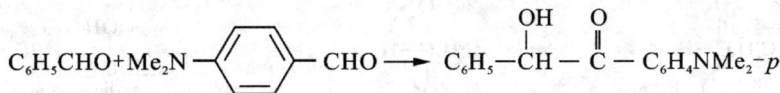

$$C_6H_5CHO+Me_2N-\overset{}{\underset{}{\bigcirc}}-CHO \longrightarrow C_6H_5-\overset{\overset{OH}{|}}{C}H-\overset{\overset{O}{\parallel}}{C}-C_6H_4NMe_2\text{-}p$$

除氰离子外,噻唑生成的季铵盐也可对安息香缩合起催化作用,如用有生物活性的维生素 B_1 的盐酸盐代替氰化物催化安息香缩合反应,反应条件温和、无毒且产率高。

维生素 B_1 又称硫胺素或噻胺(Thiamine),它是一种辅酶,作为生物化学反应的催化剂,在生命过程中起着重要作用,其结构如下:

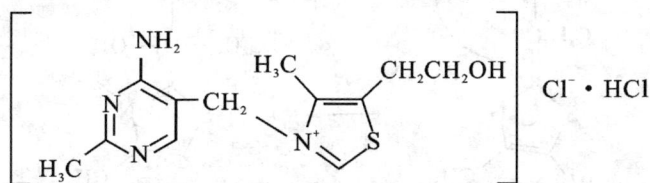

$$\left[\begin{array}{c}\text{结构式}\end{array}\right] Cl^- \cdot HCl$$

　　绝大多数生化过程都是在特殊条件下进行的化学反应，酶的参与可以使反应更巧妙、更有效并且在更温和的条件下进行。硫胺素在生化过程中主要是对 α-酮酸脱羧和形成偶姻（α-羟基酮）等三种酶促反应发挥辅酶的作用。从化学角度来看，硫胺素分子中最主要的部分是噻唑环。噻唑环 C-2 上的质子由于受氮和硫原子的影响，具有明显的酸性，在碱的作用下质子容易被除去，产生的负碳作为催化反应中心，形成苯偶姻。其机理如下（为简便起见，以下反应只写噻唑环的变化，其余部分相应用 R 和 R′代表）：

　　（1）在碱的作用下，产生的碳负离子和邻位带正电荷的氮原子形成稳定的两性离子——内鎓盐或称叶立德（ylide）。

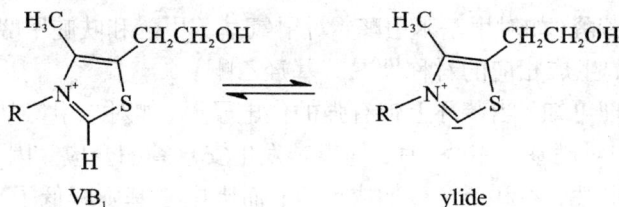

　　（2）噻唑环上的碳负离子与苯甲醛的羰基发生亲核加成，形成烯醇加合物，环上带正电荷的氮原子起到调节电荷的作用。

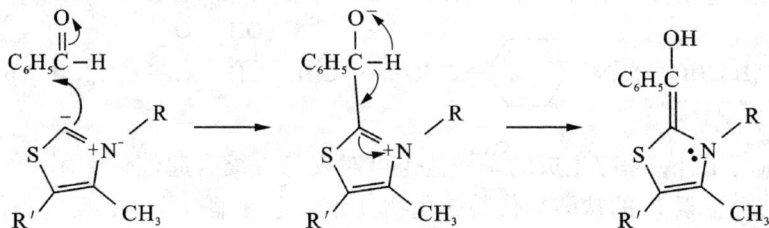

　　（3）烯醇加合物再与苯甲醛发生亲核加成，形成一个新的辅酶加合物。

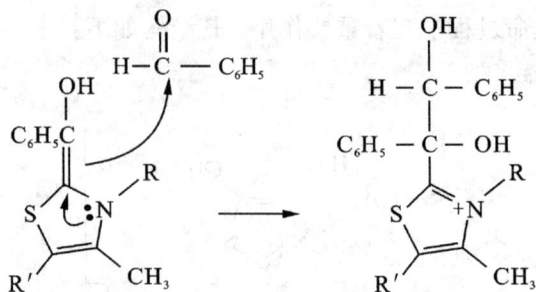

（4）辅酶加合物离解成安息香，辅酶还原。

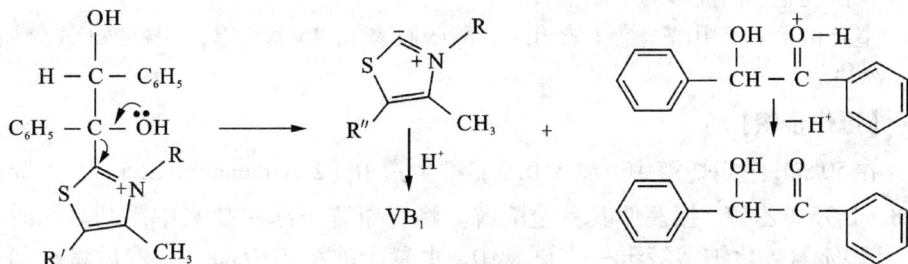

二苯羟乙酮（安息香）在有机合成中常被用作中间体。它既可以氧化成 α－二酮，又可以在各种条件下还原成二醇、烯、酮等各种类型的产物。作为双官能团化合物可以发生许多反应。本节将在制备安息香的基础上，进一步利用铜盐或三氯化铁将安息香氧化为二苯乙二酮，后者用浓碱处理，发生重排反应，生成二苯羟乙酸。

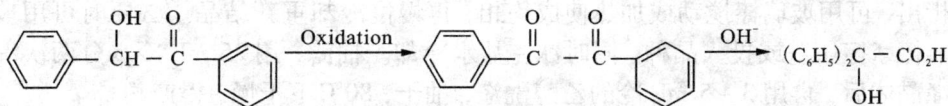

（一）安息香的辅酶合成法
Synthesis of Benzoin in the Presence of Coenzyme

【目的与要求】

学习安息香缩合反应的原理和应用 VB_1 为催化剂合成安息香的实验方法。

【基本原理】

安息香（benzoin）的熔点为 135～137℃。微溶于水和乙醚，易溶于热的乙醇和丙酮，制药工业用作防腐剂。由苯甲醛合成安息香反应式：

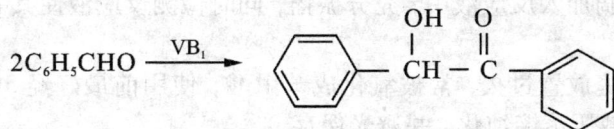

【仪器与试剂】

仪器装置：回流装置，熔点仪。

主要试剂：苯甲醛，维生素 B_1（盐酸硫胺素），95% 乙醇，10% NaOH，活性炭，冰块。

【操作步骤】

在 50 mL 圆底烧瓶中，加入 0.9 g 维生素 B_1（2.5 mmoL）、2.5 mL 蒸馏水和 8 mL 95% 乙醇，振荡使其完全溶解。将烧瓶置于冰 – 盐水中冷却。同时取 3 mL 10% 氢氧化钠溶液于一支试管中，也置于冰浴中冷却[1]。然后将冷却好的氢氧化钠溶液在 5 min 内慢慢滴加至冷却好的维生素 B_1 溶液中，并不断摇荡，调节溶液 pH 为 9 ~ 10[2]，此时溶液呈黄色。去掉冰浴，加入 5 mL（5.2 g，0.05 mol）新蒸的苯甲醛[3]，摇匀，再调节 pH 趋近 10[4]。装上回流冷凝管（可不加沸石），将混合物置于水浴上温热 80 min，水浴温度保持在 70 ~ 75℃[5]。此时反应混合物呈桔黄或桔红色均相溶液。将反应混合物静置，冷却至室温，将析出浅黄色结晶，将烧瓶置于冰 – 水浴中冷却使结晶完全。若产物呈油状物析出，可用玻璃棒搅动或加热使成均相，再慢慢冷却重新结晶。必要时可用玻璃棒摩擦瓶壁或投入晶种，同时冰 – 盐水冷却。抽滤，用 25 mL 冷水分两次洗涤晶体后，再用 3 ~ 5 mL 冷的乙醇洗涤，抽干，80℃ 下干燥，得产物。

进一步提纯可用 95% 乙醇重结晶[6]。若产物成黄色，可加入少量活性炭脱色，产量约 2.5 g。

纯粹安息香为白色针状结晶，熔点 134 ~ 136℃。

本实验约需 4 h。

【注释】

[1] 维生素 B_1 在酸性条件下是稳定的，但易吸水，在水溶液中易被氧化失效，光及铜、铁、锰等金属离子均可加速其氧化；在氢氧化钠溶液中噻唑环易开环失效。因此，反应前维生素 B_1 溶液及氢氧化钠溶液必须用冰水冷透，否则严重影响反应产率，甚至没有产物。

[2] pH 值的调节也是本实验成败的关键，太高或太低均影响收率，氢氧化钠溶液用滴管滴加入反应液中，充分振摇，同时检测反应液使其 pH 值在 9 ~ 10 之间。

[3] 苯甲醛放置过久，常被氧化成苯甲酸，使用前最好经 5% 碳酸氢钠溶液洗涤，然后减压蒸馏纯化，并避光保存。

[4] 因苯甲醛中常含少量苯甲酸，使 pH 降低。故需再加碱调节 pH 值。

[5] 反应前期温度不要超过 80℃，后期可适当提高温度至 85℃，但勿使溶

液沸腾。

[6] 若用乙醇进行重结晶提纯，用水洗涤后不必用乙醇洗。安息香在沸腾的 95% 乙醇中，其溶解度为 12 ~ 14 g/100 mL。

实验指导

【预习要求】

1. 了解维生素 B_1 催化安息香缩合的基本原理。

2. 复习回流、重结晶及熔点测定等基本操作。

【思考题】

1. 安息香缩合、羟醛缩合、歧化反应有何不同？

2. 为什么加入苯甲醛后，反应混合物的 pH 要保持 9 ~ 10？溶液 pH 过低有什么不好？

（二）二苯乙二酮的制备
Preparation of 1, 2 – Diphenyl Ethanedione

二苯乙二酮常用作有机合成和杀虫剂的中间体。它对紫外线敏化的范围在 480 nm 以下，可以在很宽的波长区敏化，因此可用于厚膜树脂的固化，而且固化后无色无味。故适于制作食品包装用的印刷油墨等。

【目的与要求】

1. 学习以温和的氧化试剂氧化安息香制备 α – 二酮的实验原理及方法。

2. 学会用薄层色谱跟踪反应进程的方法。

3. 巩固回流、重结晶及熔点的测定等基本操作。

【基本原理】

由安息香合成二苯乙酮的反应式如下：

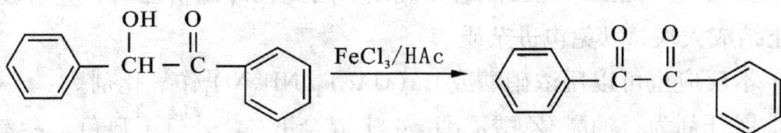

可采用直接回流法(方法一)制备,也可在电磁搅拌下,回流反应混合物(方法二)来制备,并用薄层色谱跟踪。

【仪器与试剂】

仪器:回流装置,熔点仪,磁力搅拌器,薄层色谱装置。

试剂:安息香(自制),$FeCl_3 \cdot 6H_2O$,冰醋酸,95%乙醇。

【操作步骤】

1. 直接回流法制备[1-3]:

在 100 mL 圆底烧瓶中加入 10 mL 冰乙酸、5 mL 水以及 9.00 g $FeCl_3 \cdot 6H_2O$,装上回流冷凝管,小火加热至沸,且不时地加以振荡。停止加热,待沸腾平息后,加入 2.12 g 安息香,继续加热回流 45～60 min。加入 40 mL 水再煮沸后,冷却反应液有黄色固体析出。抽气过滤固体,并用冰水洗涤固体 3 次。粗品约 2.00 g,产率约 95%。粗品用 75% 的乙醇重结晶可得淡黄色晶体,产量约 1.7 g,熔点:94～96℃。

2. 磁力搅拌－回流法制备

在 100 mL 三口烧瓶中放入搅拌子,加入 10 mL 冰乙酸、5 mL 水及 9.00 g (34.1 mmol)六水合三氯化铁($FeCl_3 \cdot 6H_2O$),装上回流冷凝管,电磁搅拌下加热至沸。然后停止加热,待沸腾平息加入 2.12 g(10 mmol)安息香,继续加热回流,薄层色谱监测反应进程,至原料点消失[4]。加入 40 mL 水再煮沸后,室温搅拌至固体析出完全,抽滤,收集固体粗产品,用冷水洗涤 3 次,抽干,用 75% 乙醇重结晶,得到淡黄色针状结晶,用薄层色谱检测产品纯度。产量约 1.7 g,熔点 94～96℃。

本实验约需 3 h。

【注释】

[1] 方法一的不足之处:反应开始为非均相反应,需不时辅助震荡,否则有冲料危险! 冷却反应液易成结聚状固体,即二苯乙二酮与铁盐一起析出。

[2] 方法一产品二苯乙二酮容易结块,因此在冷却析晶时,应用玻璃棒搅动,防止结成大块,以免包进杂质。

[3] 本反应也可以用浓硝酸或 $Cu(OAc)_2/NH_4NO_3$ 作氧化剂。

[4] 展开剂为石油醚/乙酸乙酯 =4:1 混合液,紫外灯下显色。参考 R_f 值:安息香 0.45,二苯乙二酮 0.69。薄层色谱跟踪可反应半小时后进行。

实验指导

【预习要求】

1. 了解氧化反应的概念和基本原理。

2. 复习回流、重结晶及熔点测定等基本操作的要点。

3. 复习薄层色谱的原理和操作要点。

【思考题】

1. 冰乙酸的作用是什么？

2. 加 40 ml 水的作用是什么？

3. 在方法二中，两次用到薄层色谱，目的分别是什么？如何利用 R_f 值来鉴定化合物？

4. 二苯乙二酮的 IR 谱图有什么特征？

（三）5，5－二苯基乙内酰脲的制备
Preparation of 5，5－diphenylhydantoin

5，5－二苯基乙内酰脲的钠盐（Dilantin）是抗痉挛药物，通过静脉注射可控制严重的癫痫病患者的病情。

【目的与要求】

1. 了解合成反应原理；

2. 熟悉回流、磁力搅拌、重结晶等基本操作。

【基本原理】

在碱性条件下，二苯乙二酮与尿素缩合并通过以下重排得到 5，5－二苯基乙内酰脲。反应过程如下：

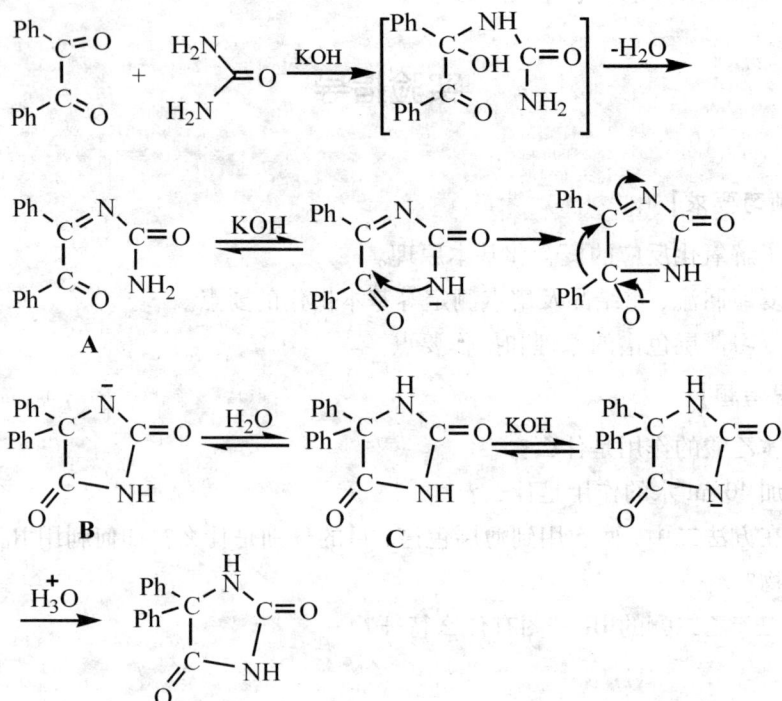

第一步碱夺取尿素氮上的质子，对二苯乙二酮羰基发生亲核加成，经质子转移后脱水生成 A。第二步类似于第一步，只是对羰基加成后，该羰基碳上所连的苯基转移至另一个碳原子上，形成化合物 B，质子化后得到 C。反应式如下：

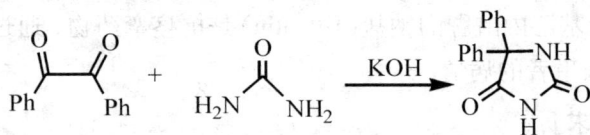

【仪器与试剂】

仪器：回流装置，熔点仪，电磁搅拌器。

试剂：二苯乙二酮(自制)，尿素，95%乙醇。30%氢氧化钠溶液

【操作步骤】

在 50 mL 的圆底烧瓶中加入 1.0 g 二苯乙二酮、0.58 尿素、10 mL 95% 的乙醇及 3 mL 30% 氢氧化钠溶液[1]。装上回流冷凝管，在电磁搅拌下，水浴加

热回流 1.5 h,反应过程中有少许不溶物生成。将反应瓶在冰水浴上冷却,冷却后,将反应混合物倒入盛有 20 mL 冷水的烧杯中,抽滤,除去不溶物。将滤液在冰浴中冷却,并用 10% 的盐酸慢慢地酸化,直到溶液 pH 约为 3 - 4,此时有白色固体产生。抽滤,并用 20 mL 冷水分两次洗涤固体[2],抽干,即得粗品。粗品用 95% 的乙醇重结晶,晾干,称重,产量约 0.7 g,测熔点。纯粹 5,5 - 二苯基乙内酰脲的熔点为 295 ~ 298℃。

【注释】

[1] 氢氧化钠加入太快,会导致副反应的发生,反应液严重变色,最好将氢氧化钠冰水浴冷却后再缓慢加入。

[2] 水洗要充分,最好将固体转移至烧杯内洗,否则含有大量无机盐。

实验指导

【预习要求】

1. 了解目标物制备的反应原理。

2. 复习回流、过滤、重结晶等基本操作技术。

【思考题】

若不用试纸检验,如何判断已酸化好?

(编写:唐瑞仁　校核:罗一鸣)

实验 52　苯频哪醇和苯频哪酮的制备
Preparation of Benzopinacol and Benzopinacone

由光的作用引起的反应近年来已日益受到人们的重视,光合作用就是最重要的光化学反应。研究激发态分子化学行为已成为有机化学的一个重要分支。光不仅可以引起多种多样的化学反应,合成各种前所未有的奇妙分子,而且与我们的日常生活及生命现象有着密切联系。本实验举一简单的光化学反应实验,以引起学生在这方面的兴趣。

（一）苯频哪醇的制备

【目的要求】

1. 学习光化学合成的基本原理。

2. 了解光化学还原制备苯频哪醇和用碘化镁还原制备苯频哪醇的原理和方法，并比较两方法。

【基本原理】

二苯酮的光化学还原是研究得较清楚的光化学反应之一。若将二苯酮溶于一种"质子给予体"的溶剂中，如异丙醇，并将其暴露在紫外光中时，会形成一种不溶的二聚体——苯频哪醇。

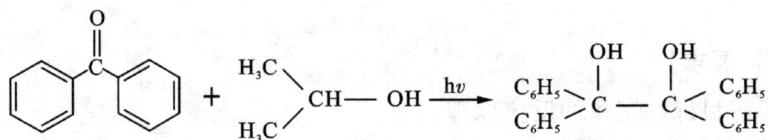

还原过程是一个包含自由基中间体的单电子反应：

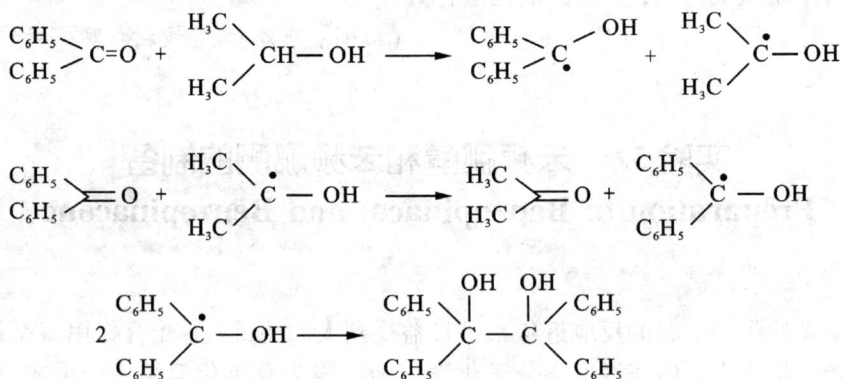

苯频哪醇也可由二苯酮在镁汞齐或金属镁与碘的混合物（二碘化镁）作用下发生双还原反应制备。

$$C_6H_5\atop C_6H_5 C=O \xrightarrow{Mg+I_2} \begin{matrix} C_6H_5\atop C_6H_5 \end{matrix} C-O \atop \begin{matrix} C_6H_5\atop C_6H_5 \end{matrix} C-O \end{matrix} Mg \xrightarrow{H_2O} \begin{matrix} C_6H_5\atop C_6H_5 \end{matrix} C-OH \atop \begin{matrix} C_6H_5\atop C_6H_5 \end{matrix} C-OH$$

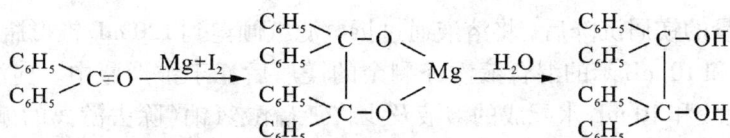

苯频哪醇(benzopinacol)的熔点为 189℃，易溶于沸腾冰乙酸，溶于沸苯，在乙醚、二硫化碳、氯仿中溶解度极大。

【仪器与试剂】

仪器：光化学反应装置，回流装置，分液装置，熔点仪。

试剂：二苯酮，异丙醇，镁屑，碘，无水乙醚，无水苯，亚硫酸钠，盐酸，95% 乙醇。

【操作步骤】

1. 二苯甲酮光化学还原

在 50 mL 圆底烧瓶[1]（或大试管）中加入 2.8 g(0.015 mol)二苯酮和 20 mL 异丙醇，在水浴上温热使二苯酮溶解。向溶液中加入 1 滴冰醋酸[2]，再用异丙醇将烧瓶充满，用磨口塞或干净的橡皮塞将瓶塞紧，尽可能排除瓶内的空气[3]，必要时可补充少量异丙醇，并用细棉绳将塞子系在瓶颈上扎牢或用橡皮带将塞子套在瓶底上。将烧瓶倒置在烧杯中，写上自己的姓名，放在向阳的窗台或平台上，光照 1 ~ 2 周[4]。由于反应生成的苯频哪醇在溶剂中溶解度很小，随着反应的进行，苯频哪醇晶体从溶液中析出。待反应完成后，在冰浴中冷却使之结晶完全。真空抽滤，并用少量异丙醇洗涤结晶。干燥后得到漂亮的小的无色结晶，产量 2 ~ 2.5 g，产率 36% ~ 45%，测熔点。

苯频哪醇为无色针状结晶，熔点 188 ~ 190 ℃。

本步实验约需 2 ~ 3 h(不包括照射时间)。

2. 二苯甲酮用碘还原[5]

在 50 mL 干燥的圆底烧瓶中放置 0.8 g(0.033 mol)镁屑、8 mL 无水乙醚和 10 mL 苯，装上回流冷凝管，在水浴上稍加温热后，自冷凝管顶端分批加入 2.5 g碘(0.01 mol)晶体。加入碘的速度保持溶液剧烈沸腾。大约一半镁屑消失后，上层溶液几乎是无色的。

将反应物冷至室温，拆下冷凝管，加入 2.8 g (0.015 mol)二苯甲酮溶于 8 mL苯的溶液，立即产生大量的白色沉淀。塞紧烧瓶，充分摇振直至沉淀溶解并形成深红色的溶液，约需 10 min。此时，尚有少量的沉积于剩余镁屑表面的苯频哪醇镁盐很难溶解。

待过量的镁屑沉降后，将溶液通过折叠滤纸倾滗到 120 mL 锥形瓶中，并用 5 mL 乙醚和 10 mL 苯的混合液洗涤剩余的镁屑后滤于锥形瓶中。向溶液中加入 4 mL 盐酸和 10 mL 水配成的溶液及少许亚硫酸氢钠(除去游离的碘)，充分摇振分解苯频哪醇的镁盐。将溶液转入到分液漏斗中，弃去水层，有机层用 10 mL 水洗涤后转入蒸馏瓶中，在水浴上蒸去约四分之三的溶剂。残液转入小烧杯中，并用 4 ~ 5 mL 乙醇刷洗蒸馏瓶。将烧杯置于冰浴中冷却，析出苯频哪醇结晶，抽滤，用少量冷乙醇洗涤，干燥后产品约 2 g，测熔点。

本步实验约需 4 h。

【注释】

[1] 光化学反应一般需在石英器皿中进行，因为需要透过比普通波长更短的紫外光的照射。而二苯酮激发的 $n-\pi^*$ 跃迁所需要的照射约为 350 nm，这是易透过普通玻璃的波长。

[2] 加入冰醋酸的目的是为了中和普通玻璃器皿中的微量的碱。碱催化下苯频哪醇易裂解生成二苯甲酮和二苯甲醇，对反应不利。

[3] 二苯甲酮在发生光化学反应时有自由基产生，而空气中的氧会消耗自由基，使反应速度减慢。

[4] 反应进行的程度取决于光照情况。如阳光充足直射 4 天即可完成反应；如天气阴冷，则需一周或更长的时间，但时间长短并不影响反应的最终结果。如用日光灯照射，反应时间可明显缩短，3 ~ 4 天即可完成。

[5] 二苯甲酮用碘化镁还原的反应所需要的仪器和试剂必须干燥。

实验指导

【预习要求】

1. 查阅二苯甲酮和频哪醇的物理常数。
2. 了解光化学反应的原理和二苯甲酮光化学还原的装置和操作。
3. 了解二苯甲酮用碘化镁还原的操作。

【思考题】

1. 二苯酮和二苯甲醇的混合物在紫外光照射下能否生成苯频哪醇？写出其反应机理。

2. 试写出在氢氧化钠存在下，苯频哪醇分解为二苯酮和二苯甲醇的反应机理。

3. 反应前，如果没有滴加冰醋酸，这对实验结果有何影响？试写出有关反应式。

（二）苯频哪酮的制备

【目的要求】

学习苯频哪醇经重排反应制备苯频哪酮的原理和操作。

【基本原理】

苯频哪醇与强酸共热或用碘作催化剂在冰醋酸中反应，发生频哪醇（Pinacol）重排，生成苯频哪酮：

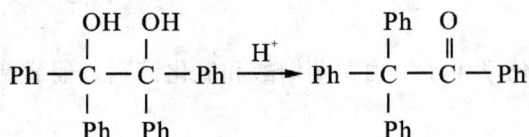

$$
\underset{\underset{\overset{|}{Ph}}{\overset{\overset{|}{OH}}{Ph-C}}}{\overset{}{}}-\underset{\underset{\overset{|}{Ph}}{\overset{\overset{|}{OH}}{C}}}{\overset{}{}}-Ph \xrightarrow{H^+} \underset{\underset{\overset{|}{Ph}}{\overset{\overset{|}{Ph}}{Ph-C}}}{\overset{}{}}-\underset{}{\overset{\overset{O}{\parallel}}{C}}-Ph
$$

【仪器与试剂】

仪器：回流装置，熔点仪。

试剂：苯频哪醇（自制），冰醋酸，碘，95%乙醇。

【操作步骤】

在 50 mL 圆底烧瓶中加入 1.5 g 苯频哪醇（0.04 mol）、8 mL 冰醋酸和一小粒碘，装上回流冷凝管，在石棉网上回流 10 min。稍冷后加入 8 mL 95% 乙醇，充分摇振后让其自然冷却结晶，抽滤，并用少量冷乙醇洗涤吸附在产品上的游离碘，干燥后称重，产物约 1.2 g，熔点 180～181 ℃。

纯粹苯频哪酮的熔点为 182.5 ℃。

本实验约需 2 h。

实验指导

【预习要求】

1. 学习频哪醇重排的机理。

2. 查阅苯频哪酮的物理常数。

【思考题】

1. 二苯酮和二苯甲醇的混合物在紫外光照射下能否生成苯频哪醇? 写出其反应机理。

2. 试写出在氢氧化钠存在下, 苯频哪醇分解为二苯酮和二苯甲醇的反应机理。

3. 写出苯频哪醇在酸催化下重排为苯频哪酮的反应机理。

（编写：唐瑞仁　校核：罗一鸣）

实验 53　葡萄糖酸锌的制备
Preparation of Zinc Gluconate

【目的要求】

通过本实验, 使学生了解由葡萄糖酸和氧化锌制备葡萄糖酸锌的方法。

【基本原理】

葡萄糖酸锌(zinc gluconate)为无水物或含有 3 分子的结晶水化合物, 白色或近白色粗粉或结晶性粉末, 易溶于水, 极难溶于乙醇。为锌强化剂, 用作营养增补剂。

葡萄糖酸锌由葡萄糖酸直接与锌的氧化物或盐制得。

方法一：葡萄糖酸钙与硫酸锌直接反应。

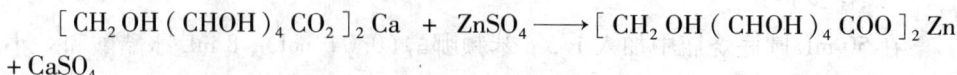

$$[CH_2OH(CHOH)_4CO_2]_2Ca + ZnSO_4 \longrightarrow [CH_2OH(CHOH)_4COO]_2Zn + CaSO_4$$

方法二：葡萄糖酸和氧化锌反应。

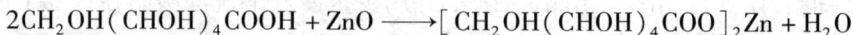

$$2CH_2OH(CHOH)_4COOH + ZnO \longrightarrow [CH_2OH(CHOH)_4COO]_2Zn + H_2O$$

方法三：葡萄糖酸钙用酸处理, 再与氧化锌作用得葡萄糖酸锌。本实验采用第三种方法。

【仪器与试剂】

仪器：回流搅拌测温装置, 离子交换装置, 熔点仪。

试剂：葡萄糖酸钙(1 个结晶水), 氧化锌, 8% 硫酸, 阳离子交换树脂, 活性炭, 去离子水。

【操作步骤】

在 100 mL 四口瓶上配温度计、回流冷凝管和搅拌器, 将 8% 的硫酸 77.5 g

（0.063 mol）加入，水溶加热，在 90 ℃ 不断搅拌下，分次加入葡萄糖酸钙粉 25 g（0.056 mol），反应 1 h，趁热抽滤，滤饼用少量去离子水洗涤，滤液与洗液合并，依次过 732H 型阳离子交换树脂柱（20 g）和 717OH 型阴离子交换树脂柱（20 g），得纯葡萄糖酸溶液。分次加入化学纯氧化锌 4.5 g（0.055 mol），加完后 pH 为 6.0～6.2。趁热通过活性炭层脱色，得澄清溶液。经蒸发少量水分后即析出结晶。离心，于 75 ℃ 干燥脱水，得产品 22～22.5 g，产率 86%～93%。这样得到的产品可以符合国家标准 GB8820-88。

实验指导

【预习要求】

1. 预习搅拌器和搅拌回流装置的使用，水溶性产品的纯化方法。
2. 了解离子交换柱分离有机化合物的原理与方法。

【思考题】

写出葡萄糖氧化成葡萄糖酸的反应式，可以选择什么样的氧化剂。

（编写：唐瑞仁 校核：罗一鸣）

实验 54 香豆素的合成
Synthesis of the Coumarin

香豆素，又名 1,2-苯并吡喃酮（coumarin, 1,2-benzopyrone），香豆素存在于许多天然植物中。它最早是在 1820 年从香豆的种子中发现的，也存在于薰衣草、桂皮的精油中。常用作香料和药物中间体，为无色片状或粉状结晶，带有甘草香味。微溶于水，易溶于醇、乙醚、氯仿和氢氧化钠溶液。溶解度为：100 mL 95% 乙醇中溶解 6.7 g，熔点 ≥69.0 ℃。

由于天然植物中香豆素含量很少，大量的香豆素是通过合成得到的。

【目的要求】

1. 认识和掌握苯并吡喃酮类香料的合成方法。
2. 熟悉 Perkin 反应及其应用。

【基本原理】

方法一：水杨醛–乙酸酐法。水杨醛和乙酸酐在乙酸钠（或钾）存在下缩合，生成邻羟基肉桂酸(Perkin 反应)，进而在乙酸存在下发生分子内酯化，得到香豆素。国内工业化生产多采用此法。

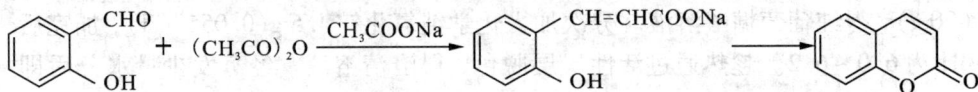

方法二：水杨醛 – 氰乙酸法。氰乙酸的—H 具有较高的活性，在碱的作用下，形成负碳离子很容易和水杨醛中的醛基加成，然后环合得到氰基香豆素。在上述条件下，同时发生氰基水解为羧基的反应，酸化后脱羧得到香豆素。

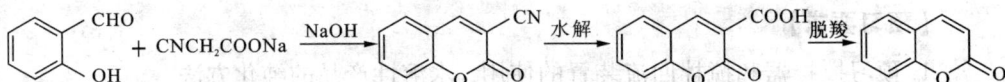

国内工业化生产很少采用水杨醛 – 氰乙酸法。

本实验采用水杨醛 – 乙酸酐法。

【仪器与试剂】

仪器：磁力搅拌加热器，分水回流装置，蒸馏和减压蒸馏装置，熔点仪。

试剂：水杨醛，醋酐，醋酸钠，95% 乙醇，氯化钴(6 个结晶水)，36% 盐酸，氢氧化钠。

【操作步骤】

在 100 mL 三口瓶上配有温度计、磁力搅拌和分水回流装置。依次投入 7.4 g(0.06 mol)水杨醛、12.4 g(0.12 mol)醋酐、9.8 g(0.12 mol)无水乙酸钠、0.26 g 六结晶水氯化亚钴。搅拌加热至 150 ℃，保温反应 2 h。反应过程中不断有乙酸和醋酐的混合物从分水器中蒸出(共约 8 g)，随着乙酸和醋酐的蒸出，反应温度逐渐升高至 180 ℃，并于 180～195 ℃下保温反应 3 h，冷却混合物至 115 ℃，加入 50 mL 热水将反应物稀释，搅拌 15 min，转入分液漏斗，趁热分出下层(油层)，水层用 14 mL 苯萃取。合并有机层，常压蒸除并回收苯。剩余物经减压蒸馏，收集 130～180 ℃/5.3 kPa 馏分，馏出物经冷凝结晶、抽滤得到香豆素粗品，将粗品以 95% 乙醇重结晶并以活性炭脱色，得到香豆素，熔点 67～70 ℃，产量约 5 g。

本实验约需 7～8 h。

【预习要求】

1. 预习搅拌、分水回流装置、减压蒸馏方法和操作。

2. 进一步学习 Perkin 反应的机理。

【注意事项】

合成香豆素中使用的水杨醛除使用纯度较高的试剂外,在工业生产中已证明使用纯度为 60% 的工业品(以苯酚、氯仿法生产)仍可得到较满意的产率,因为工业品水杨醛中的主要杂质为苯酚,它可以在反应中与乙酐(或乙酸钠)转变为乙酸苯酯,后者在香豆素蒸馏时可被分离出去。因此在使用含苯酚较多的工业品水杨醛时,只要适当增加醋酐的用量即可。

【思考题】

1. 反应中加入醋酸钾的目的是什么?

2. 写出 Perkin 反应的机理。

(编写:唐瑞仁 校核:罗一鸣)

实验 55 2,4-二氯苯氧乙酸丁酯的制备
Preparation of 2,4-Dichlorophenoxy Acetate

2,4-二氯苯氧乙酸是 1942 年美国作为第一个正式在田间应用的选择性除草剂。以后则主要由它的酯即 2,4-二氯苯氧乙酸丁酯(通用名 2,4-D 丁酯)所取代,2,4-D 丁酯是苯氧羧酸类除草剂的典型代表,也是使用历史最长的除草剂。近十几年出现了许多用量以克/亩计的高效除草剂,但由于 2,4-D 丁酯廉价、安全和除草性能稳定,因而在国内仍然是使用量较大的除草剂之一。2,4-D 丁酯目前用作某些除草剂、保鲜剂的配方成分,也可用作植物生长调节剂。

【目的要求】

1. 进一步了解酚钠和氯代酸的缩合反应原理。

2. 熟悉以反应试剂为共沸带水剂进行酯化反应的原理及操作。

3. 了解苯氧羧酸类除草剂。

4. 熟练多步操作反应以及了解中间产物质量控制的意义。

【基本原理】

2,4-二氯苯氧乙酸(通用名2,4-D)的合成,有工业价值的方法是通过苯酚液相氯代生成2,4-二氯苯酚,再用氯乙酸在碱性条件下缩合、酸化而得到。2,4-二氯苯氧乙酸丁酯是由二氯苯氧乙酸和正丁醇在酸催化下酯化得到[1]的。本实验以二氯苯酚为起始原料,合成2,4-二氯苯氧乙酸和它的正丁酯。

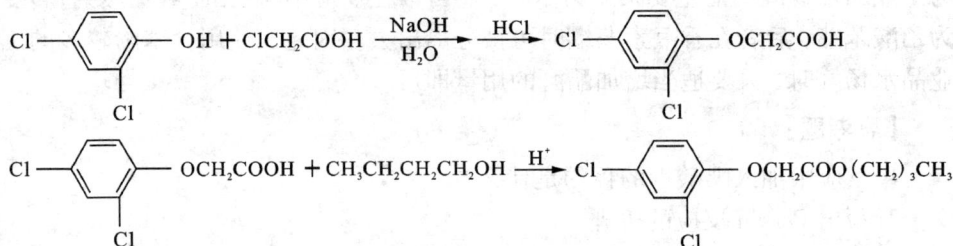

在上述缩合反应中,实际上是苯氧负离子对氯乙酸钠分子中 α-碳(显正电性)的亲核反应。

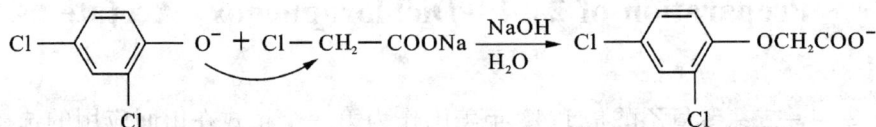

2,4-二氯苯酚与氯乙酸在碱性水溶液中缩合,主要副反应为氯乙酸的水解:

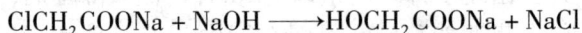

$$ClCH_2COONa + NaOH \longrightarrow HOCH_2COONa + NaCl$$

在上述反应中,影响苯氧负离子活性的主要因素有如下两个:

(1) pH 值　只有在适当的碱性条件下,苯氧负离子才有足够的浓度(对酚而言),但是二氯苯酚又是比氯乙酸弱得多的弱酸,换言之,使酚基苯以苯氧负离子形式存在。首先要使氯乙酸全部转变为钠盐,这样的碱性条件又适合氯乙酸钠的水解。

(2) 温度　苯氧负离子只有在一定温度下才具有足够的亲核活性与氯乙酸钠发生反应。另一方面,较高的温度,又极有利于本过程中的主要副反应的发生,因为氯乙酸钠的水解,在 pH≥9、室温下就会明显发生(水解消耗碱,使pH值降低)。

较高的温度和碱性，既有利于主反应，又有利于副反应。因而控制适当的 pH 值和温度则是本反应的关键。由于二氯苯酚钠和氯乙酸钠均溶于水，因而水是较理想的反应介质。

2,4 – 二氯苯氧乙酸丁酯的合成[2]是一个较为典型的酯化反应。由于正丁醇和水可形成共沸物，所以利用过量正丁醇作为带水剂，将反应生成的水不断带出，在分水器中正丁醇和水分离后返回反应器，使酯化反应向着产物方向移动。实验证明，催化量的硫酸即可使反应正常进行。在工业化装置和实验室里，还可以使用其他催化剂，如颗粒的强酸性磺化聚苯乙烯阳离子交换树脂，它有足够的酯化催化功能，又不会在产物中残留下游离强酸，而且便于分离。

【仪器与试剂】

仪器：回流装置，电动搅拌机、滴液、回流、测温装置，熔点仪。

试剂：二氯苯酚，氯乙酸，正丁醇，氢氧化钠，28% NaOH，20% HCl，20% Na_2CO_3。

【操作步骤】

1. 2,4 – 二氯苯氧乙酸的合成

氯乙酸钠的配制：在烧杯中加入氯乙酸 2.12 g(0.02 mol)，搅拌下，缓慢加入 20% Na_2CO_3 水溶液 5 g(9 mmol)，有大量 CO_2 放出，温度维持在室温，pH 值 5 ~ 6[1]，最好现用现配，不宜久置。

四口瓶配有机械搅拌器、温度计、滴液漏斗、回流冷凝器。瓶内先投入二氯苯酚 3.32 g(0.02 mol)，稍加热至 40 ~ 45 ℃，搅拌下加入 28% 的 NaOH 水溶液 3.4 g(0.024 mol)，然后将配制好的氯乙酸钠一次加入，检查 pH 值应在 10 ~ 11，并快速升温至微回流。开始的反应液为均相褐色的溶液，不久会有白色絮状沉淀出现，并逐步增加。此时适当调节加热，保持微回流(约 105 ℃)，并且隔 2 ~ 3 min 检查一次 pH 值(因氯乙酸钠的水解会使 pH 值降低)，并每次补充少量碱，以维持 pH 值在 10 ~ 11[2]。约 1 h 后 pH 值下降趋势变得缓慢，表明反应体系内氯乙酸钠的量已经很少了。然后于 105 ~ 110 ℃反应 2 ~ 3 h。

将反应液冷至约 65 ℃(如太粘稠，不好搅拌，可加入适量水)，缓慢加入 20% 盐酸约 3 ~ 4 mL，至 pH 值 1 ~ 2，待完全酸化后[3]冷至室温，过滤生成的沉淀。尽可能将水抽干，并以冷水在漏斗中洗涤 2 ~ 3 次，以洗去夹带的盐和游离的二氯苯酚。最后抽滤时，尽可能把水抽净，湿的产物含水 12% ~ 18%，按干物计重含量约 91% ~ 94%，粗产物产率约 80%。往湿产物中加入 3 倍重的苯，进行重结晶，真空干燥或晾干，产量 3.4 ~ 3.6 g，精制品产率约 70%。熔点 136 ~ 140 ℃，含量约 97% ~ 99%。

本步约需 5 h。

2. 2,4 – 二氯苯氧乙酸丁酯的合成

50 mL 三口瓶配有温度计和分水器。加入上步合成的二氯苯氧乙酸 2.2 g（0.1 mol），加入正丁醇 1.5 ~ 2.0 g（0.02 ~ 0.03 mol）（分水器预先加满正丁醇），滴入浓 H_2SO_4 5 滴，摇匀[4]，装上分水器及冷凝器，加热，固体 2,4 – D 丁酯逐步溶解。约在 98 ~ 101 ℃沸腾，正丁醇和水的共沸物蒸出并在分水器中分层，正丁醇返回瓶内，水不断从分水器中分出。反应后期，分水不明显，液温自然逐渐升高，当液温基本恒定后为 128 ~ 135 ℃（因瓶内正丁醇量不同而异），再反应 1 h，酯化反应结束。

然后先常压蒸馏，回收大部分过量正丁醇，注意液温不可超过 150 ℃[5]，最后减压蒸出残留的正丁醇，同样应使液温不超过 150 ℃，残留液为带褐色的透明液体（可能有少量悬浮物，沉降后即可澄清），产量 2.6 ~ 2.7 g，产率 90% ~ 95%，含量 94% ~ 95%。这样的纯度即可满足农业上作除草剂使用。如果要得到较纯的丁酯，可以在高真空度下蒸馏，得到无色透明液体。

本步约需 5 h。

【注释】

[1] 因为氯乙酸钠在水溶液中易发生水解，为抑制这种水解，Na_2CO_3 的加入量仅为理论量的 80%，以控制溶液在弱酸状态，碱不足可在下步补足。即便在弱酸性下，最好也不要久置。

[2] 多次少量补碱是为了使体系的 pH 值不至于波动太大，有利于反应正常进行（详见基本原理部分）。

[3] 酸加得过快或搅拌时间过短，都有可能造成完全酸化的假象，即水溶液层的 pH 值已到 1，但实际上未完全酸化，仍有被包结在颗粒内的 2,4 – D 钠盐存在。为避免这一现象，可以充分搅拌、浸渍后，再补加酸，或在以苯重结晶时补加少量酸。

[4] 一般来讲，硫酸的加入量为 2,4 – D 量的 0.5% ~ 1% 即可。在 2,4 – D 丁酯钠中和一步，往往由于中和不完全，需要的硫酸量要稍多一些，但不可过多，以免使产品丁酯的游离酸值超标，同时也会在蒸出过量正丁醇时，液温升高会使丁酯发生碳化。

[5] 控制液温不要太高，是为了避免硫酸使产物部分碳化而影响产品外观

颜色。因为硫酸量不太大，残留于丁酯中不会影响其应用，一般工业生产中省去洗涤硫酸一步。

实验指导

【预习要求】

1. 学习醚的合成和酯化反应的基本原理和操作。

2. 巩固滴液、分水、搅拌和重结晶等操作。

【思考题】

1. 写出 Williamson 反应的机理。

2. 在 2, 4 - 二氯苯氧乙酸丁酯的合成中，正丁醇在反应中起何作用？说明其带水的原理？

（编写：唐瑞仁　校核：罗一鸣）

第七章　设计性实验

　　设计性实验是学生根据相关参考资料，自行设计实验方案，独立完成实验。通过设计性实验可以培养学生查阅中外文文献能力、确定实验方法、选择仪器设备、独立分析问题和解决问题的能力，为日后从事科学研究工作打下基础。

　　本章列出了九个实验，供选择。

（一）吲哚 – 3 – 甲醛的制备
Preparation of Indole – 3 – Carboxaldehyde

【实验提示】

　　本实验属于 Vilsmeier 反应。二甲基甲酰胺（DMF）与三氯氧磷反应生成配合物，再亲电进攻吲哚的 3 位，生成吲哚 – 3 – 甲醛。Vilsmeier 反应是苯环和杂环甲酰化的常用方法。

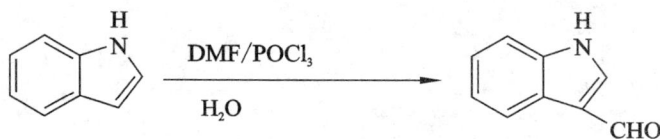

【参考文献】

Norman Rabjohn Editor – in – chief. Organic Syntheses. Coll. Vol. Ⅳ. 539

（二）（ + ）– 甘油缩丙酮的制备
Preparation of （ + ）–1, 2 – O – Isopropylideneglycerol

【实验提示】

　　（ + ）甘油缩丙酮是有机合成中的重要中间体，本实验通过 D – 甘露醇被选择性保护 1，2 – 位和 5，6 – 位，经高碘酸（NaIO$_4$）氧化断链、硼氢化钠（NaBH$_4$）还原得到 D – 构型保持的（ + ）甘油缩丙酮。

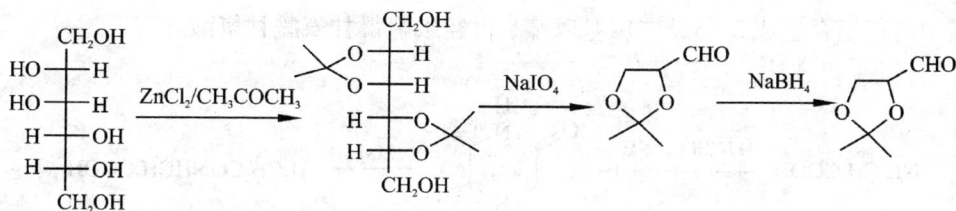

【参考文献】

严子耳，罗一鸣，唐瑞仁，广州化学，2004，29（4）19 - 13

（三）4 - 羟基吡啶二甲酸酯制备
Preparation of 4 – Hydroxymethylpyridine – 2，6 – Dicarboxylates

【实验提示】

　　吡啶 - 2，6 - 二甲酸及其衍生物是重要的三齿配体。由于吡啶环不易进行亲电或亲核取代，在吡啶环上引入功能基团是比较困难的。而通过自由基取代可以在吡啶的 4 位进行羟甲基化反应。

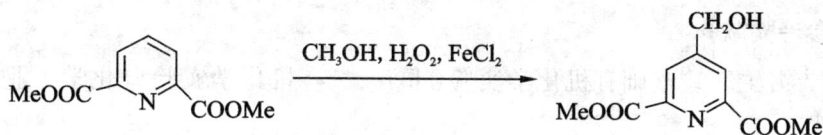

【参考文献】

RimmaShelkov，artenMelman，Free-Radical Approach to 4 – subsitituted Dipi-colinates，Eur. J. Org. Chem. ，2005，（7）：1397 - 1401

（四）甘氨酰甘氨酸的制备
Preparation of Glycylglycine

【实验提示】

　　甘氨酰甘氨酸是一种生物化学试剂，用于医药生物研究中。甘氨酸在乙二胺中进行缩合生成 2，5 - 二羰基哌嗪，再经水解得甘氨酰甘氨酸。

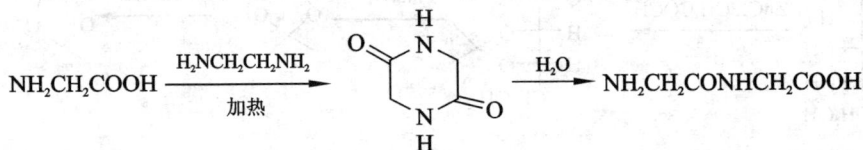

$$NH_2CH_2COOH \xrightarrow[\text{加热}]{H_2NCH_2CH_2NH_2} \text{（二羰基哌嗪）} \xrightarrow{H_2O} NH_2CH_2CONHCH_2COOH$$

【参考文献】

1. Beil.，4，371：（4），2459
2. 实用精细化学品手册．有机卷下册．化学工业出版社，1427

（五）电化学法合成氢化肉桂酸
Electrochemical Synthesis of Hydrocinnamic Acid

【实验提示】

在碱性介质中通过电化学方法还原肉桂酸合成氢化肉桂酸，了解有机电化学合成的一般方法。

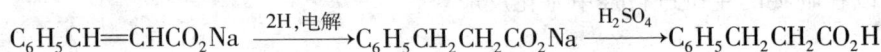

$$C_6H_5CH\!=\!CHCO_2Na \xrightarrow{2H,\text{电解}} C_6H_5CH_2CH_2CO_2Na \xrightarrow{H_2SO_4} C_6H_5CH_2CH_2CO_2H$$

【参考文献】

李吉海主编．基础有机化学实验（Ⅱ）——有机化学实验．化学工业出版社，164.

（六）微波干介质法合成茉莉醛
Synthesis of Jasmialdehyde Without Solvent
under Microwave Irradiation

【实验提示】

茉莉醛是一种具有浓烈香味的人工香料，可以苯甲醛与正庚醛在碱性条件下的羟醛缩合反应合成。但在该条件下的反应存在严重的副反应——庚醛的自身缩合与苯甲醛的 Cannizzaro 反应。采用微波辐射下的干介质反应，不仅可以提高反应的产率（可达 83%）和选择性，同时反应时间由 72h 缩短到 1min。是一个成功的绿色合成反应。反应式如下：

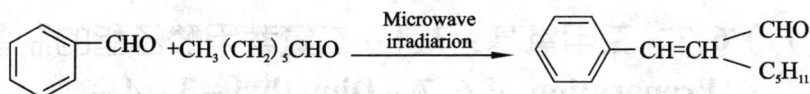

【参考文献】

David A，ChuPNS，Andre L，et. al. Synth Commun. 1994. 24（9）：1199－1205

（七）苯巴比妥的制备
Preparation of Phenolbarbital

【实验提示】

　　苯巴比妥是巴比妥类药物，具有镇静催眠的作用。以苯乙酸乙酯为原料，在乙醇钠催化下与草酸二乙酯进行 Claisen 缩合，加热脱羧基（一氧化碳），得到 2－苯基丙二酸二乙酯，再引入乙基，最后与尿素缩合制得苯巴比妥。

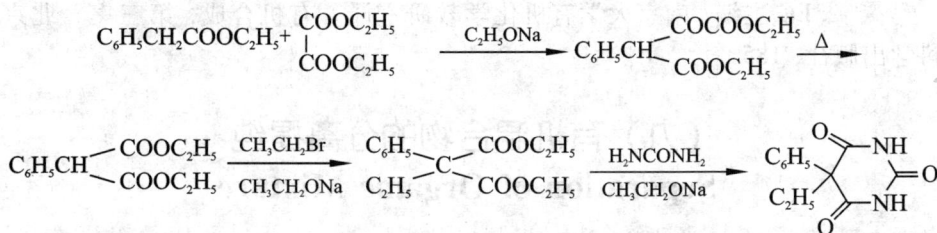

【参考文献】

李正化主编. 药物化学（第三版）. 人民卫生出版社，1990，179

（八）6,7－二甲氧基－3,4－二氢萘甲酸乙酯的制备
Preparation of 6,7 – Dimethyl – 3 – 4 – Dihyhydro – 2 – Naphthoic Acid Ethyl Ester

【实验提示】

以 4 –（3′,4′ –二甲氧基苯基）丁酸乙酯为原料通过 Claisen 缩合反应和增环反应合成萘环。反应式如下：

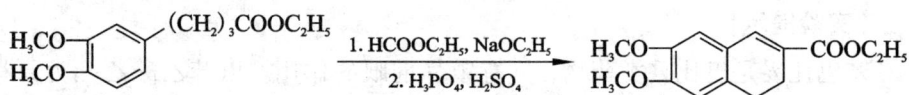

【参考文献】

霍宁. EC 主编，南京大学有机化学教研室译. 有机合成，第三集. 北京：科学出版社，185

（九）有机混合物的分离提纯
Separation of Organic Mixture

【实验提示】

自行查阅物理常数，设计实验方案，分离提纯一组有机混合物。待分离提纯的混合物含一种酸、一种碱、一种中性化合物。如：

萘、苯甲酸（或 β – 萘酚）和对甲苯胺；苯酚、苯甲醇和苯甲酸；肉桂酸、联苯和对氯苯胺。

【参考文献】

各种物理常数手册、试剂手册或教科书；网络资源。

附　录

附录 1　常用元素相对原子质量表

元素名称		相对原子质量	元素名称		相对原子质量	元素名称		相对原子质量	元素名称		相对原子质量
银	Ag	107.87	铬	Cr	51.996	锂	Li	6.941	磷	P	30.97
铝	Al	26.98	铜	Cu	63.546	镁	Mg	24.31	铅	Pb	207, 19
硼	B	10.81	氟	F	18.998	锰	Mn	54.938	钯	Pd	106.4
钡	Ba	137.34	铁	Fe	55.847	钼	Mo	95.94	铂	Pt	195.09
溴	Br	79.90	氢	H	1.008	氮	N	14.007	硫	S	32.064
碳	C	12.01	汞	Hg	200.59	钠	Na	22.99	硅	Si	28.086
钙	Ca	40.08	碘	I	126.904	镍	Ni	58.71	锡	Sn	118.69
氯	Cl	35.45	钾	K	39.10	氧	O	15.999	锌	Zn	65.37

附录 2　常用有机溶剂的沸点及相对密度表

名　称	沸点/℃	相对密度(d_4^{20})	名　称	沸点/℃	相对密度(d_4^{20})
甲醇	64.9	0.7914	正丁醇	117.2	0.8098
乙醇	78.5	0.7893	二氯甲烷	40.0	1.3266
乙醚	34.5	0.7137	苯	80.1	0.8786
丙酮	56.2	0.7899	甲苯	110.6	0.8669
乙酸	117.9	1.0492	氯仿	61.7	1.4832
乙酐	139.5	1.0820	四氯化碳	76.5	1.5940
乙酸乙酯	77.06	0.9003	二硫化碳	46.2	1.2632
二氧六环	101.1	1.0337	正丁醇	117.2	0.8098
1, 2 - 二氯乙烷	83.5	1.2351	硝基苯	210.8	1.2037

附录3　有机化学文献和手册中常见的英文缩写

缩　写	英　文	中　文	缩　写	英　文	中　文
Aa	Acetic acid	乙酸	infus	infusible	不熔的
abs	absolute	绝对的	lig	ligroin	石油英
ac	acid	酸	liq	liquid	液体,液态的
Ac	acetyl	乙酰基	m	melting	融化
ace	acetone	丙酮	*m-*	meta	间(位)
al	alcohol	醇(乙醇)	Me	methyl	甲基
alk	alkali	碱	met	metallic	金属的
Am	amyl(pentyl)	戊基	min	mineral	矿石,无机的
anh	anhydrous	无水的	*n-*	normal chain	正,直链的
aqu	aqueous	水溶液	n	refractive index	折射率
atm	atmosphere	大气压	*o-*	ortho	邻(位)
b	boiling	沸腾	org	organic	有机的
Bu	butyl	丁基	os	organic solvent	有机溶剂
bz	benzene	苯	*p-*	para	对(位)
chl	chloroform	氯仿	peth	petroleum ether	石油醚
comp	compound	化合物	Ph	phenyl	苯基
con	concentrated	浓的	Pr	propyl	丙基
cr	crystal	结晶	py	pyridine	吡啶
ctc	carbon tetrachloride	四氯化碳	rac	racemic	外消旋
cy	cyclohexane	环己烷	s	soluble	可溶解的
d	decompose	分解	sl	slightly	轻微的
dil	diluted	稀的,稀释	so	solid	固体
diox	dioxane	二氧六环	sol	solution	溶液,溶解
DMF	dimethyl formamide	二甲基甲酰胺	solv	solvent	溶剂,有溶解力的
DMSO	dimethyl sulfone	二甲亚砜	sub	sublime	升华
Et	ethyl	乙基	sulf	sulfuric acid	硫酸
eth	ether	醚,乙醚	sym	symmetrical	对称的
exp	explodes	爆炸	*t-*	tertiary	第三的,叔
et. ac	ethyl acetate	乙酸乙酯	temp	temperature	温度
flu	fluorescent	荧光的	tet	tetrahedron	四面体
h	hour	小时	THF	tetrahydrofuran	四氢呋喃
h	hot	热	to	toluene	甲苯
hp	heptane	庚烷	v	very	非常
hx	hexane	己烷	vac	vacuum	真空
hyd	hydrate	水合的	w	water	水
i	insoluble	不溶的	wh	white	白色的
i-	iso	异	wr	warm	温热的
in	inactive	不活泼的	xyl	xylene	二甲苯
inflam	inflammable	易燃的			

注：表中英文缩写均为"CRC"手册中常用的英文缩写。

附录 4 有机化学实验常用名词术语英汉对照表

中 文	英 文	中 文	英 文
三口烧瓶	three-neck flask	酒精灯	alcohol lamp
圆底烧瓶	round bottom boiling flask	毛细管	capillary tube
梨形瓶	pear-shaped flask	索氏提取器	Soxhlet extraction apparatus
锥形瓶	erlenmeyer flask	真空泵	vacuum pump
直型冷凝管	west condenser	旋光度	optical rotation
空气冷凝管	air-cooled condenser	折射率	refractive index
蒸馏头	distillation head	红外光谱	Infrared spectroscopy
分馏柱	fractionating column	核磁共振谱	Nuclear magnetic resonance
克氏蒸馏头	claisen head		spectroscopy
真空接引管	vacuum adapter	紫外光谱	Ultra-violet spectroscopy
U 型干燥管	drying tube	质谱	Mass spectroscopy
分水器	trap for water	气相色谱	Gas chromatography
直筒形分液漏斗	cylindrical separatory funnel	薄层层析	thin layer chromatography
梨形分液漏斗	pear-shaped separatory funnel	柱层析	column chromatography
恒压滴液漏斗	pressure-equalized addition funnel	高效液相色谱	high pressure liquid
大小口接头	reducing or enlarging adapter		chromatography
空心塞	stopper	升降台	laboratory jack
具弯管塞	stopper with bent tube	机械搅拌	mechanical stirring
温度计套管	thermometer adapter	磁力搅拌	magnetic stirring
吸滤瓶	filter flask	吸附剂	absorbent
布氏漏斗	Büchner funnel	沸点	boiling point
温度计	thermometer	熔点	melting point
量筒	graduated cylinder	展开剂	developer
烧杯	beaker	洗脱	elution
泰利熔点管	Thiele's melting point tube	蒸馏	distillation
表面皿	watch glass	减压蒸馏	vacuum distillation
培养皿	cultural dish	水蒸气蒸馏	steam distillation
蒸发皿	evaporation dish	电泳	electrophoresis
T 形管	T-tube	酰化	acylation
载玻片	carrier glass pellet	酯化	esterification
螺旋夹	screw clamp	卤化	halogenation
铁圈	metal ring	水解	hydrolysis
铁夹	metal clamp	挥发性物质	volatile substance
铁架台	metal stand	固定相	stationary phase
铝夹子	ordinary clamp	流动相	mobile phase
石棉网	asbestos wire gauze	重结晶	recrystallization
橡皮管	rubber tube	回流	reflux
安全瓶	safety bottle	萃取	extraction
浴液	bath liquid	分液	separate
干燥剂	drying agent	过滤	filter
分离纯化	isolation and purification	升华	sublimation

附录5　常见二元及三元共沸混合物的性质

混合物的组分	101.325 kPa 时的沸点/℃		质量分数	
	纯组分	共沸物	第一组分/%	第二组分/%
水[①]	100			
甲苯	110.8	84.1	19.6	80.4
苯	80.2	69.3	8.9	91.1
乙酸乙酯	77.1	70.4	8.2	91.8
正丁酸丁酯	125	90.2	26.7	73.3
异丁酸丁酯	117.2	87.5	19.5	80.5
苯甲酸乙酯	212.4	99.4	84.0	16.0
2 – 戊酮	102.25	82.9	13.5	86.5
乙醇	78.4	78.1	4.5	95.5
正丁醇	117.8	92.4	38	62
异丁醇	108.0	90.0	33.2	66.8
仲丁醇	99.5	88.5	32.1	67.9
叔丁醇	82.8	79.9	11.7	88.3
苄醇	205.2	99.9	91	9
烯丙醇	97.0	88.2	27.1	72.9
甲酸	100.8	107.3(最高)	22.5	77.5
硝酸	86.0	120.5(最高)	32	68
氢碘酸	– 34	127(最高)	43	57
氢溴酸	– 67	126(最高)	52.5	47.5
氢氯酸	– 84	110(最高)	79.76	20.24
乙醚	34.5	34.2	1.3	98.7
丁醛	75.7	68	6	94
三聚乙醛	115	91.4	30	70
乙酸乙酯	77.1			
二硫化碳	46.3	46.1	7.3	92.7
己烷	69			

续表

混合物的组分	101.325 kPa 时的沸点/℃		质量分数	
	纯组分	共沸物	第一组分/%	第二组分/%
苯	80.2	68.8	95	5
氯仿	61.2	60.8	28	72
丙酮	56.5			
二硫化碳	46.3	39.2	34	66
异丙醚	69.0	54.2	61	39
氯仿	61.2	65.5	20	80
四氯化碳	76.8			
乙酸乙酯	77.1	74.8	57	43
环己烷	80.8			
苯	80.2	77.8	45	55

①有下划线的为第一组分。

三元共沸混合物

第一组分		第二组分		第三组分		沸点/℃
名称	质量分数/%	名称	质量分数/%	名称	质量分数/%	
水	7.8	乙醇	9.0	乙酸乙酯	83.2	70.0
水	4.3	乙醇	9.7	四氯化碳	86.0	61.8
水	7.4	乙醇	18.5	苯	74.1	64.9
水	7	乙醇	17	环己烷	76	62.1
水	3.5	乙醇	4.0	氯仿	92.5	55.5
水	7.5	异丙醇	18.7	苯	73.8	66.5
水	0.81	二硫化碳	75.21	丙酮	23.98	38.04

附录6　常用酸碱溶液的相对密度及质量分数表

1　盐酸

HCl 质量分数	相对密度 d_4^{20}	100 mL 水溶液中 HCl 的含量/g	HCl 质量分数	相对密度 d_4^{20}	100 mL 水溶液中 HCl 的含量/g
1%	1.0032	1.003	22%	1.1083	24.38
2%	1.0082	2.006	24%	1.1187	26.85
4%	1.0181	4.007	26%	1.1290	29.35
6%	1.0279	6.167	28%	1.1392	31.90
8%	1.0376	8.301	30%	1.1492	34.48
10%	1.0474	10.47	32%	1.1593	37.10
12%	1.0574	12.69	34%	1.1691	39.75
14%	1.0675	14.95	36%	1.1789	42.44
16%	1.0776	17.24	38%	1.1885	45.16
18%	1.0878	19.58	40%	1.1980	47.92
20%	1.0980	21.96			

2　硫酸

H_2SO_4 质量分数	相对密度 d_4^{20}	100 mL 水溶液中 H_2SO_4 的含量/g	H_2SO_4 质量分数	相对密度 d_4^{20}	100 mL 水溶液中 H_2SO_4 的含量/g
1%	1.0051	1.005	65%	1.5533	101.0
2%	1.0118	2.024	70%	1.6105	112.7
3%	1.0184	3.055	75%	1.6692	125.2
4%	1.0250	4.100	80%	1.7272	138.2
5%	1.0317	5.159	85%	1.7786	151.2
10%	1.0661	10.66	90%	1.8144	163.3
15%	1.1020	16.53	91%	1.8195	165.6
20%	1.1394	22.79	92%	1.8240	167.8
25%	1.1783	29.46	93%	1.8279	170.2
30%	1.2185	36.56	94%	1.8312	172.1
35%	1.2599	44.10	95%	1.8337	174.2
40%	1.3028	52.11	96%	1.8355	176.2
45%	1.3476	60.64	97%	1.8364	178.1
50%	1.3951	69.76	98%	1.8361	179.9
55%	1.4453	79.49	99%	1.8342	181.6
60%	1.4983	89.90	100%	1.8305	183.1

3　硝酸

HNO₃ 质量分数	相对密度 d_4^{20}	100 mL 水溶液中 HNO₃ 的含量/g	HNO₃ 质量分数	相对密度 d_4^{20}	100 mL 水溶液中 HNO₃ 的含量/g
1%	1.0036	1.004	65%	1.3913	90.43
2%	1.0091	2.018	70%	1.4134	98.94
3%	1.0146	3.044	75%	1.4337	107.5
4%	1.0210	4.080	80%	1.4521	116.2
5%	1.0256	5.128	85%	1.4686	124.8
10%	1.0543	10.54	90%	1.4826	133.4
15%	1.0842	16.26	91%	1.4850	135.1
20%	1.1150	22.30	92%	1.4873	136.8
25%	1.1469	28.67	93%	1.4892	138.5
30%	1.1800	35.40	94%	1.4912	140.2
35%	1.2140	42.49	95%	1.4932	141.9
40%	1.2463	49.58	96%	1.4952	143.5
45%	1.2783	57.52	97%	1.4974	145.2
50%	1.3100	65.50	98%	1.5008	147.1
55%	1.3393	73.66	99%	1.5056	149.1
60%	1.3667	82.00	100%	1.5129	151.3

4　氢氧化钾

KOH 质量分数	相对密度 d_4^{20}	100 mL 水溶液中 KOH 的含量/g	KOH 质量分数	相对密度 d_4^{20}	100 mL 水溶液中 KOH 的含量/g
1%	1.0083	1.008	28%	1.2695	35.55
2%	1.0175	2.035	30%	1.2905	38.72
4%	1.0359	4.144	32%	1.3117	41.97
6%	1.0554	6.326	34%	1.3331	45.33
8%	1.0730	8.584	36%	1.3549	48.78
10%	1.0918	10.92	38%	1.3769	52.32
12%	1.1108	13.33	40%	1.3991	55.96
14%	1.1299	15.82	42%	1.4215	59.70
16%	1.1493	19.70	44%	1.4443	63.55
18%	1.1688	21.04	46%	1.4673	67.50
20%	1.1884	23.77	48%	1.4907	71.55
22%	1.2083	26.58	50%	1.5143	75.72
24%	1.2285	29.48	52%	1.5382	79.99
26%	1.2489	32.47			

5　氢氧化钠

NaOH 质量分数	相对密度 d_4^{20}	100 mL 水溶液中 NaOH 的含量/g	NaOH 质量分数	相对密度 d_4^{20}	100 mL 水溶液中 NaOH 的含量/g
1%	1.0095	1.010	26%	1.2848	33.40
2%	1.0207	2.041	28%	1.3064	36.58
4%	1.0428	4.171	30%	1.3479	39.84
6%	1.0648	6.389	32%	1.3490	43.17
8%	1.0869	8.695	34%	1.3696	46.57
10%	1.1089	11.09	36%	1.3900	50.04
12%	1.1309	13.57	38%	1.4101	53.58
14%	1.1530	16.14	40%	1.4300	57.20
16%	1.1751	18.80	42%	1.4494	60.87
18%	1.1972	21.55	44%	1.4685	64.61
20%	1.2191	24.38	46%	1.4873	68.42
22%	1.2411	27.30	48%	1.5065	72.31
24%	1.2629	30.31	50%	1.5253	76.27

6　碳酸钠

Na_2CO_3 质量分数	相对密度 d_4^{20}	100 mL 水溶液中 Na_2CO_3 的含量/g	Na_2CO_3 质量分数	相对密度 d_4^{20}	100 mL 水溶液中 Na_2CO_3 的含量/g
1%	1.0086	1.009	12%	1.1244	13.49
2%	1.0190	2.038	14%	1.1463	16.05
4%	1.0398	4.159	16%	1.1682	18.50
6%	1.0606	6.364	18%	1.1905	21.33
8%	1.0816	8.653	20%	1.2132	24.26
10%	1.1029	11.03			

附录7 一些特殊试剂的配制

1. 盐酸苯肼试剂

溶 50 g 盐酸苯肼于 500 mL 水中,如不完全溶解,可稍加热。冷却后加入 90 g $CH_3COONa \cdot 3H_2O$,再振荡使其溶解,加入少量活性炭脱色,振摇过滤即可。

2. 班乃德试剂(Benedict Reagent)

溶 8.7 g 研碎的 $CuSO_4 \cdot 5H_2O$ 于 50 mL 热水中,冷后稀释至 75 mL。另取 87 g 柠檬酸钠和 50 g 无水碳酸钠溶解于 300 mL 水中。如不溶可稍加热,冷后,将硫酸铜加入其中并稀释到 500 mL。此混合液应十分清亮,否则,应过滤。

3. 莫利希试剂(Molish Reagent)

称 2 g α-萘酚溶于 20 mL 95% 乙醇中,然后用 95% 乙醇稀释到 100 mL,贮存在棕色瓶中。

4. 西里瓦诺夫试剂(Seliwanoff Reagent)

溶 0.05 g 间苯二酚于 50 mL 浓盐酸中,然后用蒸馏水稀释至 100 mL。

5. 2% 碘试剂

取 25 g 碘化钾和 10 g 碘在研钵中研匀,加入少量水使其溶解,然后用蒸馏水稀释至 500 mL。

6. 托伦试剂(Tollens Reagent)

取 4 mL 5% 硝酸银溶液,加入 1 滴 10% 氢氧化钠溶液,振摇下慢慢滴加 20% 的氨水至析出的氧化银恰好全部溶解为止。

7. 斐林试剂(Fehling reagent)

称取 34.6 g 硫酸铜晶体(含有五结晶水)溶解于 500 mL 水中,加 0.5 mL 浓硫酸混匀即得斐林溶液甲。称取 173 g 酒石酸钾钠晶体(含有五结晶水)溶解于 150~200 mL 热水中,另称取 70 g 氢氧化钠与之共溶,再用蒸馏水稀释至 500 mL,此液即为斐林溶液乙。因甲、乙两溶液混合后不稳定,故需分别贮藏,实验时将溶液甲和乙等量混合即可。

8. 希夫试剂(Schiff Reagent)

将 0.2 g 品红盐酸盐研细,溶于含有 2 mL 浓盐酸的 200 mL 蒸馏水中,再加入 2 g 亚硫酸氢钠,搅拌后静置,直至红色褪去,如溶液最后仍呈黄色,可加入 0.5 g 活性炭,搅拌后过滤,将试液保存于棕色试剂瓶中。

9. 2,4 - 二硝基苯肼试剂

于 15 mL 浓硫酸中，溶解 3 g 2,4 - 二硝基苯肼；另在 70 mL 95% 乙醇中加 20 mL 水。然后把硫酸苯肼倒入稀乙醇溶液中，混匀，必要时过滤备用。

10. 卢卡斯试剂(Lucas Reagent)

将无水 $ZnCl_2$ 在蒸发皿中加热熔融，稍冷后在干燥器中冷至室温，取出捣碎。称取 34 g 溶解于 23 mL 浓盐酸中。配制时需搅动，并把容器放在冰水浴中冷却，以防氯化氢逸出。放冷后，贮存于玻璃瓶中，塞紧，以防吸潮(一次不要配得太多，最好是用前配置)。

11. 2% 茚三酮溶液

取 0.5 g 茚三酮溶于 50 mL 水中，稀释至 100 mL 即得。

12. 饱和亚硫酸氢钠溶液

取 208 g $NaHSO_3$ 溶于 500 mL 水中，加入 125 mL 95% 乙醇，放置使沉淀完全，过滤备用。此溶液必须新鲜配制，并塞紧瓶塞。

13. 饱和溴水

溶解 75 g 溴化钾于 500 mL 水中，加入 50 g 溴，振荡即成。

14. 1% 淀粉溶液

将 1 g 可溶性淀粉于研钵中加少许水研成糊状，并加入 5 mL 0.1% $HgCl_2$ (防腐用)，然后倒入 100 mL 沸水中煮沸数分钟，放冷。

15. 1% 酚酞溶液

将固体酚酞 1 g 溶于 90 mL 95% 乙醇中，加水稀释至 100 mL。

16. 10% 亚硝酰铁氰化钠溶液

称 10 g 亚硝酰铁氰化钠溶于 100 mL 水中。保存于棕色瓶中，如果溶液变绿就不能用了。

17. 洗涤液

取重铬酸钾 20 g，加水 40 mL 使之溶解，然后徐徐注入 350 mL 粗浓硫酸，边加边搅拌，放置备用。

附录8　常用有机溶剂和试剂的纯化

市售试剂的规格一般分为一级(GR)保证试剂；二级(AR)试剂；三级(CP)化学纯试剂；四级(LR)试剂。按照实验要求购买某一规格试剂与溶剂是化学工作者必须具备的基本知识。大多数有机试剂与溶剂性质不稳定，久贮易变质，而化学试剂和溶剂的纯度直接关系到反应速率、反应产率及产物的纯度。为合成某一目标分子，选择什么规格的试剂以及为满足合成需要的特殊要求，对试剂与溶剂进行纯化处理，这些都是有机合成的基本知识与基本操作内容。以下介绍一些常见试剂和某些溶剂在实验室条件下的纯化方法及相关知识。

1. 无水乙醇(absolute ethyl alcohol)

b. p. 78.5 ℃，n_D^{20} 1.3611，d_4^{20} 0.7893

市售的无水乙醇一般只能达到99.5%的纯度，而在许多反应中则需要更高纯度的乙醇，因此在工作中经常需自己制备绝对乙醇。通常不能由工业用的95%的乙醇直接用蒸馏法制备无水乙醇，因95.5%的乙醇和4.5%的水可形成恒沸物。要把水除去，第一步是加入氧化钙(生石灰)煮沸回流，使乙醇中的水与生石灰作用生成氢氧化钙，然后再将无水乙醇蒸出。这样得到的无水乙醇，纯度可达到99.5%。如用纯度更高的无水乙醇，可用金属镁或金属钠处理。

(1) 用95.5%的乙醇初步脱水制取99.5%的无水乙醇

在250 mL的圆底烧瓶中，放入45 g生石灰、100 mL 95.5%乙醇，装上带有无水氯化钙干燥管的回流冷凝管，在水浴回流2~3 h，然后改装成蒸馏装置，进行蒸馏，收集产品70~80 mL。

(2) 用99.5%的乙醇制取绝对无水乙醇(99.99%)

方法一：用金属 Mg 制取。

该方法脱水是按以下反应进行的：

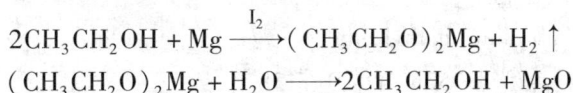

$$2CH_3CH_2OH + Mg \xrightarrow{I_2} (CH_3CH_2O)_2Mg + H_2 \uparrow$$
$$(CH_3CH_2O)_2Mg + H_2O \longrightarrow 2CH_3CH_2OH + MgO$$

【实验步骤】

在250 mL圆底烧瓶中，放置0.8 g干燥纯净的镁条、7~8 mL 99.5%乙醇，装上带有无水氯化钙干燥管的回流冷凝管，在沸水浴上或用小火直接加热达微沸。移去火源，立即加入几粒碘(此时不要振荡)，顷刻即在碘粒附近发生作用，最后可以达到相当剧烈的程度，有时作用太慢则需加热，如果在加碘后作用仍不开始,可再加入数粒碘(一般来说,乙醇与镁的作用是缓慢的,如所用乙醇含水量超过 0.5 时,作用尤为困难)。待全部镁已经作用完毕后,加入 100 mL 99.5% 乙醇和几粒沸石,回流 1 h,蒸馏,收集产品并保存于玻璃瓶中,用一橡皮塞塞住,这样制备的乙醇纯度超过 99.99%。

【注意事项】

由于无水乙醇具有很强的吸湿性,在操作过程中必须防止一切水气进入仪器中,所用的仪器必须事先充分干燥。同时在使用时操作也必须迅速,以免吸收空气中的水分。

方法二:用金属钠制取。

金属钠与金属镁的作用相似,当金属钠溶于乙醇时生成乙醇钠,乙醇钠水解形成乙醇和氢氧化钠。

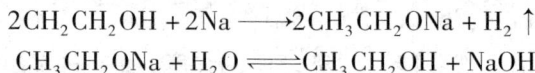

$$2CH_2CH_2OH + 2Na \longrightarrow 2CH_3CH_2ONa + H_2 \uparrow$$

$$CH_3CH_2ONa + H_2O \Longrightarrow CH_3CH_2OH + NaOH$$

再通过蒸馏可得所需的无水乙醇。由于以上反应的可逆性,这样制备的乙醇还含有极微量的水,但已经符合一般实验的要求。如果在加入金属钠后,再加入适量的某种高沸点的有机酸的乙酯,如邻苯二甲酸二乙酯或琥珀酸(丁二酸)乙酯。通过以下反应,消除上述的可逆反应,这样制备的乙醇可以达到极高的纯度。

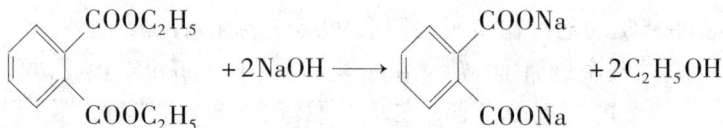

【实验步骤】

在 250 mL 圆底烧瓶中,将 2.0 g 金属钠溶于 1000 mL 纯度至少是 99% 的乙醇中,加入几粒沸石,装一球形冷凝管,回流 30 min 后进行蒸馏。产品储于玻璃瓶中,用一橡皮塞塞住。

2. 无水乙醚(absolute diethyl ether)

b. p. 34.51 ℃,d_4^{20} 1.3526,D_4^{20} 0.7138

市售的乙醚中常含有一定量的水、乙醇和少量其他杂质,如贮藏不当还容易产生少量的过氧化物,对于一些要求以无水乙醚作为介质的反应,实验室中常常需要把普通乙醚提纯为无水乙醚。

【实验步骤】

(1) 过氧化物的检验与除去　取 0.5 mL 乙醚,加入 0.5 mL 2% 碘化钾溶液和几滴稀盐酸(2 mol/L)一起振荡，再加几滴淀粉溶液。若溶液显蓝色或紫色，即证明乙醚中有过氧化物存在。除去的方法是：在分液漏斗中加入普通乙醚和相当于乙醚体积20%的新配制的硫酸亚铁溶液，剧烈振荡后分去水层，将乙醚按下述方法精制。

(2) 无水乙醚的制备　在250 mL圆底烧瓶中，放置100 mL除去过氧化物的普通乙醚和几粒沸石，装上冷凝管。冷凝管上端通过一带有侧槽的橡皮塞，插入盛有10 mL浓硫酸的滴液漏斗，通入冷凝水，将浓硫酸慢慢滴入乙醚中。由于脱水作用所产生的热，使乙醚自行沸腾，加完后振荡反应物。

待乙醚停止沸腾后，拆下冷凝管，改成蒸馏装置。在接收乙醚的接引管支管上连一氯化钙干燥管，并用橡皮管将乙醚蒸气引入水槽。向蒸馏瓶中加入沸石后，用水浴加热(禁止明火)蒸馏。蒸馏速率不宜太快，以免冷凝管不能冷凝全部的乙醚蒸气。当蒸馏速率显著下降时(收集到70～80 mL左右)，即可停止蒸馏。瓶内所剩残液，倒入指定的回收瓶中(切记，不能向残余液内加水)。

将蒸馏收集到的乙醚倒入干燥的锥形瓶中，加入少量钠丝或钠片，然后使用一个带有干燥管的软木塞塞住，放置48 h，使乙醚中残余的少量水和乙醇转变成氢氧化钠和乙醇钠。如果在放置之后全部的金属钠已经作用完了，或钠的表面全部被氢氧化钠所覆盖，就需要再加入少量的钠丝或钠片。观察有无气泡发生，放置至无气泡产生为止，再倒入或滤入一干燥的玻璃瓶中，加入少许钠片，然后将其用一个有锡纸的软木塞塞住。除非在必要时，不要把无水乙醚由一个瓶移入另一瓶(由于乙醚的高度挥发，在蒸发时温度下降，于是空气中的水气凝聚下来，使乙醚受潮，这种现象在夏天潮湿的季节特别明显)。这样制备的乙醚符合一般要求。如果需要纯度更高的乙醚(用于敏感化合物)，需在氮气保护下，将上述处理的乙醚再加入钠丝，回流，直至加入二苯酮，使溶液变深蓝色，经蒸馏使用。

【注意事项】

(1) 硫酸亚铁溶液的配制　在110 mL水中加入6 mL浓硫酸和60 g硫酸亚铁，溶解即可。硫酸亚铁溶液久置后容易氧化变质，需在使用前临时配制。

(2) 除去乙醚中的少量过氧化物　加入质量分数为2%的氯化亚锡溶液，回流半小时。

3. 丙酮(acetone)

b. p. 56.2 ℃，n_D^{20} 1.3588，d_4^{20} 0.7899

市售丙酮往往含有甲醇、乙醛、水等杂质，利用简单的蒸馏方法，不能把丙酮和这些杂质分离开。含有上述杂质的丙酮，不能作为某些反应（如 Grignard 反应）的合适原料，需经过处理后才能使用。

两种处理方法如下：

（1）于 100 mL 丙酮中，加入 0.50 g 高锰酸钾进行回流。若高锰酸钾的紫色很快褪掉，需再加入少量高锰酸钾继续回流，直至紫色不再褪时，停止回流，将丙酮蒸出。于所蒸出的丙酮中加入无水碳酸钾进行干燥，1 h 后，将丙酮滤入蒸馏瓶中蒸馏，收集 55 ~ 56.5 ℃的馏出液。

（2）于 100 mL 丙酮中，加入 4 mL l0% 的硝酸银溶液及 3.5 mL 0.1 mol/L 的氢氧化钠溶液，振荡 10 min；然后再向其中加入无水硫酸钙进行干燥，1 h 后蒸馏，收集 55 ~ 56.5 ℃的馏出液。

4. 无水甲醇（absolute methyl alcohol）

b. p. 64.96 ℃，n_D^{20} 1.3288，d_4^{20} 0.7914

市售的甲醇大多数是通过合成法制备，一般纯度能达到 99.85%，其中可能含有极少量的杂质，如水和丙酮。由于甲醇和水不能形成恒沸点混合物，故无水甲醇可以通过高效精馏柱分馏得到纯品。甲醇有毒，处理时应避免吸入其蒸气。制备无水甲醇也可使用镁制无水乙醇的方法。

5. 正丁醇（n-butyl alcohol）

b. p. 117.7 ℃，n_D^{20} 1.3993，d_4^{20} 0.8098

用无水碳酸钾或无水硫酸钙进行干燥，过滤后，将滤液进行分馏，收集纯品。

6. 苯（benzene）

b. p. 80.1 ℃，n_D^{20} 1.5011，D_4^{20} 0.8787　普通苯可能含有少量噻吩。

（1）噻吩的检验　取 5 滴苯于小试管中，加入 5 滴浓硫酸及 1 ~ 2 滴 1% 的 α，β - 吲哚醌的浓硫酸溶液，振摇后呈墨绿色或蓝色，说明含有噻吩。

（2）除去噻吩　可用相当于苯体积 15% 的浓硫酸洗涤数次，直至酸层呈无色或浅黄色；然后再分别用水、10% 碳酸钠水溶液和水洗涤，用无水氯化钙干燥过夜，过滤后进行蒸馏，收集纯品。若要进一步除水，可在上述的苯中加入钠丝去水，再经蒸馏。

7. 甲苯（toluene）

b. p. 110.6 ℃，n_D^{20} 1.4961，d_4^{20} 0.8669

用无水氯化钙将甲苯进行干燥，过滤后加入少量金属钠片，再进行蒸馏，即得无水甲苯。普通甲苯中可能含有少量甲基噻吩。

除去甲基噻吩的方法：在 1000 mL 甲苯中加入 100 mL 浓硫酸，摇荡约 30 min（温度不要超过 30 ℃），除去酸层；然后再分别用水、10% 碳酸钠水溶液和水洗涤，以无水氯化钙干燥过夜；过滤后进行蒸馏，收集纯品。

8. 氯仿（chloroform）

b. p. 61.7 ℃，n_D^{20} 1.4459，d_4^{20} 1.4832

普通用的氯仿含有 1% 乙醇（它是作为稳定剂加入的，以防止氯仿分解为有害的光气）。

除去乙醇的方法　用其体积一半的水洗涤氯仿 5 ~ 6 次，然后用无水氯化钙干燥 24 h，进行蒸馏，收集的纯品要放置于暗处，以免受光分解而形成光气。

氯仿不能用金属钠干燥，否则会发生爆炸。

9. 乙酸乙酯（ethyl acetate）

b. p. 77.06℃，n_D^{20} 1.3723，d_4^{20} 0.9003

市售的乙酸乙酯中含有少量水、乙醇和醋酸，可用下列方法提纯：

（1）用等体积的 5% 碳酸钠水溶液洗涤后，再用饱和氯化钙水溶液洗涤数次，以无水碳酸钾或无水硫酸镁进行干燥。过滤后蒸馏，即得纯品。

（2）于 100 mL 乙酸乙酯中加入 10 mL 醋酸酐、1 滴浓硫酸，加热回流 4 h，除去乙醇和水等杂质，然后进行分馏。馏液用 2 ~ 3 g 无水碳酸钾振荡，干燥后再蒸馏，纯度可达 99.7%。

10. 石油醚（petroleum）

石油醚为轻质石油产品，是低相对分子质量烃类（主要是戊烷和己烷）的混合物。其沸程为 30 ~ 150 ℃，收集的温度区间一般为 30 ℃ 左右，如有 30 ~ 60 ℃，60 ~ 90 ℃，90 ~ 120 ℃，120 ~ 150 ℃ 等沸程规格的石油醚。石油醚中含有少量不饱和烃，沸点与烷烃相近，不能用蒸馏法分离，必要时可用浓硫酸和高锰酸钾把它除去。通常将石油醚用其体积 1/10 的浓硫酸洗涤两三次，再用 10% 的浓硫酸加入高锰酸钾配成的饱和溶液洗涤，直至水层中的紫色不再消失为止；然后再用水洗，经无水氯化钙干燥后蒸馏。如需要绝对干燥的石油醚，则需加入钠丝（见无水乙醚处理）。

使用石油醚作溶剂时，由于轻组分挥发快，溶解能力降低，通常在其中加入苯、氯仿、乙醚等以增加其溶解能力。

11. 吡啶（pyridine）

b. p. 115.2 ℃，n_D^{20} 1.5095，d_4^{20} 0.9819

用粒状氢氧化钠或氢氧化钾干燥过夜，然后进行蒸馏，即得无水吡啶。吡啶容易吸水，蒸馏时要注意防潮。

12. 四氢呋喃(tetrahydrofuran)

b. p. 67 ℃ (64.5 ℃)，n_D^{20} 1.4050，d_4^{20} 0.8892

四氢呋喃是具有乙醚气味的无色透明液体。市售的四氢呋喃含有少量水和过氧化物(过氧化物的检验和除去方法同乙醚)。可将市售无水四氢呋喃用粒状氢氧化钾干燥，放置 1 ~ 2 天，若干燥剂变形，产生棕色糊状，说明含有较多水和过氧化物。经上述方法处理后，可用氢化铝锂($LiAlH_4$)在隔绝潮气下回流(通常 1000 mL 四氢呋喃约需 2 ~ 4 g 氢化铝锂)，以除去其中的水和过氧化物，直至在处理过的四氢呋喃中加入钠丝和二苯酮，出现深蓝色的化合物，且加热回流蓝色不褪为止。然后在氮气保护下蒸馏，收集 66 ~ 67 ℃的馏分。蒸馏时不宜蒸干，防止残余过氧化物爆炸。

处理四氢呋喃时，应先用少量进行实验，以确定其中只有少量水和过氧化物。当作用不致过于猛烈时方可进行。如过氧化物很多，应另行处理。

精制后的四氢呋喃应在氮气中保存，如需久置，应加入 0.025% 的抗氧剂 2，6 - 二叔丁基 - 4 - 甲基苯酚。

13. N，N - 二甲基甲酰胺(N，N - dimethylformamide)

b. p. l53 ℃，n_D^{20} 1.4305，d_4^{20} 0.9487(0.944^{25})

市售三级纯以上 N，N - 二甲基甲酰胺含量不低于 95%，主要杂质为胺、氨、甲醛和水。在常压蒸馏会有些分解，产生二甲胺和一氧化碳，若有酸、碱存在，分解加快。

纯化方法：先用无水硫酸镁干燥 24 h，再加固体氢氧化钾振摇干燥，然后减压蒸馏，收集 76 ℃/4.79 kPa(36 mmHg) 的馏分。如其中含水较多时，可加入 1/10 体积的苯，常压蒸去苯、水、氨和胺，然后用硫酸镁干燥，再进行减压蒸馏。若含水量较少时(低于 0.05%)，可用 4A 型分子筛干燥 12 h 以上，再蒸馏。

二甲基甲酰胺见光可慢慢分解为二甲胺和甲醛，故宜避光储存。

14. 二甲亚砜(dimethylsulfoxide，DMSO)

b. p. 189 ℃(mp 18.5 ℃)，n_D^{20} 1.4783，d_4^{20} 1.0954

二甲亚砜为无色、无味、微带苦味的吸湿性液体，是一种优异的非质子极性溶剂，常压下加热至沸腾可部分分解。市售试剂级二甲亚砜含水量约为 1%。纯化时，通常先减压蒸馏，然后用 4A 型分子筛干燥，或用氢化钙粉末(10 g/L) 搅拌 48 h，再减压蒸馏，收集 64 ~ 65 ℃/533 Pa (4 mmHg)、71 ~ 72 ℃/2.80 kPa

(21 mmHg)的馏分。蒸馏时，温度不宜高于90 ℃，否则会发生歧化反应生成二甲砜和二甲硫醚。二甲亚砜与某些物质(如氢化钠、高碘酸，或高氯酸镁等)混合时可发生爆炸，应注意安全。

15. 二氯甲烷(dichloromethane)

b. p. 39.7 ℃，n_D^{20} 1.4242，d_4^{20} 1.3266

二氯甲烷为无色挥发性液体，蒸气不燃烧，与空气混合也不发生爆炸，微溶于水，能与醇、醚混合。它可以代替醚作萃取溶剂用。

二氯甲烷纯化可用浓硫酸振荡数次，至酸层无色为止。水洗后，用5%的碳酸钠洗涤，然后再用水洗。以无水氯化钙干燥，蒸馏，收集39.5~41 ℃的馏分。二氯甲烷不能用金属钠干燥，因其会发生爆炸。同时注意不要在空气中久置，以免氧化。应贮存于棕色瓶内。

16. 四氯化碳(tetrachloromethane)

b. p. 76.8 ℃，n_D^{20} 1.4601，d_4^{20} 1.5940

普通四氯化碳中含二硫化碳约4%。

纯化方法：1 L四氯化碳与由60 g氢氧化钾溶于60 mL水和100 mL乙醇配成的溶液一起在50~60 ℃剧烈振荡半小时。用水洗后，减半量重复振荡一次。分出四氯化碳，先用水洗，再用少量浓硫酸洗至无色，然后再用水洗，用无水氯化钙干燥，蒸馏即得。

四氯化碳不能用金属钠干燥，否则会发生爆炸。

17. 二氧六环(dioxane)

b. p. 101.5 ℃(mp 12 ℃)，n_D^{20} 1.4224，d_4^{20} 1.0337

又称1，4-二氧六环，与水互溶，无色，易燃，能与水形成共沸物(含量为81.6%，b. p. 87.8 ℃)。普通品中含有少量二乙醇缩醛与水。

纯化方法　可加入10%的浓盐酸，回流3 h，同时慢慢通入氮气，以除去生成的乙醛。冷却后，加入粒状氢氧化钾直至其不再溶解；分去水层，再用粒状氢氧化钾干燥1天；过滤，在其中加入金属钠回流数小时，蒸馏。

可加入钠丝保存。久贮的二氧六环中可能含有过氧化物，要注意除去，然后再处理。

18. 乙腈(acetonitrile)

b. p. 81.6 ℃，n_D^{20} 1.3442，d_4^{20} 0.7857

乙腈是惰性溶剂，可用于反应及重结晶。乙腈与水、醇、醚可任意混溶，与水生成共沸物(含乙腈84.2%，b. p. 76.7 ℃)。市售乙腈常含有水、不饱和腈、醛和胺等杂质，三级以上的乙腈含量应高于95%。

纯化方法　可将试剂乙腈用无水碳酸钾干燥，过滤，再与五氧化二磷加热回流（20 g/L），直至无色，用分馏柱分馏。乙腈可贮存于放有分子筛（0.2 nm）的棕色瓶中。乙腈有毒，常含有游离氢氰酸。

19. 苯胺（aniline）

b. p. 184.1 ℃，n_D^{20} 1.5863，d_4^{20} 1.0217

在空气中或光照下苯胺颜色变深，应密封贮存于避光处。苯胺稍溶于水，能与乙醇、氯仿和大多数有机溶剂互溶。可与酸成盐，苯胺盐酸盐 m. p. 198 ℃。

市售苯胺经氢氧化钾（钠）干燥。为除去含硫的杂质，可在少量氯化锌存在下，用氮气保护，水泵减压蒸馏，b. p. 77 ~ 78 ℃/2.00 kPa（15 mmHg）。

吸入苯胺蒸气或经皮肤吸收会引起中毒症状。

20. 苯甲醛（benzaldehyde）

b. p. 179.0 ℃，n_D^{20} 1.5463，d_4^{20} 1.0415

带有苦杏仁味的无色液体，能与乙醇、乙醚、氯仿相混溶，微溶于水。由于在空气中易氧化成苯甲酸，使用前需经蒸馏，b. p. 64 ~ 65 ℃/1.60 kPa（12 mmHg）。

低毒，对皮肤有刺激，触及皮肤可用水洗。

21. 冰醋酸（acetic acid, glacial acetic acid）

b. p. 117.9 ℃，m. p. 16 ~ 17 ℃，n_D^{20} 1.3716，d_4^{20} 1.0492

将市售乙酸在4 ℃下慢慢结晶，并在冷却下迅速过滤，压干。少量水可用五氧化二磷（10 g/L）回流干燥几小时除去。

冰醋酸对皮肤有腐蚀作用，接触到皮肤或溅到眼睛里时，要用大量水冲洗。

22. 醋酸酐（acetic anhydride）

b. p. 139.55 ℃，n_D^{20} 1.3904，d_4^{20} 1.0820

加入无水醋酸钠（20 g/L）回流并蒸馏，醋酸酐对皮肤有严重腐蚀作用，使用时需戴防护眼镜及手套。

23. 亚硫酰氯（thionyl chloride）

b. p. 75.8 ℃，n_D^{20} 1.5170，d_4^{20} 1.656

亚硫酰氯又称氯化亚砜，为无色或微黄色液体，有刺激性，遇水强烈分解。工业品常含有氯化砜、一氯化硫、二氯化硫，一般经蒸馏纯化，但经常仍有黄色。需要更高纯度的试剂时，可用喹啉和亚麻油依次重蒸纯化，但处理手续麻烦，收率低，剩余残渣难以洗净。用硫磺处理，操作较为方便，效果较好。搅拌下将硫磺(20 g/L)加入亚硫酰氯中，加热，回流 4.5 h，用分馏柱分馏，得无色纯品。

操作中要小心，本品对皮肤与眼睛有刺激性。

附录9　危险化学试剂的使用知识

化学工作者每天都要接触各种化学药品，很多药品是剧毒、可燃和易爆炸的。我们必须正确使用和保管，严格遵守操作规程，就可以避免事故发生。

根据常用的一些化学药品的危险性质，可以大略分为易燃、易爆和有毒三类，现分述如下：

（一）易燃化学药品

分类	举　例
可燃气体	氨，乙胺，氯乙烷，乙烯，燃气，氢气，硫化氢，甲烷，氯甲烷，二氧化硫等
易燃液体	汽油，乙醚，乙醛，二硫化碳，石油醚，丙酮，苯，二甲苯，苯胺，乙酸乙酯，甲醇，乙醇，氯甲醛等
易燃固体	红磷，三硫化二磷，萘、镁、铝粉等
自燃物质	黄磷等

实验室保存和使用易燃、有毒药品，应注意以下几点：

（1）实验室内不要保存大量易燃溶剂，少量的也需密闭，切不可放在开口容器内，需放在阴凉背光和通风处并远离火源，不能接近电源及暖气等。腐蚀橡皮的药品不能用橡皮塞。

（2）可燃性溶剂均不能用直接火加热，必须用水浴、油浴或可调节电压的加热包。如蒸馏乙醚或二硫化碳等低沸点溶剂时，要用预先加热的或通水蒸气加热的热水浴，并远离火源。

（3）蒸馏、回流易燃液体时，防止暴沸及局部过热，瓶内液体应占瓶体积的 $1/2 \sim 1/3$ 量，加热中途不得加入沸石或活性炭，以免暴沸冲出着火。

（4）注意冷凝管水流是否流畅，干燥管是否阻塞不通，仪器连接处塞子是否紧密，以免蒸气逸出着火。

（5）易燃蒸气大都比空气重（如乙醚较空气重2.6倍），能在工作台面流动，故即使在较远处的火焰也可能使其着火。尤其是处理较大量乙醚时，必须在没有火源且通风良好的实验室中进行。

（6）用过的溶剂不得倒入下水道中，必须设法回收。含有机溶剂的滤渣不能丢入敞口的废物缸内，燃着的火柴头切不能丢入废物缸内。

（7）金属钠、钾遇火易燃，故须保存在煤油或液体石蜡中，不能露置空气中。如遇着火，可用石棉布扑灭；不能用四氯化碳灭火器，因其与钠或钾易起爆炸反应。二氧化碳泡沫灭火器能加强钠或钾的火势，亦不能使用。

（8）某些易燃物质，如黄磷在空气中能自燃，必须保存在盛水玻璃瓶中，再放在金属筒中，绝不能直接放在金属筒中，以免腐蚀。自水中取出后，立即使用，不得露置在空气中过久。用过后必须采取适当方法销毁残余部分，并仔细检查有无散失在桌面或地面上。

（二）易爆化学药品

当气体混合物发生反应时，其反应速率随成分而变，当反应速率达到一定时，会引起爆炸，如氢气与空气或氧气混合达一定比例时，遇到火焰就会发生爆炸。乙炔与空气亦可生成爆炸混合物。汽油、二硫化碳、乙醚的蒸气与空气相混，亦可因小火花或电火花导致爆炸。

乙醚不但其蒸气能与空气或氧混合，形成爆炸混合物，同时由于光或氧的影响，乙醚可被氧化成过氧化物，其沸点较乙醚高。在蒸馏乙醚时，当浓度较高时，则发生爆炸，故使用时均需先检定其中是否已有过氧化物（检验与除去过氧化物方法见附录3"常用溶剂和特殊试剂的纯化"中无水乙醚部分）。此外，如二氧六环、四氢呋喃及某些不饱和碳氢化合物（如丁二烯），亦可因产生过氧化物而引起爆炸。

某些以较高速率进行的放热反应，因生成大量气体也会引起爆炸并伴随着发生燃烧，一般来说，易爆物质的化学结构中，大多是含有以下基团的物质，见下表：

易爆物中常见的基团	易爆物举例
$-O-O-$	臭氧，过氧化物
$-O-ClO_2$	氯酸盐，高氯酸盐
$=N-Cl$	氮的氯化物
$-N=O$	亚硝基化合物
$-N\equiv N-$	重氮及叠氮化合物
$-ON\equiv C$	雷酸盐
$-NO_2$	硝基化合物（三硝基甲苯，苦味酸盐）
$-C\equiv C-$	乙炔化合物（乙炔金属盐）

1. 能自行爆炸的化学药品

例高氯酸铵、硝酸铵、浓高氯酸、雷酸汞、三硝基甲苯等。

2. 能混合发生爆炸的化学药品

（1）高氯酸 + 酒精或其他有机物

（2）高锰酸钾 + 甘油或其他有机物

（3）高锰酸钾 + 硫酸或硫

（4）硝酸 + 镁或碘化氢

（5）硝酸铵 + 酯类或其他有机物

（6）硝酸铵 + 锌粉十水滴

（7）硝酸盐 + 氯化亚锡

（8）过氧化物 + 铝 + 水

（9）硫 + 氧化汞

（10）金属钠或钾 + 水

氧化物与有机物接触，极易引起爆炸。在使用浓硝酸、高氯酸、过氧化氢等物质时，应特别注意。使用可能发生爆炸的化学药品时，必须作好个人防护，戴面罩或防护眼镜，并在通风橱中进行操作。要设法减少药品用量或浓度，进行小量试验。平时危险药品要妥善保存，如苦味酸需保存在水中，某些过氧化物（如过氧化苯甲酰）必须加水保存。易爆炸残渣必须妥善处理，不得随意乱丢。

（三）有毒化学药品

日常我们所接触的化学药品中，少数是剧毒药品，使用时必须十分谨慎；很多药品是经长期接触，或接触量过大，才产生急性或慢性中毒。但只要掌握使用毒品的规则和防范措施，即可避免或把中毒的机会减少到最低程度。以下对毒品进行分类介绍，以加强防护措施，避免药品对人体的伤害。

1. 有毒气体

如溴、氯、氟、氢氰酸、氟化氢、溴化氢、氯化氢、二氧化硫、硫化氢、光气、氨、一氧化碳等均为窒息性或具刺激性气体。在使用以上气体进行实验时，应在通风良好的通风橱中进行。反应中有气体发生时，应安装气体吸收装置（如反应产生的盐酸气，溴化氢等）。遇气体中毒时，应立即将中毒者移至空气流通处，静卧、保暖，施人工呼吸或给氧，及时请医生治疗。

2. 强酸和强碱

硝酸、硫酸、盐酸、氢氧化钠、氢氧化钾均刺激皮肤，有腐蚀作用，造成化学烧伤。吸入强酸烟雾，会刺激呼吸道。稀释浓硫酸时，应将浓硫酸慢慢倒入水中,并随同搅拌,不要在不耐热的厚玻璃器皿中进行。

贮存碱的瓶子不能用玻璃塞,以免碱腐蚀玻璃,使瓶塞打不开。取碱时必须戴防护眼镜及手套。配制碱液时,应在烧杯中进行,不能在小口瓶或量筒中进行,以防容器受热破裂造成事故。开启氨水瓶时,必须事先冷却,瓶口朝无人处,最好在通风橱内进行。

如遇皮肤或眼睛受伤,应迅速冲洗。如果被酸损伤,应立即用3%碳酸氢钠溶液冲洗;如果被碱损伤,立即用1%~2%醋酸冲洗;眼睛则用饱和硼酸溶液冲洗。

3.无机药品

(1)氰化物及氢氰酸 毒性极强,致毒作用极快,空气中氰化氢含量达3/10000,即可在数分钟内致人死亡;内服极少量氰化物,亦可很快中毒死亡。取用时,须特别注意,氰化物必须密封保存,因其易发生以下变化:

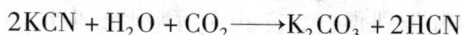

空气中 $KCN + H_2O + CO_2 \longrightarrow KHCO_3 + HCN$ 或

$\qquad 2KCN + H_2O + CO_2 \longrightarrow K_2CO_3 + 2HCN$

潮湿时 $KCN + H_2O \longrightarrow KOH + HCN$

遇 酸 $KCN + HCl \longrightarrow KCl + HCN$

氰化物要有严格的领用保管制度,取用时必须戴厚口罩、防护眼镜及手套,手上有伤口时不得进行该项实验。使用过的仪器、桌面均应亲自收拾,用水冲净,手及脸亦应仔细洗净。氰化物的销毁方法是使其与亚铁盐在碱性介质中作用生成亚铁氰酸盐。

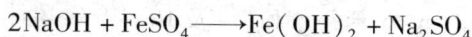

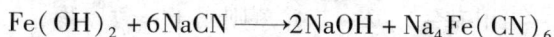

$$2NaOH + FeSO_4 \longrightarrow Fe(OH)_2 + Na_2SO_4$$

$$Fe(OH)_2 + 6NaCN \longrightarrow 2NaOH + Na_4Fe(CN)_6$$

(2)汞 在室温下即能蒸发,毒性极强,能致急性中毒或慢性中毒,使用时须注意室内通风。提纯或处理时,必须在通风橱内进行。

若有汞撒落时,要用滴管收集起来,分散的小粒也要尽量汇拢收集,然后再用硫磺粉、锌粉或三氯化铁溶液消除。

(3)溴 溴液可致皮肤烧伤,蒸气刺激粘膜,甚至可使眼睛失明。使用时应在通风橱内进行。

当溴撒落时,要立即用沙掩埋。如皮肤烧伤,应立即用稀乙醇洗或多量甘油按摩,然后涂以硼酸凡士林软膏。

(4)黄磷 极毒,切不能用手直接取用,否则引起严重持久烫伤。

4.有机药品

(1)有机溶剂 有机溶剂均为脂溶性液体,对皮肤粘膜有刺激作用。如苯，不但刺激皮肤，易引起顽固湿疹，对造血系统及中枢神经系统均有严重损害。甲醇对视神经特别有害。大多数有机溶剂蒸气易燃。在条件许可情况下，最好用毒性较低的石油醚、醚、丙酮、二甲苯代替二硫化碳、苯和卤代烷类。使用有机溶剂时注意防火，室内空气流通。决不能用有机溶剂洗手。

（2）硫酸二甲酯　吸入及皮肤吸收均可中毒，且有潜伏期，中毒后呼吸道感到灼痛，滴在皮肤上能引起坏死、溃疡，恢复慢。

（3）苯胺及苯胺衍生物　吸入或经皮肤吸收均可致中毒。慢性中毒引起贫血，影响持久。

（4）芳香硝基化合物　化合物中硝基愈多毒性愈大，在硝基化合物中增加氯原子，亦将增加毒性。这类化合物的特点是能迅速被皮肤吸收，中毒后引起顽固性贫血及黄疸病，刺激皮肤引起湿疹。

（5）苯酚　能够灼伤皮肤，引起坏死或皮炎，皮肤被沾染应立即用温水及稀酒精清洗。

（6）生物碱　大多数具有强烈毒性，皮肤亦可吸收，少量即可导致中毒，甚至死亡。

（7）致癌物　很多的烷基化试剂，长期摄入体内有致癌作用，应予注意，其中包括硫酸二甲酯、对甲苯磺酸甲酯、N－甲基－N－亚硝脲素、亚硝基二甲胺、偶氮乙烷以及一些丙烯酯类等。一些芳香胺类，由于在肝脏中经代谢生成N－羟基化合物而具有致癌作用，其中包括2－乙酰氨基芴、4－乙酰氨基联苯、2－乙酰氨基苯酚、2－萘胺、4－二甲氨基偶氮苯等。部分稠环芳香烃化合物，如3，4－苯并蒽、1，2，5，6苯并蒽和9－及10－甲基－1，2－苯并蒽等，都是致癌物，而9，10－二甲基－1，2－苯并蒽则属于强致癌物。

（四）化学药品侵入人体及防护

1. 经由呼吸道吸入

有毒气体及有毒药品蒸气经呼吸道吸入人体，经血液循环而至全身，产生急性或慢性全身性中毒，所以实验必须在通风橱内进行，并经常注意室内空气流畅。

2. 经由消化道侵入

任何药品均不得用口尝味，不得在实验室内进食，实验完毕必须洗手，不得穿工作服到食堂、宿舍去。

3. 经由皮肤粘膜侵入

眼睛的角膜对化学药品非常敏感，药品对眼睛危害性很严重。进行实验时，必须戴防护眼镜。一般来说，药品不易透过完整的皮肤，但皮肤有伤口时很容易侵入人体。玷污了的手取食或抽烟，均能将其带入体内。化学药品，如浓酸、浓碱，对皮肤均能造成化学灼伤。某些脂溶性溶剂、氨基及硝基化合物，可引起顽固性湿疹。有的亦能经皮肤侵入体内，导致全身中毒或危害皮肤，引起过敏性皮炎。在实验操作时，注意勿使药品直接接触皮肤，必要时可戴手套。

主要参考书目

［1］兰州大学，复旦大学编. 王清廉，沈凤嘉修订. 有机化学实验(第二版)，北京：高等教育出版社，1994

［2］关华第，李翠娟，葛树丰. 有机化学实验(第2版)北京：北京大学出版社，2002

［3］黄涛，张治民主编，有机化学实验(第二版)北京：高等教育出版社，1996

［4］李兆陇，阴金香，林天舒编. 有机化学实验，北京：清华大学出版社，2001

［5］李吉海主编. 基础化学实验(Ⅱ)有机化学实验，化学工业出版社，2004

［6］陆涛，陈继俊主编. 有机化学实验与指导. 中国医药科技出版社，2003

［7］龙盛京主编. 有机化学实验. 北京：人民卫生出版社，2002

［8］关鲁雄主编. 化学基本操作与物质制备. 长沙：中南大学出版社，2002

［9］兰州大学编. 王清廉，李瀛等修订. 有机化学实验(第三版)，北京：高等教育出版社，2010